SHIWAN GE WEISHENME

十万个为什么 植物乐园

新世纪版

黄建南 主编

U0652619

少年儿童出版社

植物分册　主　编　黄建南
（上海市农业科学院　研究员）

撰稿者（排名不分先后）

褚瑞芝　伍辉民　许定发　卞咏梅　汪劲武
叶永烈　王敬东　于启斋　韩关治　汪嘉熙
庄恩及　黄智明　湜　介　谢云桂　吴国芳
孙鸿乔　赵庆华　陆时万　唐锡华　陈曾逸
罗先瑞　赵同芳　严德庆　王良信　马炜梁
裘树平　江国贤　熊助功　李毓敬　顾梅仙
刘　犁　肖木珠　孙仲康　刘金龙　张德颐
王一川　刘学儒　邱莲卿　殷宏章　宏育群
张菊野　徐　欣　何卓培　朱承伟　顺庆生
陶世龙　孙桂芳　李世诚　姜益泉　陈火英
文春青　王缉民　陈　介　曹振帮　王全秀
崔荣浩　崔寿柏　朱耀炳　张健仪　赖志敏
胡亚琴　张增全　边文华　张根桥　颜金村
林植芳　许复华　蒋有条　李耿光　顾瑞琦
王铁生

S H I W A N G E   W E I S H E N M E

为什么世界上有那么多
不同种类的植物

地球上几乎到处都生长着植物，而且种类繁多，形体各异。根据统计，地球上有 40 多万种植物，其中低等植物有 10 多万种。

这许许多多的植物究竟是怎样产生的呢？要弄清楚这个问题，就先要了解植物在地球上发展的简单历史和植物种类形成的过程。

大约 30 亿年前，地球上已出现了植物。最初的植物，结构极为简单，种类也很贫乏，并且都生活在水域中；经过数亿年的漫长岁月，有些植物从水中转移到陆上生活。陆地上的环境条件不同于水中，生活条件是多种多样的，而且变化很大。什么大气候的变化啦，什么造山运动啦，什么冰川运动啦，什么火山爆发啦，什么海水入侵啦等等，真是沧海桑田，变化万端。这样，植物体原来的形态和构造，不通过改造，就不能适应陆地生活的需要。比如说，植物在水中生活时，用身体的整个表面吸收养料，而在陆地上就需要有专门的器官，一方面从土壤中吸收水分和矿物质，另一方面从大气中吸收二氧化碳和氧气。在水里，植物不需要专门的机械、保护、输导及其他组织。而在陆地上，这些组织就成为生活的必要条件。

因此，植物在适应水域生活过程中所获得的许多特性，在适应陆地生活时就要发生显著的改变，并且复杂化。植物向陆地发展，就伴随着适应构造的根、茎和叶的出现，最后出现了花、果实和种子。

植物界的进一步发展，是沿着适应这一新的更为复杂的生存环境的道路前进的。

植物经过长期演化的结果，就产生了植物界的多样性和复杂性。然而造成这种情况的因素很多，重要的有这几方面：

一、植物在进化的过程中，它不断地与外界环境条件作斗争。环境不断在发生变化，植物的形态结构和生理功能也必然会跟着发生相应的变化。在变化的历史过程中，有的植物不能适应环境的变化而被淘汰了，有的则发生着有利于生存的变异而被保留下来继续存在，但它们已经不完全是原来的种类了。

二、由于某些地理的阻碍而发生的地理隔离，如海洋、大片陆地、高山和沙漠等，使许多生物不能自由地从一个地区向另一个地区迁移，这样，就使在海洋东岸的种群跟西岸的种群隔离了。隔离使得不同的种群有机会在不同条件下积累不同的变异，由此出现了形态差异、生理差异、生态差异或染色体畸变等现象，从而实现了生殖隔离。这样，新的种类就形成了。

三、在自然条件下，植物通过相互自然杂交或人类的长期培育，也使植物界不断产生新类型或新品种。

今天，在海洋、湖沼、南北极、温带、热带、酷热的荒漠、寒冷的高山等不同的生活环境中，我们到处都可以遇到各种不同的植物，它们的外部形态和内部构造以及颜色、习性、繁殖能力等，都是极不相同的。所有这些都表明植物对环境的适应具有多样性，因而形成了形形色色的不同种类的植物。

☞ 关键词：植物种类

2

为什么植物的幼苗有的是一片叶子，
有的是两片叶子

　　如果你在两只培养皿里分别放上 10 粒小麦种子和 10 粒菜豆种子，然后给它们适当的水分、温度和氧气。这样，本来干燥的种子，一遇到水，就很快地吸收而膨胀，幼根首先钻出种子外面来，再过几天以后，小麦和菜豆都长出叶子来了。但是你所看到的小麦幼苗只有一片叶子，而菜豆却有两片叶子。这是怎么一回事呢？

　　菜豆种子里是没有胚乳的，你只要剥掉外面一层种皮后，就可以看到两片肥厚的白色豆瓣，这就是两片子叶。子叶占种子最大的部分，它里面含有丰富的营养物质，代替了胚乳的作用，可以供给种子发芽和幼苗生长的需要。除了菜豆以外，蚕

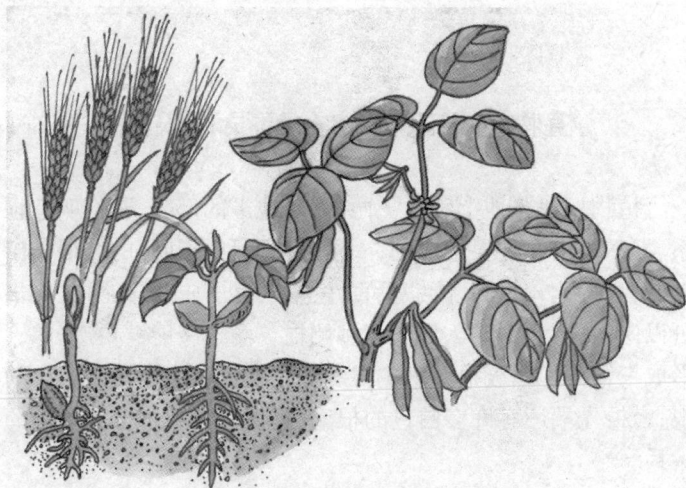

豆、大豆、棉花、柑橘、苹果、黄瓜、向日葵以及其他蔬菜类作物的种子,也都具有类似的构造。

如果把小麦外面的一层种皮剥掉的话,它的构造与菜豆就不同了,它只有一片子叶,夹在胚与胚乳之间,里面养分很少,所以这一类种子里,绝大部分由胚乳占据着。不仅小麦具有这样的构造,水稻、玉米、高粱、大麦以及其他许多类似植物的种子也同样如此。

小麦与菜豆播下去后,小麦长出一片叶子来,这片叶子不是原来的子叶,而是由胚芽长出的真正的叶子了;菜豆长出来的是两片肥厚的子叶(豆瓣),然后再在上方长出真叶来。植物学家根据这些植物种子的不同构造,把像小麦种子一类构造的叫做"单子叶植物",像菜豆种子一类构造的叫做"双子叶植物"。

☞ 关键词: 小麦 菜豆 单子叶植物 双子叶植物

植物的根系为什么都很长很多

植物一般分地上和地下两部分。地下的部分,我们叫它根系。根系是由几种根组成的,一种最初从种子幼胚的胚根长出来的,长得比较粗壮,能够垂直往土壤深处钻,叫做主根。主根可以向四面八方分叉,形成许多侧根。侧根又能够再次分叉,形成三级根、四级根等。主根和侧根上可以生出很多微小的根,嫩根先端还有许多白色的根毛,它们是吸收水分和养分的尖兵。

根系在土壤中的分布可以说有三大特点:深、广、多。

根扎入土壤的深度,随植物的种类和土壤的质地不同而不同。我国的枣树,生长在干旱土壤或丘陵地区,垂直根可以深达 12 米左右。有些蔬菜,根钻入土中也有 1 米左右。生长在沙漠里的植物,在干旱的环境里,它们的根都练就了一套深入土层的本领。

根的数目极多,一株小麦的根可达 7 万条,总长达 500 多米。一株玉米长到 8 片叶子的时候,侧根的数目就有 8000 ~ 10000 条。如果把一株小麦的根毛接起来,总长度可达 20 千米。至于一株果树所有根的总数和长度,就更为惊人了。

根系的分布范围比树冠枝条伸展的宽度还要大得多,一株 27 年生的苹果树,根系水平延伸的最大距离可达 27 米,超过树冠的 2 ~ 3 倍。

植物的根系都长得这么长、这么多有什么用呢? 是浪费吗? 不! 这是完全必要的,因为强大的根系首先可以把植物牢牢地固定在土壤中,根长得愈深,分布得愈广,植物就愈不容易被大风刮倒。

根系是植物的两大工厂 (叶和根) 之一,它负担着艰巨而繁重的工作。我们知道,植物生活中不能没有水分,以重量计算,植物身体各部分水分就要占 80% 以上。有了水分,植物这个绿色工厂才能制造出各种各样供植物生长发育所需要的食物来。另外,水分还经常要从叶的表面"逃走",这叫做蒸腾。夏天温度高,水分的蒸腾特别厉害,这时如果水分供应不及时,植物就要枯萎,严重的会干死。有人做过统计,一株向日葵在一个夏天就需要水 200 ~ 300 千克。拿麦子来说,要结出 500 克麦粒,就需要约 200 千克的水。

植物需水量这么大,靠谁来供应呢?当然要依靠根系从土壤中吸收。我们可以想象,如果不是庞大的根系与含有水分的土壤微粒广泛接触,哪能保证水分对植物源源不断地供应呢?

植物在生长过程中还需要许多营养物质,如氮、磷、钾、硫等。这些营养物质不能在空中获得,必须依靠根系在土壤中到处寻找,有一些微量元素只有在土壤深处才能获得哩!因此,根系只有分布得又广又深,才能保证植物从土壤中获取生长所需要的大量养分。

有趣的是,植物地下的根这么多、这么长还不满足,它们还有一些"助手"。我们经常可看到在瓜藤的节上、玉米秆的基部,长出许多"不定根"来;有些植物如松树等的根部,还寄生着一种真菌,叫做"菌根"。它们都能帮助植物吸收水分和养分。

由此看来,植物的根系愈发达,对于植物的生长就愈有利。我们常说"根深叶茂",正是这个道理。

☞关键词:根系 主根 侧根 不定根 菌根

为什么植物的根总是向下长,
茎总是向上长

种子撒在地里是横七竖八的,或正立,或倒立,或仰躺,或俯卧,或侧斜,真是千姿百态,但是,为什么出根都是向地下长,出芽总是向地上长呢?

原来,这是地心引力在起作用。植物受到单方向的外界刺激之后,发生了单方向的反应,这种现象叫做"向性"。例如,叶子受到单方向阳光的照射,就朝着阳光的方向生长,使叶面与阳光垂直。这叫做"向光性"。根和茎对于地心引力的单向作用,发生向地或背地的生长,叫做"向地性"。如果把一株植物水平放置不动,经过若干天,植物的根会向下弯曲(正向地性)生长,茎向上弯曲(负向地性)生长。如果将水平放置的植株,经常地绕纵轴缓慢旋转,使周边各部位都受到等效的引力作用,把引力的单向性刺激消除掉,你会看到植株两端都沿水平方向生长,并不发生弯曲。

地心引力为什么会诱导根和茎发生反向的弯曲生长呢?它的机理很复杂。一种解释是:根和茎的向地性弯曲是一侧生长较快,另一侧生长较慢的结果——向生长较慢的一侧弯曲;两侧生长快慢不同与生长素的浓度不同有关;而两侧生长素浓度的不同又是因地心引力单向作用引起的。

生长素是一种植物激素,浓度低时促进生长,浓度高时抑制生长。根和茎的生长对生长素浓度的反应不同:生长素浓度低时促进根生长,浓度高时抑制根生长,但却促进茎生长,浓度更高时则抑制茎生长。

当植株平放时,由于地心引力的作用,生长素移向下侧,茎部下侧生长素浓度高,生长比上侧快,使茎尖向上弯曲;根

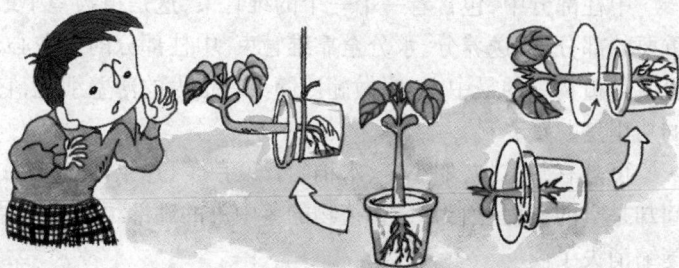

部下侧生长素浓度高到产生抑制的作用,生长比上侧慢,使根尖向下弯曲。这只是通常引用的一种解释,实际上道理可能复杂得多。

向性(向光性、向地性、向水性、向化性等)是植物在进化过程中的适应现象之一,它为农业生产提供了很大方便。由于植物的根和茎具有向地性,所以播种时可以不管种子的姿态。否则,人们只好弯腰曲背,将种子一粒一粒地正向插到土里,那可麻烦死了!

关键词: 地心引力　生长素　向性

为什么有些植物的茎中央是空的

如果你把植物的茎切断,观察一下它的断面,就可以发现,一般植物茎的构造是这样的:

最外面一层是表皮,表皮上面常常长着一些毛或刺;表皮的里面是皮层,皮层中有一些薄壁组织和比较坚固的机械组织,皮层和表皮都是比较薄的;皮层再往里,就是中柱部分了。

中柱部分中,包含着一个一个的维管束,这是植物茎中最重要的部分,输送养分、水分全靠维管束。中柱部分的最中心,也就是植物茎的最中心,叫做髓。髓具有很大的薄壁细胞,它的功用是贮藏养料。

可是有些植物,如小麦、水稻、竹子、芦苇、芹菜等,茎的中间却是空的。这是因为,这些植物的茎中央的髓部很早就已经萎缩消失了。

本来，这些植物的茎也是实心的。但是，茎中间变空对植物很有利，所以植物在长期的进化过程中，茎慢慢地变空了。

为什么茎变空对植物有利呢？

植物茎中的机械组织和维管束，就好像钢筋混凝土建筑物中的梁架，有了这些，就可以支持植物直立起来而不会倒伏。

我们知道，同样分量的材料，造成中央空而较粗的支柱，比中央实而较细的支柱，支持力要强一些。如果植物的茎加强机械组织和维管束，减少甚至消失柔软的髓部，就形成管状的结构，那么，它的支持力既大，又节省了材料。

禾本科植物，如小麦、水稻、芦苇、竹子等是最进化的植物，所以大部分禾本科植物的茎都是中空的。

有些农作物（小麦、水稻等）的品种也容易倒伏，那是因为它们茎中的机械组织不太发达。我们可以用控制水分和氮肥，增施钾肥的办法，来增强它们的机械组织。

☞ 关键词：**茎　维管束**

有些空心的老树为什么还能活

　　我们常常可以看到有些年久的老树,它的树干是空心的,可是枝叶仍旧那么茂盛。

　　老树空心并不是出于树木的本意,主要是外因造成的。树干年年增粗,树干中间的木质由于越来越不容易得到氧气和养料,可能渐渐死去,老树的心材也就失掉了它的功能。这个死亡组织如果缺乏"木材色素"等防水防腐物质,一旦被细菌侵入,或从树干伤口处渗入雨水,就会逐渐腐烂,久而久之便造成树干空心。有些树种特别容易空心,老年柳树就是一例。

　　树干空心了,树木为什么还会活呢?这是因为树干空心对

树木并不是一种致命伤。树木体内有两条繁忙的运输线,生命活动所需要的物质靠它们秩序井然地向各个部门调运。木质部是一条由下往上的运输线,它担负着把根部吸收的水分和无机物质输送到叶片去的任务;皮层中的韧皮部是一条由上往下的运输线,它把叶片制造出来的产品——有机养分运往根部。这两条运输线都是多管道的运输线,在一株树上,这些管道多到难以计数,所以,只要不是全线崩溃,运输仍可照常。树干虽然空心,可是空心的只是木质部中的心材部分,边材还是好的,运输并没有全部中断,因此,空心的老树仍旧照常生长发育。山东有棵数百年生的老枣树,空心的树干可容一个人避雨,枣树还年年结果呢!

但是,假如你将空心老树的树皮全部(不是一部分)剥去,问题可就严重了:植株很快就会死亡。这是因为运输养分的通道全部中断,根部得不到营养而"饿死"。根一死,枝叶得不到水分便也同归于尽。有一味常用中药,叫做杜仲,药用部位是树皮和叶子,如果你一心想多采药,把树干皮层全部剥下,结果是取了树皮死了树,做了杀鸡取蛋的傻事。"树怕剥皮",俗话说得一点也不错!

> 关键词:木质部　韧皮部

为什么从年轮上可以看出树木的年龄

树木都是比较长寿的。自然界中常有许多百年以上的大树,甚至也有上千年的古树,要知道它们的年龄,乍一看,好像是件难事。可是,当人们了解了树木的生长特性以后,也就可以大体不差地说出一株树木的年龄来。"数年轮"就是一种很好的方法。

年轮,顾名思义,就是树木茎干每年形成的圆圈圈。在树木茎干的韧皮部内侧,有一圈细胞生长特别活跃,分裂也极快,能够形成新的木材和韧皮组织,被称为形成层,可以说,树干的增粗全靠它的力量。这些细胞的生长情况,在不同的生长季节中有明显的差异。春天到夏天的天气是最适于树木生长的,因此,形成层的细胞分裂较快,生长迅速,所产生的细胞体积大,细胞壁薄,纤维较少,输送水分的导管数目多,称为春材或早材;到了秋天,由于形成层细胞的活动逐渐减弱,产生的细胞当然也不会很大,而且细胞壁厚,纤维较多,导管数目较少,叫做秋材或晚材。

选一段从大树树干锯下来的木头观察,你可以发现,原来树干是一圈圈构成的,而且每一圈的质地和颜色有所不同。通

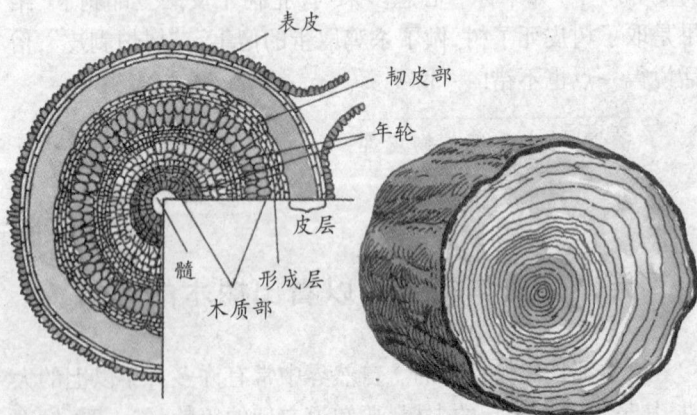

过上面的分析，我们就可以断定：质地疏松、颜色较淡的就是早材；质地紧密、颜色较深的就是晚材。早材和晚材合起来成为一圆环，这就是树木一年所形成的木材，称为年轮。照理，年轮一年只有一圈，因此，根据树木年轮的圈数，我们就很容易知道一株树的年龄了。但是，也有一些植物如柑橘，年轮就不符合这种规律，我们叫它为"假年轮"，因为它们每一年能够有节奏地生长三次，形成三轮。因此，不能把它当成三年来计算。

年轮，可以说是树木年龄的可靠记录。

可是话得说回来，年轮并不是了解树木年龄的唯一法宝，因为不是所有树木的年龄，都可以用数年轮的办法来测知的，只有温带地区的树木，年轮才较显著。热带地区的树木，由于气候季节性的变化不明显，形成层所产生的细胞也就没有什么差异，年轮往往不明显。因此，要想推算它的年龄当然也就比较困难了。

关键词：年轮 形成层

银杏树为什么叫"活化石"

银杏树是我国特产的树种，世界上已有一些国家从我国引种去栽培。在我国，虽然分布较广，各地都有栽培，但数量并不算太多。

难道外国真的没有银杏树吗？不，外国也有过，不过现在全埋在地底下——成了化石啦！所以，我国的银杏树有"活化石"之称。

在3亿年以前,银杏已在地球上诞生了。到1.7亿年前,银杏极为茂盛,浩瀚的银杏林覆盖了地球上大部分土地。但是,在1.4亿年前,由于新生植物种类的滋生和繁衍,银杏开始有所衰退。到了3000万年前,地球上发生了多次大面积冰川,从北极南下的冰川掩埋了许许多多的植物,以致银杏在欧洲和北美洲全遭灭顶之灾,成为埋在地下的化石。在亚洲大陆,银杏也几乎绝种。由于我国的山脉多为东西走向,起到了阻隔冰川的作用,华中和华东一带只受到冰川的局部侵袭,因此,银杏在我国侥幸地生存下来了,成为我国特有的"活化石"。

银杏树分布广但数量少,这有它本身的原因。银杏有个俗名叫"公孙树",意思就是说,公公种下树苗,孙辈才能吃到果子,形容银杏是一种生长很慢的树。

还有一个原因,银杏是雌雄异株的:雄的银杏树,只长雄性的花,雌的银杏树,只长雌性的花,受精后才能结果。这样,如果一个地方只有雄树,或者只有雌树,银杏就无法受精,也就结不出果实来了。

👉 关键词:银杏　活化石

为什么雨后春笋长得特别快

一夜春雨,竹园里常常满地都冒出竹笋,并且几天之中就长成了竹子。所以我们形容某种事物蓬勃发展,就说好像"雨后春笋"一样。

为什么春季下雨后,竹笋长得特别快呢?

原来,竹子是一种属于禾本科的常绿植物,它有长在地

下的地下茎(俗称竹鞭)。地下茎是横着长的,中间稍空,和地上的竹子一样有着节,而且节多而密,在节上长着许多须根和芽。一些芽发育成为竹笋或竹子,另一些芽并不长出地面,只在土壤里横向生长,发育成新的竹鞭,当它还嫩的时候,把它挖出来吃,就叫"鞭笋"。在秋冬时,芽在土壤里生长,外面包着笋壳,还没有露出地面,肥大的被采掘出来就是"冬笋"。

地下茎节上的芽,到了春天天气转暖时,就会向上长出地面,外面包着笋壳,我们就叫它"春笋",吃起来也是很鲜美的,并可制成笋干、盐笋、玉兰片和罐头食品等运销各地。但这时候常常因土壤还比较干燥,水分不够,所以春笋还长得不快,有的芽暂时还呆在土里,好像箭在弦上还没有射出去一样。要是下了一场透雨以后,土壤中水分一多,春笋就好像箭被射出去一样,纷纷蹿出土面。

春笋一出土以后就长得非常快,如果要挖取多余的春笋作为食用,就必须及时,挖晚了春笋就长成竹子了。

关键词: 竹子　地下茎　竹笋

为什么竹子不像树木那样会继续增粗

许多树木都会越长越粗。譬如加拿大白杨,刚栽下的时候只有筷子那么粗,以后一年一年地长,茎干就慢慢粗起来,十来年后就变成一棵很粗的树了。

可是竹子就不同了。竹子也能生长许多年,但是它的茎一出土面,就不再长粗了,年龄再大,也只能长这么粗。

这是什么原因呢?

因为竹子是单子叶植物,而一般树木大多是双子叶植物。单子叶植物茎的构造和双子叶植物有很大的区别,最主要的区别就是单子叶植物的茎里没有形成层。

如果把双子叶植物的茎切成很薄的薄片,放在显微镜下面观察,可以看到一个一个的维管束,维管束的外层是韧皮部,内层是木质部,在韧皮部与木质部之间夹着一层薄薄的形成层。

不要看轻了这层薄薄的形成层,树木长得这么粗,可全靠了它。形成层是最活跃的,它每年都会进行细胞分裂,产生新的韧皮部和木质部,于是茎才一年一年粗起来。

如果把单子叶植物的茎横切成薄片放在显微镜下面观察,也可以看到一个一个的维管

束，维管束的外层同样是韧皮部，内层是木质部，但是韧皮部与木质部之间，并没有一层活跃的形成层。所以单子叶植物的茎，只有在开始长出来的时候能够长粗，到一定程度后，就不会长粗了。

竹子能长到多粗呢？江西奉新县的一棵大毛竹，从地面根部到竹梢高22米，眉围粗58厘米，地面围粗71厘米，可说是毛竹之王了。

除了竹子以外，小麦、水稻、高粱、玉米等都是单子叶植物，所以它们的茎长到一定程度后就不再长粗了。

☞ 关键词：竹子　形成层
　　　　单子叶植物　双子叶植物

为什么不见竹子年年开花

竹子与稻、麦等是近亲，同属于禾本科植物。稻、麦等作物开花，各有其时，但竹子开花并不常见。这是什么原因呢？

这得从有花植物的生活周期说起。

有花植物从种子开始，经萌发、生根、生长、开花、结实，最后产生种子，这叫完成一个生活周期。有的植物在一年或不到一年的时间里，完成了一个生活周期，植株随之死亡，这类植物属于一年生植物；有的植物在两年或跨两个年头的时间里，完成了一个生活周期，植株随之死亡，这类植物属于二年生植物；有的植物要经过几年生长以后，才开始开花结实，但植株却能活多年，这类植物属于多年生植物。竹子虽能生活多年，但不像常见的多年生植物那样，在一生中可多次开花结实，而是只开花结实一次，结实后植株就死亡，因此属于多年生一次开花植物。

我们知道了竹子不同于多年生多次开花植物的道理，也就明白了不见竹子年年开花的原因。

那么竹子要生长多少年以后才开花呢？

这谁也说不清楚。因为竹子在平常年景一般都不开花，只有在遇到反常的气候时，才大量开花结实，以产生生活力强的后代去适应新的环境条件。有人做过试验，用覆盖法减少雨水下渗竹蔸，或者挖开竹蔸下的泥土，使竹子处于干旱状态，结果一些竹子开花了。农谚说"竹子开花大旱年"，就是这个道理。竹子在开花前，出笋减少或不出笋，叶枯黄脱落，开花结实后，养分消耗殆尽，植株便枯萎死亡。

也许你会问：竹子为什么会连片开花，开花后又连片死亡呢？原来，竹子是竹连鞭、鞭连竹的植物。鞭就是主茎，埋于地下，而竹是主茎的分枝，长于地上。一丛竹或一片竹林，看似毫不相干，但地下的竹鞭却是纵横交错、互通养分的。因此，竹子的开花和死亡常常会连在一起。

竹子开花会给竹业生产带来损失，因此种竹人都不希望竹子开花。除了不可抗拒的自然条件以外，一般对竹林加强管理，经常松土、施肥、防治病虫害和合理砍伐更新，可使竹林长期处于营养生长阶段，推迟竹林开花的时间。如果发现竹林中有开花植株，应及时将它伐除，并立即对竹林进行松土、施肥，一般也能防止开花植株继续蔓延。

关键词：竹子　开花

19

为什么藕断丝连

藕折断了,在断面上却总是连着那么多丝。

不光是藕,荷梗里面这种丝还要多。如果你采来一枝荷梗,尽可以把它折成一段段,并且还可以把丝拉得相当长,做成像一长串连接着的小绿灯笼似的玩意儿。

为什么藕断丝连呢?

这就要观察一下藕的结构了。原来植物要生长,需要有运输水分和养料的组织。植物运水的组织,主要是一些空心的长筒形细胞组成的导管。导管内壁在一定的部位特别增厚(而非全部一律增厚),形成种种纹理,有的呈环状,有的呈梯形,有的呈网形。而藕的导管壁增厚部却连续成螺旋状,特称螺旋纹导管。藕和荷梗的维管束中,螺旋纹导管很多。在折断藕或荷梗时,导管内壁增厚的螺旋部脱

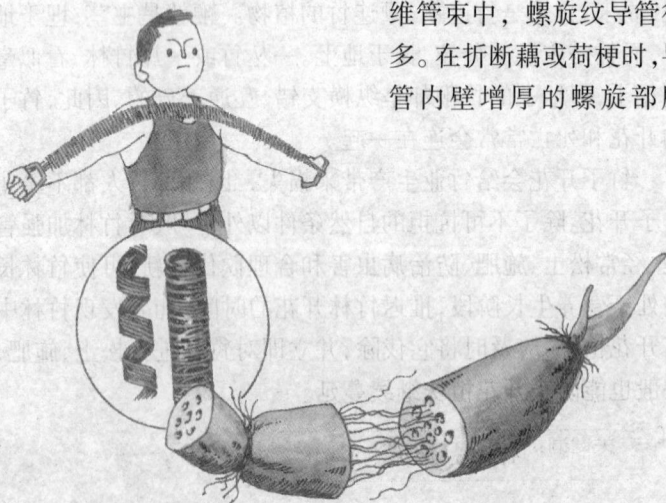

离,成为螺旋状的细丝,很像拉长后的弹簧。

如果用锋利的刀去切藕或荷梗的话,就很少会在切口上看到这种丝,因为细胞间的连锁被破坏了,就跟弹簧被切断了一样。

☞ 关键词：**藕　导管**

为什么种子富含营养

人类的食物主要从植物中取得,而且绝大部分来自种子,因为种子所含的营养物质比根、茎、叶要高得多。种子贮藏的营养物质,总的来说有三大样：碳水化合物（包括淀粉、糖类等）、蛋白质和油脂。此外,还有数量较少的各种维生素、矿物质、酶类和色素等。

淀粉是种子中最普通的贮藏物,谷类（水稻、小麦、玉米）中尤其丰富,对人

类的贡献也最大，全世界平均每三个人中就有一个人吃稻米，而许多亚洲人则几乎一日三餐离不开它。蛋白质含量最高的是豆类种子，一般含量为 25% ~ 40%，原产我国的大豆，蛋白质含量高达 40%。油脂含量最高的是油料作物的种子，例如花生，含量达 40% ~ 50%。在食用油中，种子油约占一半。可以说，种子是植物的一座名副其实的营养贮藏库，也是人类取之不尽的营养源泉。

种子为什么营养如此丰富呢？看一看这些贮藏物的作用，答案也许就清楚了。

从进化的角度来看，种子是植物界高度发展的产物，它包含着新的小生命——种胚，又装有新个体所需要的营养品——贮藏物，结构十分严密和精巧，像哺乳动物的婴儿需要乳汁哺育一样，种子植物从种子萌发开始到幼苗长出新叶之前的新个体，也是一个还不能独立生活的"婴儿"，它所需要的乳汁就是贮藏物。那么，植物怎样为它的后代准备这些"乳汁"，后代又怎样"吮"取它呢？

原来，在种子发育过程中，植物体内的养分便不断向果实和种子调运，当种子成熟时，这些可溶性的养分便转变成不溶性的高分子物质（碳水化合物、蛋白质和脂类）贮藏起来，每一粒种子都有一个贮藏库，禾谷类的贮藏库是胚乳（如米粒），豆类的贮藏库是子叶（如蚕豆的豆瓣）。成熟的种子脱离母株后，一般呈休眠状态，贮藏库紧闭起来。当环境条件适宜时，种子吸水膨胀，贮藏库"打开"，不溶性物质又变成可溶性的能够运走和吸收的物质，淀粉水解成糖，脂肪变成脂肪酸和甘油，蛋白质变成氨基酸等等。这些物质有的被用作"燃料"，成为萌发时的动力；有的被用作生成新细胞和组织的

"建筑材料"，于是小小的种子变成一株幼苗，这时，贮藏物质消耗一空，就像一个孵出了小鸡的鸡蛋，剩下的只是一个空蛋壳。

种子萌发和幼苗生长初期都要消耗大量的养分。不难设想，如果种子中没有这些丰富的养料，种子怎能萌发？即使萌发了也可能由于营养不良而半途死去。种子所以特别富含营养，原因就在这里。

人类从种子中获得了大量的营养，同时人类又不完全依靠植物的恩赐。所以，人类一直在想方设法改造植物，增加产量，提高种子中的蛋白质含量，让种子为人类作出更多的贡献。

关键词：种子

果实和种子有什么区别

许多人认为，果实个头大，而种子都是小的；也有的人认为，种子蕴藏在果实的里面。其实，用这些方法区分果实和种子都是不科学的。

那么，果实和种子究竟有什么不同呢？为了说明这个问题，需要从果实和种子的形成过程谈起。

植物生长到一定阶段，就要传粉、受精，繁殖后代。雌蕊受精以后，花的各部分便发生显著变化：花萼、花冠一般都枯萎，雄蕊以及雌蕊的柱头和花柱也都萎谢，只剩下子房。随后，子房里的胚珠发育成为种子；同时，子房也跟着长大，发育成为果实。

果实可分为真果和假果，由雌蕊子房发育起来而形成的果实，叫做真果，如桃、梅、李、杏等果实。它们外面薄薄一层是外果皮，肥厚多汁的果肉是中果皮，坚硬的核是内果皮，而核里的仁才是种子。但有些雌蕊的花托、花被等，连同子房一起发育成为果实，这叫做假果。苹果和梨那层厚厚的果肉，就是由花托和雄蕊、花被的基部共同发育而成的，可吃的部分主要是花托。被称为果中珍品的草莓，晶莹透红、汁多味甜，它的果肉是肉质花托，而真正的果实却是分布在花托上的那些小硬粒，叫做小瘦果。这种由许多小果实集生在一个花托上的果实，又叫聚合果。除草莓外，还有莲蓬、玉兰等。如果果实由整个花序发育而来，花序参与了果实的组成，则称聚花果，如桑椹、无花果、菠萝等。

在日常生活中，还有很多果实和种子往往容易混淆。很多人认为，葵花子是种子，其实，它是由子房发育起来的果实，吃掉的是种子，吐掉的壳却是果实。黄澄澄的稻谷、麦粒、玉米等，通常被称为种子，但事实上，这些"种子"也都是由子房发育而成的，是真正的果实，植物学上叫做颖果。由于这些"种子"的果皮和种皮合生在一起，不易分离，所以农业上就把它们称作种子。既糯又香的银杏，俗称白果，却是道地的种子，因为它是由胚珠的珠被分化而成的。

有趣的是，有些植物的果实里没有种子，如香蕉、无核葡萄、无核柑橘、无籽西瓜、无籽番茄等。这些果实里没有种子是由于人工的培育或药剂处理，才使它们成为无籽果实的。还有一些植物，它们没有果实，只有种子，如雪松、金钱松、杉树、柏树等。这些植物属于裸子植物，而所有裸子植物的胚珠都没有子房包被着，所以不能结出果实，种子赤裸裸的，裸子植物由此而得名。

因此，如何区分是果实还是种子，就必须先知道它是由花的哪一部分发育成的。

关键词：果实　种子

种子发芽时为什么有的需要阳光多，
有的需要阳光少

当种子遇到了充足的水分、适宜的温度和足够的空气时，就慢慢苏醒过来，开始发芽了。

至于种子发芽，需要阳光多和少的问题，曾经有人做过这样的试验：把一些小麦、燕麦、豌豆、向日葵、长齿草和烟草等的种子各取 100 粒，分别放在若干个碟子里，并在碟子底上撒一些河沙，然后把这些碟子放在温暖而光亮的地方，让它们发芽。另外，同样用这么多碟子，放上同样的种子，所不同的是，在这些碟子上，用一个黑罩子盖上，也就是让它们在黑暗的环境下发芽。经过这两种不同生活环境条件下种子发芽试验，结果是：小麦、燕麦、豌豆、向日葵的种子，在黑暗中和在光亮处一样发芽。有光与无光对于它们的发芽不产生影响。烟草、长齿草、田边草、黑种草的种子就不同了，在黑暗里它们完全不发芽，在光亮处它们发芽非常好。但是，也有一些植物种子，与烟草、长齿草完全相反，只有在黑暗的条件下才发芽比较好，例如千头草、曼陀罗花、鸡冠花、苋菜、洋葱、菟丝子就是这样。最有意思的是蛇麻草，开始发芽的前三天必须放在黑暗里，而其余时间要放在光亮处发芽。也有一些种子，萌发时对光线非常敏感，只要极短时间的露光就够了，如莴苣的某些品种就是这样。

根据种子萌发与光线的关系，有人把种子分成三类：在黑暗处不发芽或发芽很差，而在光线下发芽良好的，叫做"喜光性"种子；在黑暗中发芽良好，而在光线下发芽受阻碍的称为"厌光性"种子；再一类的种子发芽与光线无关，放在哪里发芽都行。从上面的试验可以看出，种子发芽有的需要阳光多，有的需要阳光少，有的甚至不需要阳光也能发芽，这是由于各种植物种子的特性有所不同。这种特性与它在原产地的生长自然环境有着密切的关系。就整个植物种子而言，第二类和第三类占绝大多数。

我们掌握了各种植物种子的发芽特点，在栽培时就要特别注意，对喜光性种子就要播种在接近土壤表面，或者在播种前用光照处理以及其他特殊处理后再播种；厌光性种子就要播种在有一定深度的土壤中，以避免光线对发芽的不利作用。这样做了，对提高种子发芽率是有好处的。

无论怎样说，种子发芽时，根据各种种子的特性，可以从需要阳光或不需要阳光而分别处理，但是在发芽后，一定要在阳光下才能形成叶绿素，制造养分，供植物体发育生长。

关键词：发芽　阳光

植物怎样传播自己的种子和果实

植物，一生固定生长在一个地点，直立不动。那么，是谁把它们的代表送到地球的各个角落去呢？是人吗？不错，这里有人的功劳。你看，起源于南方沼泽地的水稻，经过人们的引种栽培，今天已出现在万里之外的北方水田中。可是地球上还有几十万种野生植物，又是谁帮助它们迁徙的呢？

植物主要是靠传播它们的繁殖体——种子和果实来扩大它们的分布区域。各种植物在进化的历程中，都练就了一身传播种子和果实的本领；同时还都各自找上了一位配合默契的好帮手，共同来完成形形色色的传播活动。

生长在田野里的蒲公英，它的果实很小，但在头上却顶着一簇比果实本身还要大的绒毛，微风吹来，那簇绒毛就像打开的降落伞似的，带着果实，远离母株，乘风飞扬，飞到很远的地方，降落下来，在另一个地方，开始繁殖新的一代。我国南方有一种大树，它的果实像一把把又阔又长的大刀，高高地悬挂在树梢上；成熟时果实开裂，无数种子飞将出来，好像一群粉蝶在空中翩翩起舞。种子本身很小，但它三面都连着一层像竹衣似的半透明薄膜，外形活像一只平展双翅的蝴蝶，人们形象地称它们为"木蝴蝶"，而植物本身也就获得了这一美名。

蒲公英、木蝴蝶有着共同的帮手——风，来协助它们传播种子和果实。凡是靠风力来传播的种子或果实，都会长出像蒲公英的绒毛或木蝴蝶的薄膜这一类的"翅膀"。"翅膀"能使种子和果实的比重减轻、浮力增大，一旦风起，它们就随风飘去,越飞越高,越飞越远。靠风传播繁殖体的植物还有杨树、柳树、榆树和枫杨等。

　　生长在水中或水边的植物,很自然地,它们要靠水的帮助来传播繁殖体。椰子可算是植物界中最出色的水上旅行家了。椰子的果实有排球那么大,果实的外面有层革质外皮,它既不易透水,又能长期浸在又咸又涩的海水里而不被腐蚀;果实的中层是一层厚厚的纤维层,质地很轻,充满空气,有了这一厚层纤维,就使整个椰子像穿上了一件救生衣漂浮在水面;内层才是坚硬如骨质的椰壳,保护着"未出世"的下一代。当椰子成熟时,就会从树上掉落下来,如果掉入海中,海潮就能把椰子带到几百千米

之外，甚至更远的地方，然后再把它冲上海岸，若是环境适宜，那么，一株幼小的椰子树就会在那儿开始它的独立生活。夏天，我们都曾见过荷花池里的莲蓬吧？它们像一只只翡翠做的小碗，挺立在池中，别看它比你的拳头还大，如果用手去捏它一下，它也能被你一手握在掌心，原来莲蓬的质地就像海绵那样疏松，里面贮满了空气，就在这疏松的组织间，嵌埋着几十颗莲子。秋后，莲蓬就会像一艘海绵船，载着它的乘客——莲子，在水面漂浮远去。现在我们知道了，靠水传播的种子、果实，它们外面总是包裹着一层又厚又轻、充满着空气的保护层，使它能够浮在水面，随波遨游。

更多的植物，却是依靠人或动物传播种子或果实的。有的种子或果实非常细小，当你无意踩上它们时，它们就粘着或嵌在你的鞋缝里，你走多远，它们也跟多远，当你略一顿足，那么，它们就和尘土一起，掉到了新的领地上。另一些植物，果实和种子上长着各种各样的刺或钩，一旦人或动物和它接触，那些带钩、长刺的小家伙，就能牢牢地挂住动物的皮毛或人的衣物，散播到远处去。这类带钩、带刺的种子或果实，最常见的有牛膝子、苍耳子、窃衣、鬼针草等。

鸟类也是替植物传播繁殖体的好帮手。当鸟类在森林中觅食时，晶莹欲滴的小浆果，引诱着成群的鸟儿，性急的鸟儿往往是连肉带籽地一口就把浆果吞入肚中，不久，种子再随着鸟粪被排泄出来。鸟儿飞到哪里，种子就在哪里发芽生长。

当然，植物界里还有许多"不求人"的种类，像凤仙花、豌豆等，它们不靠风、不靠水，也不靠动物，而是靠自身的弹力将种子从果实中弹射出来。最有趣的要算喷瓜，它很像橄榄，但比橄榄要略大一点，种子不像我们常见的瓜那样埋在柔软的瓜瓤中，而是浸泡在黏稠的浆液里，这种浆液把瓜皮胀得鼓鼓的，绷得紧紧的，强力压迫着瓜皮；当瓜成熟时，稍一风吹草动，瓜柄就会自然地与小瓜脱开，瓜上出现了一个小孔，就像揭去了汽水瓶的盖子那样，把浆液连同种子，从小孔里喷射出来，一直喷到几米远的地方去。像这样传播种子的植物是很多的。

关键词：种子　果实　传播

为什么低温、干燥能使种子延长寿命

种子是有生命的，而且它们都有一定的寿命。有的种子寿命很长，有的种子寿命则很短。

种子寿命的长和短，主要取决于两个条件：一个是种子的内在因素，如种子大小，饱满度和完整性，籽粒的生理状态，种子的化学成分，种子的结构等；另一个是外在因素，如温度、水分、空气、微生物以及病虫害等。如果是相同的种子，那么，寿命长短主要取决于贮藏期间的外界环境。

让我们做几个实验。第一个实验,用同样的水稻种子,分成两份,一份贮藏在一般条件下,而另一份充氮气密封贮藏。前一份1年后发芽率只有70%,后一份即使过了5年,发芽率仍保持99%。第二个实验,先将小麦种子用氯化钙吸湿,使种子含水量降低到4.3%,然后密封贮藏在常温室内无光照条件下。15年后,发芽率仍可达80%以上。第三个实验,用含水量9%的大豆种子,分两份,一份放在30℃环境条件中,另一份放在10℃环境条件中贮藏。结果前一份1年后就没有生命力了,而后一份,10年后仍有生命力。

上面几个实验已经很清楚地说明,只要将种子贮藏在没有氧气,或低温,或干燥的地方,就会大大延长种子寿命。如果两者或三者结合,种子的寿命会更长。有人推测,如将

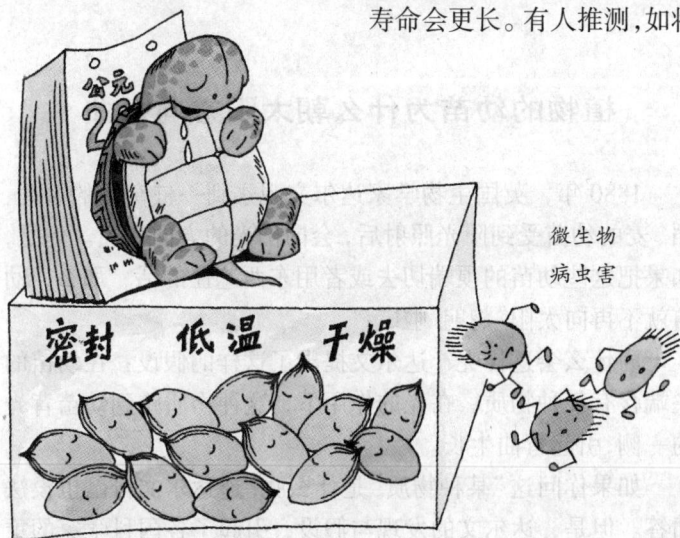

微生物
病虫害

密封 低温 干燥

水稻种子的含水量降低到 4%，在 −10℃ 中贮藏，经过 1600 多年后，发芽率仍可保持 90%。

低温、干燥为什么能使种子寿命延长呢？因为任何生物，只要有生命，就有呼吸。种子也不例外，它要维持生命，必须从体外吸收氧气，通过酶的作用，将糖类或其衍生物氧化，释放出能量，同时将二氧化碳和水排出体外。如果把种子贮藏在低温、干燥的地方，强迫种子睡觉——休眠，它的呼吸作用就微乎其微，养分消耗就很少很少。有人研究后发现，贮藏温度每相差 5℃，种子的呼吸作用就会增高或减弱 50%；同样，种子含水量每减少 2%，呼吸作用也就减少 50%。呼吸作用减弱一半，寿命就会延长一倍。

☞ 关键词：种子　低温　干燥

植物的幼苗为什么朝太阳方向弯曲

1880 年，英国生物学家达尔文观察到一桩奇怪的事儿：稻、麦的幼苗受到阳光照射后，会向阳光的方向弯曲。但是，如果把这些幼苗的顶端切去或者用东西遮住的话，那么，幼苗就不再向太阳"鞠躬"啦！

为什么会这样呢？达尔文提出了这样的假设：在幼苗的尖端含有某种物质，在光的作用下，这种物质跑到幼苗背光的一侧，引起弯曲生长。

如果你问这"某种物质"是什么呢？连达尔文自己也没法回答。但是，达尔文的发现与假设，引起了各国科学家的重视,不少人开始着手研究,想把这"某种物质"弄清楚。

1926年,荷兰科学家汶特发现,如果把燕麦幼苗的顶端切掉,幼苗立即停止了生长,而且不向太阳"弯腰"。但是,把这切下来的顶端再放回原来的位置,幼苗又可以重新开始生长"弯腰"啦。更有趣的是,把切下来的顶端在琼胶上放几个小时,然后把这琼胶小块放在切面上,幼苗竟能重新生长!

这个实验证明,在幼苗的尖端显然是存在着"某种物质"。这种物质可以转移到琼胶中去,因而加强了人们寻找这奇妙的"某种物质"的信心。

这个谜,在1933年终于被揭开了:化学家们从幼苗的尖端,得到好几种物质。这些物质,对植物的生长具有刺激作用,能够叫幼苗背太阳一面的细胞分裂生长加速,使幼苗朝太阳的一面"弯腰"。这些奇妙的物质,被称为"植物生长素"。根据化学分析,这些植物生长素大都是一些复杂的有机化合物——三醇酸(生长素A)、醇酮酸(生长素B)和 β – 吲哚乙酸(异生长素)。

既然这奇妙的植物生长素能刺激庄稼的成长,那么,能不能叫它为农业生产出点力呢?

遗憾的是大自然太吝啬了,植物中所含的天然植物生长素实在少得可怜:在700万棵玉米幼苗顶端,总共只含有千分之一克的植物生长素!

不能等待大自然的恩赐,人们开始试着自己来制造植物生长素。人们发现有许多东西,虽然不是植物生长素,却也能对庄稼的生长起刺激作用。这种人造的、与植物生长素一样对植物生长具有刺激作用的东西,被称为"植物生长激素"。

至今,人们已找到了上百种植物生长激素,其中大部分是一些复杂的有机化合物,如"二四滴"、赤霉素等等。

植物生长激素能刺激庄稼快点成长,早点开花,早点成熟,防止成熟的果实脱落,防止种子发芽等等。在喷洒了植物生长激素后,还得到了无籽西瓜、无籽番茄、无籽黄瓜与茄子。

现在,植物生长激素,已经成了支援农业生产的一支生力军。

☞关键词: 植物生长激素

为什么常春藤能在高墙上攀爬

在攀着常春藤的高墙上,覆盖着的绿叶是那样地稠密,那样地整齐,这也就难怪人们喜欢用它作为垂直绿化的植物。在园林里,常春藤攀缘在石壁和树干上,攀得很高,常填补了空隙,蜿蜒多姿,生色不少。特别因为常春藤是常绿的藤

本灌木,枝叶到了冬天也不凋零,四季皆绿,所以是绿化中不可少的点缀植物。它的名字叫"常春藤",也真是名副其实呢!

常春藤为什么能攀到很高的墙上和树干上呢?你可以去细细观察一下还没有粘附在墙上或树干上的一段幼枝,这时候很容易看到在它的一面或两面,生着一排排像刷子似的根,所以常春藤有"百脚蜈蚣"之称。常春藤枝上的根和一般植物茎干基部的根不同,因此,我们称它为不定根;又因为它生在空气中,也可以称它为气生根。用手摸一摸幼嫩的不定根,还觉得有些像胶水似的黏液分泌出来呢!你再去观察一段较老的枝,它的颜色变为黄褐色,不定根全向着墙面或树皮,用手拉一拉,就会知道它已经牢固地粘附在墙面或树皮上,不用很大的气力是拉不下来的。

常春藤就是用不定根攀爬的。不定根有着背光的特性,因此,它能转向墙面、树皮或石壁上;同时又分泌黏液,在黏液干后就能牢固地贴附在接触到的表面上。就这样,常春藤用它老的部分来固着自己,而用顶端幼嫩的部分延伸出去。在幼嫩的枝条变老而固着自己的同时,新的幼嫩的顶端又延伸出去,就这样,不断地攀向高处。

☞ 关键词: 常春藤　不定根

为什么说地球上的氧气是从植物
光合作用中得来的

地球上的大气中,约含有 21% 的氧气。氧气是一切动植物和人类生活所不能缺少的东西。那么,氧气是从哪里来的?

人们从地质、化学、天体物理的研究和理论上的推断,得知几十亿年前,地球上的大气层里有氮气、氢气、水蒸气和二氧化碳等,唯独没有氧气。即使由于太阳光的紫外线辐射,产生一些氧气,也很快被用掉,贮存不起来。地球上这么多的氧气,究竟是怎么来的呢?人们继续研究,知道原始的生物是靠着发酵作用而生活的,它们逐渐演化,大约20多亿年前,才出现了能进行光合作用的植物,即利用叶绿素吸收阳光,分解水而放出氧气,同时还原二氧化碳合成有机物。开始是小量的、局部的,逐步地发展扩大,大气层里的氧气也逐步积累增多。到了大约 6 亿年前,氧气的浓度达到了现在的 1%;大约 4 亿年前,氧气的浓度达到了现在的 10% ;随

二氧化碳

氧气

36

着多细胞生物、陆生植物的飞速发展，氧气也迅速增加，到了约 3 亿年前，就已达到现在的水平。这样，高等动物才逐渐演化出现。动物和细菌是消耗氧气的，刚好与光合作用相反，它们吸入氧气，呼出二氧化碳。另外，还有岩石的氧化、海洋的缓冲，都促使大气中的含氧量逐渐稳定下来。这样，两个矛盾过程的对立统一，就出现了相对的平衡。

光合作用的产氧量是很大的，有人估计，按照现在地球上植物的情况，每年可产生氧气 1000 多亿吨。大气中的氧总量不过 200 多万亿吨，可以说现在空气中的氧气，平均每隔 2000 年都要经过植物光合作用循环更新一次。假设一旦空气中的氧全没有了，按照现在的光合作用数量，也只要 2000 年就能全部恢复现在的水平。从地球演化史来看，2000 年是个极短的时间，按现在光合作用的速度，维持大气中现有的氧气是绰绰有余的。

现在空气中的氧气是在增加，还是在减少呢？因为没有长期的资料，还不能断定。近代地球上的植物是比过去某一个时期少了，二氧化碳也少了（大气中约含有 0.03%）。但是，由于工业的发展，每年要燃烧掉几十亿吨的煤炭和石油。按此计算，每年进入大气的二氧化碳，相当于它原含量的 0.7%；就算它耗用了等量的氧，那么，空气中的氧气每年所减少的量，也只是总氧量的 0.01%，只是光合作用每年产氧量的 2%，因此，地球上的氧气量一时是不会有什么显著变化的。

☞ 关键词：光合作用　氧气　二氧化碳

为什么红色的叶子
也能进行光合作用

植物的绿叶，被人们称为"绿色的工厂"。谁都知道，植物要制造有机物质，要进行光合作用，一定要有叶绿素存在。

但是，有些植物如糖萝卜、红苋菜、秋海棠的叶子，常常是红色或紫红色的，它们也能进行光合作用吗？

能！因为这些叶子虽然是红色的，但是叶子里也有叶绿素。至于这些叶子所以成为红色，主要是含有红色的花青素的缘故，它们含的花青素很多，颜色很浓，把叶绿素的绿色盖住了。

要证明这件事并不困难，只消把红叶子放在热水里煮一下，就真相大白了。花青素是很容易溶于水的，而叶绿素是不溶于水的。在热水里，花青素溶解了，叶绿素仍留在叶子中，煮过后的叶子由红变绿了，这就证明红叶子里的确有叶绿素存在。

另外，许多生长在海底的植物如海带、紫菜等，也常常是褐色或红色的。其实，它们中同样含有叶绿素，只不过绿色被另一类色素——藻褐素或藻红素遮住罢了。

关键词：红叶　光合作用　叶绿素

深海植物怎样进行光合作用

生长在地面上的植物，都是依靠身体里的叶绿素，利用阳光作动力，以二氧化碳和水为原料，经过"加工"制造出碳水化合物、脂肪和蛋白质等有机物，促使它的生长、发育和繁殖。

在那无边无际、碧波荡漾的大海里，生活着各种绮丽、奇特的植物——藻类。有几米长的褐色"叶片"的海带，有像小树枝那样的红藻，如紫菜，有棕色的鹿角藻，还有外壳刻着精致花纹的硅藻等，看上去它们都不是绿色的，那它们又是怎样进行光合作用的呢？

实际上，海里生长的植物也是有叶绿素的，不过含量不多，一般离海面近的植物，叶绿素的含量多一点，越是深海里的植物，叶绿素的含量越少。藻类之所以有各种不同的颜色，那是因为它们身体里还存在着另一些色素——藻胆素，红藻中含有较多的藻红素，蓝藻中含有较多的藻蓝素，鹿角藻则含有一种特殊的胡萝卜醇，所以是棕色的。这些色素把藻类本身的少量叶绿素遮掩起来，所以从表面上看不到绿颜色。

当太阳光照射到海面，生活在海面上含叶绿素较多的藻类，能够跟陆地上的植物一样进行光合作用。海里和海面的情况大不一样,蔚蓝色的海水那么深,海面又有很多的生物在活动,海水里又有大量的各种盐类,对太阳光里各种颜色的光线进入海水起了一定的阻挡作用。红光只能透入海水的表层,橙黄光能透入较深一点,绿、蓝、紫光能透入得更深一些。藻类中,绿藻吸收红光,所以生活在最浅的地方;蓝藻吸收橙黄色光,所以生活在较深的地方;褐藻吸收黄绿色光和红光,所以生活在又深一些的地方;红藻是吸收绿光的,生活在最深层。在深海里的红藻含有藻红蛋白,它能利用这种色素来吸收叶绿素所不能吸收的蓝紫光进行光合作用。

然而在深海里,有时也能找到一些绿色的藻类,并且发现它们的生命活动非常缓慢,这些绿色的藻类只要吸收很少量的光,就能满足它们生活的需要了。

关键词:藻类　光合作用　藻胆素

植物为什么也进行呼吸

人不停地在进行呼吸:吸进氧气,吐出二氧化碳。

人是这样,牛呀、马呀、狗呀、猪呀,也是这样。然而,奇怪的是:植物也同样日夜不停地在进行呼吸。只因为白天有阳光,光合作用很强烈,光合作用所需要的二氧化碳,远远地超过了呼吸作用所能产生的二氧化碳。因此,白天植物好像只有光合作用,吸进二氧化碳,吐出氧气。到了晚上,阳光没有了,光合作用停止,这时,植物就只进行呼吸作用,吸进氧气,吐出二氧化碳。

然而,植物从哪儿吸气,又从哪儿吐气呢?

植物与人可不一样,它全身都是"鼻孔",它的每一个活着的细胞都进行呼吸的:气体通过植物体上的一些小孔——气孔进进出出,吸进氧气,吐出二氧化碳。

植物的呼吸作用,要消耗身体里的一些有机物。但是要知道,它消耗一些有机物不是没有意义的。植物的呼吸作用消耗有机物,实际上就是用吸进去的氧气使有机物分解。有机物分解以后,把能量释放出来,作为生长、吸收等生理活动不可缺少的动力。当然也有一部分能量,转变成热以后散失掉了。

植物的这种呼吸作用叫做"光呼吸",和光合作用有密切的关系,光呼吸要消耗掉光合作用所产生的一部分有机物。有些植物的光呼吸较强,消耗就多些,有些植物的光呼吸较弱,消耗就少些,这对作物的产量有直接的关系,所以科学家对植物光呼吸生理功能的研究相当重视。

☞ 关键词:呼吸 气孔

为什么没有空气植物就不能活

植物和动物一样,它们生活的各个过程,一刻不停地要进行呼吸,白天和晚上同样都要吸进氧气,吐出二氧化碳。所不同的是植物在白天除呼吸作用外,还要利用二氧化碳进行光合作用,而且在正常情况下,光合作用强度都超过呼吸作用。正像我们在白天要吃饭一样,植物在太阳光下把空气中的二氧化碳和根部吸收的水分与矿物质,依靠叶子中叶绿素的作用，形成它所需要的有机物质（如糖类、蛋白质和脂肪等）来营养自己。

通常，空气中除氮气和氧气外，还含有 0.03% 的二氧化碳，如果我们设法把它的浓度提高，那么，光合作用的强度还会提高。有人利用液态二氧化碳在冬季温室或玻璃房内慢慢地放出二氧化碳，那样，在里面栽种的黄瓜、番茄等就会长得好些，果实产量也会提高，因为提高二氧化碳浓度有促进雌花发育的效果。

这样看来，空气对植物的重要性就很显而易见了。没有空气，植物就要被闷死和饿死。虽说植物平时除了制造日常生活所需要的食物以外，还贮备着一些多余的食物。但植物体贮藏的东西毕竟有限，"吃"完了就要饿死。另外，也因为植物的能量是通过呼吸作用，将有机养料分解以后得到的，因此，呼吸不能有片刻停止。如果没有氧气，植物也就没有"力气"来活动了。用一个玻璃罩子罩住一株植物，不到 2 天，植物就会萎蔫。有时候田间积水的时间一长，大豆、棉花等旱作物的根，由于得不到氧气，不能进行正常呼吸而死亡，就是这个原因。

关键词：光合作用　呼吸

为什么有些植物长出来的嫩芽、新叶是红色的

春天一到，大地活跃起来了。

42

田野里一片新绿，花草树木，欣欣向荣。

要是注意一下这些绿色的形成，倒是挺有趣的：看看河边的垂柳吧，它那千万根柳条上，先绽出一粒粒的小点，然后是嫩嫩的叶芽，不需多少日子，就成了一片葱郁的翠绿；蔷薇向花架上攀去，伸出那么多带紫色的新枝，宛如珊瑚，可是也不需多久，珊瑚成了碧玉；即使随便低头看看地上不知名的野草，在它那湛绿中，也可以发现中心部分的嫩红，仿佛害羞

似的不肯抬头。

许许多多树木和花草，在它们披上绿袍之前，嫩芽、新叶，多少会带些红色。

我们知道，植物之所以有绿的颜色，是因为它有着叶绿素的缘故。可是植物的叶绿素，并不是和它的枝芽萌动同时发生的，它往往要比植物生枝发芽来得迟些，因为叶绿素本身也是由许多元素在复杂的条件下才形成的。

植物的嫩枝和新芽，就像初生婴儿。婴儿是要依靠母亲的乳汁喂养才能长大；植物的嫩枝、新芽，也要依靠植物体内其他部分供应养料。当婴儿成长到一定阶段以后，生出了牙齿，就渐渐地有能力吃各种食物了；植物的嫩枝、新芽也是这样，到一定阶段以后，叶绿素产生了，自己开始能够制造养料，也就不再需要依靠其他部分的供应。

但是嫩枝、新芽中叶绿素的产生，各种植物并不相同，有的叶绿素产生得较早，嫩枝、新芽就绿得快；有的叶绿素产生得较迟，嫩枝、新芽就绿得慢。

那么，植物的枝芽在叶绿素产生之前，为什么不是无色而带有红的颜色呢？

这是因为植物体内有着一种叫花青素的物质，在叶绿素产生之前，它早就存在着了，花朵的种种美丽的颜色，基本上是花青素变的戏法。花青素不仅把花朵染成了各种颜色，也把嫩枝、新芽染成了红色。其实，嫩枝、新芽并不单有红色，也有紫色的、略带蓝色的和黄色的等等。

关键词：花青素

44

为什么到了秋天有些树的叶子会变成红色

在秋高气爽的时节,你去北京香山游玩,会被那漫山遍野的红叶所陶醉。历来,有不少诗人写下了专门赞美红叶的诗文,有的形容它"霜叶红于二月花",这是很有道理的。

原来叶子的颜色都是由它所含有的各种色素来决定的。正常生长的叶子中总含有大量的绿色色素,叫做叶绿素。另外还有黄色、橙色或橙红色的类胡萝卜素,红色的花青素等。叶绿素和类胡萝卜素都是进行光合作用的色素。它们都集中在细胞内的叶绿体小颗粒中,实际上这就是生产粮食的小工厂。叶绿素的化学性质很活泼,也很容易被破坏。夏季叶子能长期保持绿色,那是因为不断有新产生的叶绿素代替那些褪了色的老叶绿素。类胡萝卜素是比较稳定的,对叶绿素还能起一定的保护作用。到了秋季,叶子经不住低温的影响,产生新叶绿素的能力逐渐消失,绿色渐渐褪掉,而类胡萝卜素仍留在那里,于是叶子就变成黄色的了。

有些叶子变成红色,那是叶子在凋落前的半个多月里产生了大量的红色花青素的结果。

香山红叶就是这样的。香山红叶是一种叫黄栌的树的叶子。如果我们稍微留心一下,就会发现,它并非所有的叶子都是那么鲜红的。也有橙色的,也有黄色的,还没有变成红色,就被秋风吹落了。叶子产生花青素的能力与它周围环境急骤变化的程度有关。如寒流霜冻的侵袭,有利于形成较多花青素,所以称"霜叶红于二月花"。

秋天，山上的树叶子往往比平地上的树叶子红得早。这是因为山上的昼夜温差比较大，有利于叶子里糖分的积累，产生的花青素比较多。除了在北京香山所看到的黄栌以外，江南一带的枫树，到了秋天，树叶子也红得美丽，古人曾用"江枫如火"来形容它；黄河流域一带的乌桕也是著名的红叶树，古人有"乌桕犹争夕照红"的诗句。其他还有很多红叶树，如黄连木、水杉、漆树、槭树、桷树等。

目前，人们对于花青素的分子结构及化学性质都有不少的研究，但它除了增添树叶的色彩以外，在叶子中到底起什么作用还有待进一步去了解。

☞ 关键词：红叶　类胡萝卜素　花青素

树木怎样度过严寒的冬季

大自然里有许多现象是十分引人深思的。例如，同样从地上长出来的植物，为什么有的怕冻，有的不怕冻？更奇怪的是松柏、冬青一类树木，即使在滴水成冰的冬天里，依然苍翠挺拔，经受得住严寒的考验。

其实，不仅各式各样的植物抗冻力不同，就是同一株植物，冬天和夏天的抗冻力也不一样。北方的梨树，在 – 20 ~ – 30℃时能平安越冬，可是在春天却抵挡不住微寒的袭击。松树的针叶，冬天能耐 – 30℃的严寒，在夏天如果人为地降温到 – 8℃就会冻死。

是什么原因使冬天的树木特别变得抗冻呢？这确实是个

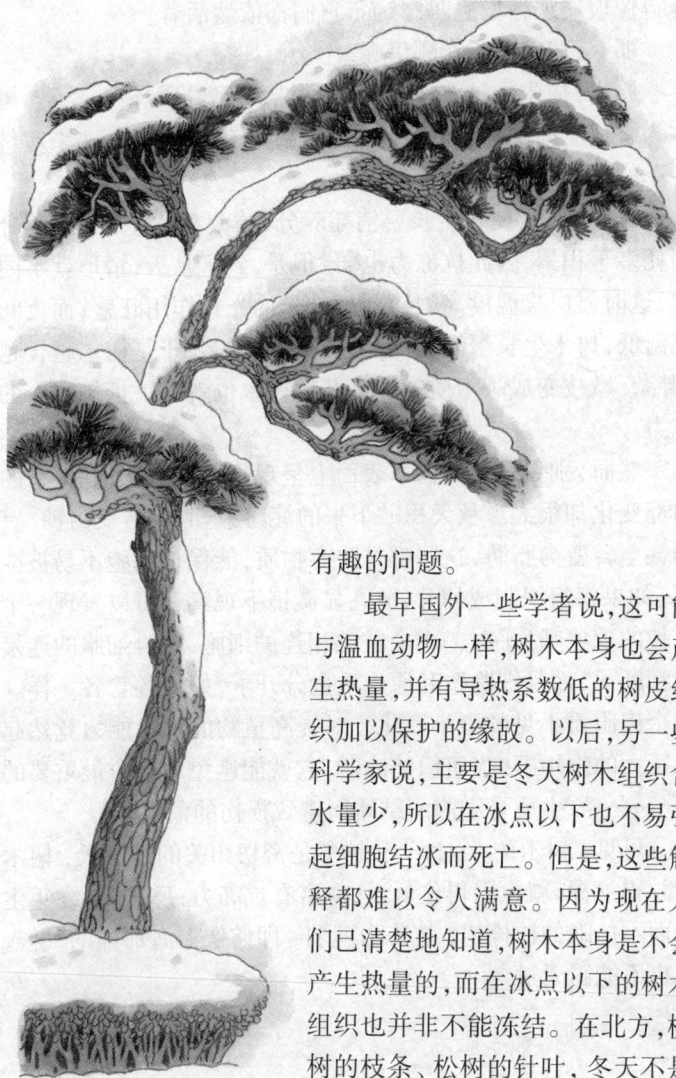

有趣的问题。

最早国外一些学者说，这可能与温血动物一样，树木本身也会产生热量，并有导热系数低的树皮组织加以保护的缘故。以后，另一些科学家说，主要是冬天树木组织含水量少，所以在冰点以下也不易引起细胞结冰而死亡。但是，这些解释都难以令人满意。因为现在人们已清楚地知道，树木本身是不会产生热量的，而在冰点以下的树木组织也并非不能冻结。在北方，柳树的枝条、松树的针叶，冬天不是冻得像玻璃那样发脆吗?然而,它们都依然活着。

那么,秘密究竟在哪里呢?

原来,树木的这个本领,它们很早就已经锻炼出来了。树木为了适应周围环境的变化,每年都用"沉睡"的妙法来对付冬季的严寒。

我们知道,树木生长要消耗养分,春夏树木生长快,养分消耗多于积累,因此抗冻力也弱。但是,到了秋天,情形就不同了,这时候白昼温度高,日照强,叶子的光合作用旺盛;而夜间气温低,树木生长缓慢,养分消耗少,积累多,于是树木越长越"胖",嫩枝变成了木质……逐渐地树木也就有了抵御寒冷的能力。

然而,别看冬天的树木表面上呈现静止的状态,其实它的内部变化却很大。秋天积贮下来的淀粉,这时候转变为糖,有的甚至转变为脂肪,这些都是防寒物质,能保护细胞不易被冻死。如果将组织制成切片,放在显微镜下观察还可以发现一个有趣的现象哩!平时一个个彼此相连的细胞,这时细胞的连接丝都断了,而且细胞壁和原生质也分开了,好像各管各一样。这个肉眼看不见的微小变化,对提高植物的抗冻能力竟然起着巨大的作用哩!当组织结冰时,它就能避免细胞中最重要的部分——原生质受细胞间结冰而遭致损伤的危险。

可见,树木的"沉睡"和越冬是密切相关的。冬天,树木"睡"得愈深,就愈忍得住低温,愈富有抗冻力;反之,像终年生长而不休眠的柠檬树,抗冻力就弱,即使像上海那样的气候,它也不能露天过冬。

关键词: **抗冻能力**

夏天中午为什么不宜给花浇水

在夏天，各种树木花草都蓬勃地生长着，需要的营养物质和水分也最多。由于花的根系分布浅，如果有几天不下雨的话，很易受干旱，所以常常需要浇水。

可是，给花浇水也要注意时间，如果在中午的时候给它浇冷水，不是帮助它，而是害了它。所以一个有经验的花农，总是选择在傍晚或早晨给花浇水的。这是什么道理呢？

夏季天气十分炎热,尤其是中午,气温更高,这时,土壤温度也逐渐升高。由于水的比热大,是空气的 4 倍多,加上水在吸收和散发热量时温度变化较小,所以水温总是比气温低。如果在炎热的中午浇冷水,那么,本来温度高的土壤会骤然降温,而这时外界气温仍相当高,在这种温度变化十分急剧的情况下,娇嫩的花会因吃不消这种强刺激而死亡。

在早晨和傍晚,因为气温较低,浇水后土壤温度与气温差异小,不至于引发死亡的危险。如果在阴天,那么,不管什么时候都可以浇水。

除了花以外,一般的蔬菜和其他一些草本植物,在夏天的中午都不宜浇冷水,农民都有这个经验。有时候在炎热的夏天,中午突然下一场倾盆大雨,往往会使蔬菜的幼苗全部"闷死",也就是这个道理。

关键词: 浇水

为什么花有各种不同的颜色

古诗说:"万紫千红总是春。"每当春回大地,黄色的迎春花,浅红色的樱花,粉红色的桃花,紫红色的紫荆花……就纷纷绽放。

花儿为什么这样多姿? 如果你仔细地观察一下,可以发现:大多数花儿的颜色,是在红、紫、蓝之间变化着;也有一些是在黄、橙、红之间变化着。

花色能够在黄、橙、红之间变化,那是类胡萝卜素在"耍把戏"。类胡萝卜素的种类挺多,大约有 60 多种颜色。像黄叶子、成熟的香蕉里所含的黄色的叶黄素,就是类胡萝卜素中的一种。

花色能够在红、紫、蓝之间变化,是因为花朵的细胞里含有花青素。花青素是一种有机色素,它极易变色,只要温度、酸碱度稍有变化,就立即换上了"新装"。

你一定认得牵牛花吧!它那喇叭状的花朵,很引人注目。喇叭花的颜色挺多,有红的,有蓝的,也有紫的。其实,这全是花青素在"变戏法",如果你把一朵红色的牵牛花摘下来,泡在肥皂水里,这红花顿时变成了蓝花。然而,这"戏法"还能重新变回去,只要你把蓝花再浸到稀盐酸的溶液里,又变成红花啦!原来,这是因为溶液的酸碱度变化,引起了花青素的变色。

在植物体里,有酸性的东西,也有碱性的东西。不仅不同植物体内的酸碱度不一样,即使在同一植物体内,酸碱度也会因光照、温度和湿度等不同而变化。这样，花青素就时常在人们面前"耍把戏"，造成"万紫千红"的声势。

你一定会奇怪：芙蓉早上开花时是白色的，中午以后逐渐由粉红变成红色，这是怎么一回事？你如果到棉花田里走一走，也有这种情况，棉花不但上午和下午会变色，而且同一枝上会同时开着几种颜色不同的花。这都是花里的花青素随着日光照射的强度和温度、湿度的变化而耍的把戏。

关键词：类胡萝卜素　花青素

花为什么有的香有的不香

一般说来，大多数植物的花朵里都含有香气，但并不是所有的花朵里都含有香气。为什么有些花朵里含有香气，有些就没有呢？首先让我们来看一看香气的来龙去脉。

花所以有香气，那是因为花朵中有着制造香味的工厂——油细胞。这个工厂里的产品就是具有香气的芳香油，它可以通过油管不断地分泌出来，并且在通常温度下能够随水分而挥发，从而变成气体散发出诱人的香气，所以又叫它挥发油。因为各种花卉所含的挥发油不同，所以散发出来的香气也就各异。我们所以能闻到花香，是从挥发油逃跑出来的气体分子钻入我们鼻孔的缘故。芳香油如果经太阳一晒，就会蒸发得更快，因此，阳光好的时候，花的香味更浓，散发得也更远。另外，在有些花朵里虽然没有油细胞，但是它的细胞在新陈代谢的过程中，会不断地产生一些芳香油。还有一些花朵的细胞里不能制造芳香油,而含有一种配糖体,配糖体本身虽然没有什么香气,但是,当它受到酵素分解时,同样能发出香气来。

为什么有些花不香呢? 简单地说,这些花里没有油细胞,也没有配糖体。一家没有香味原料的工厂,当然也就生产不出香味产品了。

花朵中的油细胞,并非都是香的,也有一些是臭的,而且有一部分植物的花特别臭,如蛇菰、马兜铃、大王花、板栗等,开花时都会放出难闻的臭气。对于这样的花,不要说人不喜欢,就连蜜蜂和蝴蝶对它们也是敬而远之。而酷爱臭味的潜叶蝇却是闻臭而至,久久不肯离去。

总的说来,花儿香与不香,关键在于细胞里有无挥发油。至于香与臭,则是不同植物品种的挥发油里所含的物质不同,所散发的气味不同而已。

那么,挥发油在植物体中是怎样形成的呢?对植物体的生理意义又怎么样呢?这一些问题,目前在科学界还没有找到完全的答案。通常大家认为,植物体内所含的挥发油,是植物体本身新陈代谢作用的最后产物,也有人说是植物体中的排泄物,生理过程中的废渣,绝大多数科学工作者认为,挥发油是由于叶绿素在进行光合作用时产生的。初生成时,分布于植物全身,随着植物体的生长,然后再根据各类植物的生理特性贮存在植物体的不同部位,有的集中到茎和叶子里去,像薄荷、芹菜、薰衣草、香草等;有的贮存在树干内,像檀香;有的贮存在树皮里,像月桂、黄樟、厚朴等;有的贮存在地下部分,像生姜;有的贮存在果实里,像橘子、茴香、柠檬等。一般说来,挥发油大多数贮存在植物的花瓣中。

挥发油在植物体内的存在,实际上有它一定的作用。最明显的是作为一种物质来引诱昆虫,帮助传送花粉,以便很好地繁殖后代。另一方面挥发油可以减少水分的蒸发,或者用芳香来毒害和它邻近的植物,达到保护自己的目的。

☞关键词:香气　油细胞　挥发油

夜来香为什么到晚上
才放出浓郁的香气来

我们常见的植物,以白天开花居多,并且开花后就放出香气。夜来香却不是这样,只有到了夜间,它才散发出浓郁的香气来。这是为什么呢?

夜来香的这个怪脾气，也是经过世世代代，很久很久才渐渐养成的。

很多植物，都是依靠昆虫传粉繁殖后代的。依靠白天活动的昆虫来传粉的植物，在白昼里，花开香飘，迎候使者。夜来香是靠夜间出现的飞蛾传粉的，在黑夜里，就凭着它散发出来的强烈香气，引诱长翅膀的"客人们"前来拜访，为它传送花粉。夜来香的这一习性是它对环境的一种适应。

俗话说"花不晒不香"，是很有道理的，太阳一晒，花瓣内的挥发油由于温度升高，很容易挥发出来，闻着也就特别香了。

然而，夜来香却与众不同，白天它既很少开花，也只有很淡的香气。而到了夜间，虽没有太阳晒，香气反而更浓，这又是什么缘故呢?

这是因为夜来香的花瓣与一般白天开花的花瓣构造不一样,夜来香花瓣上的气孔有个特点,一旦空气的湿度大,它就张得大,气孔张大了,蒸发的芳香油就多。夜间虽没有太阳照晒,但空气比白天湿润得多,所以气孔就张大,放出的香气也就特别浓。如果你注意一下就可以发现,夜来香的花,不但在夜间,而且在阴雨天,香气也比晴天浓,那是因为阴雨天空气湿度大的关系。"夜来香"和"雨来香"的名字就是这样得来的。有人晚上给茉莉花浇水,觉得香气特别浓,也是这个道理。除了夜来香、茉莉花以外,晚上开花的待宵草、烟草花也是如此。

另外,由于花卉种类的不同,香气散发的时间也不一致。例如,蔷薇类在花朵孕蕾时香精油就形成了,所以花刚刚开放就已香气扑鼻了;而夜来香、茉莉花则要到花开后才逐渐放出香气来。夜来香大多在晚上开花,既然如此,夜来香到晚上才放出浓郁的香气来也就不难理解了。

关键词: 夜来香　香气

为什么艳丽的花通常没有香气,香花都是白色或素色的

色彩斑斓、雍容华丽,是花备受人们喜爱的一个重要原因。不少名贵的花卉都是色泽艳丽的,如牡丹、芍药、玫瑰、月季、山茶、杜鹃、报春……以富于色彩的多样性而著称于世。

　　难道白色或素色的花朵就不登大雅之堂吗？事实并不是
这样，许多受欢迎的名贵花卉，如白兰、含笑、玉兰、素馨、茉
莉、水仙、木犀(桂花)……也都是白色的。何况贵为香祖的兰
花，也没有鲜艳的色彩。白色和素色的花朵有个共同特色，姿
容淡雅，气味芬芳，给人以娴静、清幽和高洁的享受。花的香
气是因为花中含有几种乃至几十种挥发性芳香油。它们常常
只在花朵盛开的时候，才从花中散发出来，花儿开败了，香气
也就不再溢出。

　　当然，人们心目中最理想的花是既娇艳夺目，又芳香宜
人。可惜，不仅在自然界中具备这两大特色的花朵很少，而且
在栽培花卉中也不多见。

　　为什么艳丽的花常常没有香气，而白色或素色的花却常
常是香气扑鼻的呢？因为对于植物来说，开花不是供人玩赏，
而是为了结果。色彩和气味都是植物引诱昆虫传粉的手段。

然而昆虫对花朵的要求，不像人类对花朵的要求那样苛刻。许多昆虫单凭颜色，就能准确地识别出适合它采蜜的花朵，至于花儿发出什么气味，对它们来说无关紧要或不起作用。而另一些昆虫，对于花朵散发出来的气味，反应则非常灵敏，即使很细微的差别，都可以分辨得出来。因此，它们仅仅凭着这种灵敏的嗅觉，就能准确地追寻到自己想要"拜访"的花朵；至于花儿是否漂亮，并不介意。我们知道，生物进化过程中有一种普遍的趋势，就是不断舍弃自己身上多余的东西。对花儿来说也是这样，既然特定的色彩或花瓣已足以能对自己所需要的昆虫发出明确的邀请信号，而且这种信号一定会被受邀请者所接受，那么再溢出浓烈的香气就是多余的了；同样，既然花儿散出的特殊气味，能够准确地传达花儿邀请昆虫前来采蜜的信息，卖弄妖艳也就完全没有必要了。至于风媒花和水媒花，是依靠风和水来传粉的，没有引诱的问题，所以那些花既无鲜艳的颜色，也没有扑鼻的香气。

关键词：香气　芳香油

为什么高山植物的花朵色彩特别艳丽

我国云南、四川有很多美丽的高山植物，它们的花朵色彩特别鲜艳、亮丽，在世界上十分有名。为什么高山植物的花朵色彩会特别艳丽呢？

原来这是高山植物对环境的适应。我们知道，高山上的紫外线特别强烈，能使植物细胞的染色体受到破坏，阻碍核苷酸的合成，进而破坏细胞的代谢反应，对植物的生存是很不利的。高山植物就在这种严峻的生活环境下，经过长期的适应，产生出大量的类胡萝卜素和花青素来，因为这两类物质能大量地吸收紫外线。而类胡萝卜素和花青素的大量产生，又使花朵的色彩特别艳丽，因为类胡萝卜素使花朵呈现鲜明的橙色、黄色，花青素则使花朵呈现红色、蓝色、紫色等。花朵中有了这么多的色素，在阳光的照耀下，自然是艳丽夺目了。

> 关键词：高山植物　类胡萝卜素　花青素

为什么不少好看的花是有毒的

许多植物的花，漂亮鲜艳，十分令人喜爱，然而却是有毒的。例如夹竹桃的花，红艳欲滴，几乎全年有花可看，但夹竹桃的叶、皮、根都有毒，花朵也有毒，只是毒性弱一点而已。人只要吃一点新鲜夹竹桃的皮，就会出现中毒症状：开始有恶心、呕吐、腹痛的感觉，进而心悸、脉搏不齐，严重者瞳孔扩大、便血，甚至抽搐而死亡。这是因为夹竹桃含有多种强心苷，对人的心脏有强烈的毒性作用。

我们平时看到庭院花圃里或阳台上有一种开紫红色花的盆景，那叫长春花，也属于夹竹桃科，它的根和叶含有吲哚型生物碱，如长春碱、长春新碱等。长春碱能抑制人的造血功能，尤其对骨髓的抑制程度很高，会引起白细胞减少。可是，如果采用以毒攻毒的方法，长春碱对治疗白血病、自发乳腺癌等却有一定的疗效。

水仙花是冬天受人们喜爱的花卉，它能在隆冬季节开放花朵，特别是叶子碧绿光洁，使室内充满春意。然而水仙也有毒，全株均毒，尤其是那个蒜头似的鳞茎毒性更大。如果误食鳞茎，就会出现呕吐、腹痛、脉搏频微、泻痢、呼吸急促、体温上升及虚脱等现象，乃至痉挛、麻痹而死。水仙的有毒成分为生物碱，在鳞茎中的含量为 1%。

石蒜的花尽管鲜红美丽，但全株有毒，花的毒性更大。如果误食石蒜花，就会出现说话困难，严重者会死亡。石蒜也含多种生物碱，如石蒜碱、多花水仙碱等。此外，忽地笑和文殊兰等石蒜科植物，它们的鳞茎较大且含淀粉，但有毒性，切忌误食。

紫茉莉是一种常见的花卉，栽植于花坛或屋前空地上。这种植物的种子和根都有毒。由于紫茉莉的根肥大，好像我国中药里的天麻，于是一些不法商人便利用紫茉莉根制成假天麻。如果人吃了这种"天麻"，就会中毒，出现嘴唇麻痹、皮肤麻木，并伴随头痛、耳鸣等症状。紫茉莉的根含有树脂、有机酸、氨基酸等化学成分。

还有些植物，如牵牛花，人吃了它的种子和植株会出现腹泻、腹痛、便血等症状，还可能有血尿，甚至损害脑神经、舌下神经，使人不会说话和产生昏迷状态。杜鹃花科中的许多种花也有毒性，如开黄颜色花的羊踯躅（又名闹羊花），全株有毒，花和果的毒性更大。据说古代的"蒙汗药"中，就含有这种花的成分，可麻痹人的神经，使人失去知觉。

综上所述，不少花卉，虽然好看，但只能观赏，切忌食用。不仅如此，有的花粉对人也有害处，如进入鼻腔（用鼻去闻花香)产生过敏,这就是一种毒性反应。

为什么有的花早晨开有的晚上开

夏天的早晨,路边的牵牛花,打开蓝紫色的喇叭,迎着东方的太阳,看它的样子是多么的欢乐! 可在 9~10 点钟或中午再去看一看它,这时的牵牛花,显得一点精神也没有,它已经萎谢了。第二天我们又能看到盛开的牵牛花,那是另一批花朵开的花了。

牵牛花为什么早晨开花,中午就萎谢了呢?

一般说来,一种植物或一种动物的生活习性,总是经过

长时期的自然选择而遗传下来的；但是，更多的情况是由于植物本身受了光照、温度等外界条件影响而引起的。就拿牵牛花的开花来说，早晨的空气比较湿润，阳光比较柔和，这样的外界环境对于牵牛花最为适宜，这时牵牛花花瓣的上表皮细胞（即花瓣的内侧）比下表皮细胞（即花瓣的外侧）生长得快，于是花瓣向外弯曲，这样，花就开了。然而到了中午，阳光强烈，空气干燥，娇嫩的牵牛花花朵因缺少水分而不得不萎谢了。

牵牛花开花既需要阳光，又害怕过强的阳光，清晨的条件正好适合它的要求，所以它的开花时间在早上。另有一些植物，它们的开花时间恰和牵牛花相反。如夜来香、月光花和瓠瓜等，它们害怕强烈的阳光，总是白天闭合，晚上才开花，这又是什么道理呢？

我们从牵牛花的开花习性中知道，植物开花时间和外界环境很有关系，像温度和阳光都会直接影响它们，晚上开花的植物同样如此。譬如昙花，它的花瓣又大又娇嫩，需要在一定的气温条件下才能开花，白天温度过高，空气干燥，深夜里气温又较低，对昙花的开放都不利，只有夏天晚上 9 ~ 10 点钟的气温和湿度最为适宜，所以它总是在晚上开花，而且只开两三个小时，这样就可以避免低温和高温的伤害。昙花的这种现象，人们称作"昙花一现"。

另外，像牵牛花、昙花、月光花等都是属于虫媒花，开花时间的早晚，除阳光和温度对它们有影响外，还跟昆虫出来访花采蜜的时间有关系。天黑以后，蜜蜂和蝴蝶已入夜而息，只有几种蛾子在活动，而且一定要到黄昏以后才出来。所以靠蛾子传粉的植物，都到晚上才开花。

每种植物总要挑选最适合它开花授粉的时间才开花，因为只有这样，才对它结籽传种有利。所以说，植物的花在一定的时间开放，是适应外界生活条件而形成的一种习性。

> 关键词：牵牛花　开花时间

为什么有些植物先开花后长叶

　　一般常见的植物都是先长叶后开花，而蜡梅（又称腊梅）和玉兰为什么先开花后长叶？这是一个有趣的问题，古人甚至以为它们是"有花而无叶"呢！要说明这个问题，就得从花和叶的结构谈起。

　　一般来说，春天开花的树木，它们的叶和花的各部分都在上年秋天就已长成，并包在芽里。秋末冬初，当叶子掉落以后，摘一个芽解剖开来看看，就可以看见它们的雏形了。到春天，气温逐渐升高，各部分的细胞都很快分裂生长起来，因此，花的各部分和叶都伸展开来，露到芽的外面，形成开花长叶的现象。

　　不同的植物有不同结构的芽，一种发育为营养枝的叫叶芽，一种是里面有花或花序的雏形叫花芽，还有一种发育为枝但又有花或花序的叫混合芽。

　　每一种植物的各个器官的功能，对气温都是有它的特殊要求的。桃树的叶芽和花芽的生长，对温度的要求差不多相同，因此，到春天花和叶就差不多同时开放。蜡梅和玉兰则有点不同，它们的花芽生长所需要的温度比较低，初春的温度已满足了它生长的需要，花芽就逐渐长大起来而开花。但对叶芽来说，这种气温还是太低，没有满足它生长需要，因而仍然潜伏着，没有长大。后来，温度逐渐升高，到了满足它生长需要的时候，叶芽才慢慢长大。因此，蜡梅和玉兰就形成先开花后长叶的现象。

关键词：先花后叶　叶芽　花芽　混合芽

为什么有些植物有毒

不同种类的植物，由于它们不同生理活动的结果，造成它们体内积聚着不同性质的物质。例如芹菜、菠菜和芫荽的叶子，味道不同，就是这个原因。有些植物积聚的是有毒物质，进入人畜体内，能发生毒性作用，使组织细胞损坏，引起机能障碍、疾病或死亡，因此称为有毒植物。

植物中有毒物质的种类和性质很复杂，这里只谈一些比较重要的。从化学性质来讲，植物的有毒物质主要有：植物碱、糖苷、皂素、毒蛋白和其他还未查明的毒素等。植物碱是植物体内一些含氮的有机化合物，如烟草的叶子、种子内所含的烟草碱，毒伞蕈所含的毒伞蕈素。糖苷，是糖和羟基化合物结合的产物，如白果和苦杏仁种子内所含的苦杏仁苷。皂素是一种很复杂的化合物，溶入水中后，摇晃一下能生泡沫，如瞿麦的种子所含的瞿麦皂素。毒蛋白是指具有蛋白性质的有毒物质，如蓖麻种子内所含的蓖麻蛋白，巴豆种子内的巴豆素。有毒物质在各种植物体内不仅性质不同，分布的部位

也不同,有的只一部分有毒,有的全株各部分都有毒,有的在同一株植物的不同部位含有不同程度的有毒物质。有毒植物还因植物的年龄、发育阶段、部位、季节的变化、产地和栽培技术等的不同而含量不同。

白果和苦杏仁种子内含有的苦杏仁苷,溶解在水里,能产生氢氰酸,毒性很大,小孩吞食少量,就会丧失知觉,中毒死亡。马铃薯在见光转绿后或抽芽时,在这些部位产生一种叫

"龙葵精"的毒素，人吃了会引起中毒，发生呕吐、腹泻等症状。其他如桃仁、蓖麻种子等，食用后都会引起中毒。懂得了这些道理，就可以预防中毒和采取各种急救措施。有些有毒植物是可以把毒素去掉以后加以利用的，一般来讲，野菜经过水的浸洗或煎煮后再浸泡，把涩味、苦味除去，就能除去毒性；当然，也有些植物如毒伞蕈，不论怎样浸洗煎煮，都不能除去毒性。因此，不认识的植物，必须了解后才能食用，以免误食后发生中毒。

有些植物所含的有毒物质，特别是属于植物碱性质的，可以用来制造药品。例如，颠茄和曼陀罗的叶子和根含有莨菪碱和阿托品，有毒，能使人兴奋、昏迷等，但在医学上少量应用时，却成了治疗风湿、气喘、腹绞痛等的药剂；曼陀罗的花就是古代中医用作麻醉剂的洋金花；罂粟果实所含的吗啡，中毒时能引起呼吸麻痹，但在医学上适量应用时，却成了镇痛止咳的药剂。因此了解哪些植物是有毒的和它们体内含有什么样的毒素，是有重大意义的。

关键词：**有毒植物　生物碱**
　　　　糖苷　皂素　毒蛋白

为什么植物里有电

说植物身体里也有电，你觉得奇怪吗？

植物和动物都是生物。生物体内的生命活动，有时会产生电场和电流，叫做生物电。在有些动物身体中，这种现象特

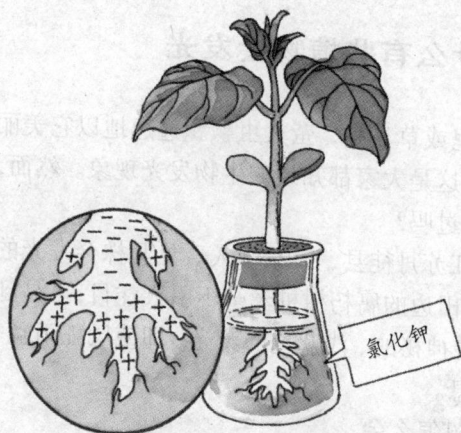

氯化钾

别明显。例如一种叫电鳗的鱼类，它可以用这种生物电去击捕小动物，作为自己的食料呢!

植物体内的电都很微弱，不用很精密的仪器是难以察觉的。但微弱不等于没有。

那么，植物体内的电是怎样产生的呢?植物产生电流的原因很多，大多是在生理活动的过程中产生的，例如在根部，电流可以从一个部位向另一部位周转。引起电流流动的原因是根细胞对于矿物质元素的吸收和分布不平衡的关系。假如把豆苗的根培植在氯化钾溶液中，氯化钾的离子就进入根内，钾离子在根内向尖端处细胞集中，由此产生上部细胞内阴离子的浓度高，而根尖阳离子多，结果，电流就向阳极移动。

但这种电流的强度很小，据计算，需要 1000 亿条这种根发的电，才可以点亮一盏 100 瓦的电灯。所以，有的人把这种根的发电，比做一台微型发电机。

由于科学技术的不断发展，如今已把生物电作为一项专门的学科来研究了。这门新学科叫电生理学。

关键词: 生物电

为什么有些植物会发光

夏天，在树林里或草丛中，萤火虫飘飘逸逸地以它美丽的闪光和星星相映，这是大家都知道的生物发光现象。然而，植物也会发光，你见过吗？

若干年前，在江苏丹徒县，有很多人看见几株会发光的柳树。白天，这些在田边的腐朽树桩丝毫不引人注目，可是到了夜间，它却闪烁着神秘的、浅蓝色的荧光，即使风狂雨猛、酷暑严寒也经久不息。

这些普通的柳树怎么会发光呢？经过研究终于解开了疑团。原来，会发光的不是柳树本身，而是一种寄生在它身上的真菌——假蜜环菌

的菌丝体发出来的，因为这种菌会发光，人们给它取名叫"亮菌"。这种菌在苏、浙、皖一带分布很普遍，它专找一些树桩安身，长得像棉絮一样的白色菌丝体吮吸着植物的养料，吃饱了就得意地闪着光，只因为大白天看不出来，人们对它往往是相见不相识罢了。今天，你在药房里看到的"亮菌片"、"亮菌合剂"就是用这种发光菌做的药，对胆囊炎、肝炎还有相当的疗效呢!

如果你是一位海员，在漆黑的夜晚，有时会看到海面有一片乳白色或蓝绿色的闪光，通常称作海火。深海潜水员也会在海底遇见像天上繁星般的迷人闪光，真是别有洞天啊!原来，这是海洋中某些藻类植物、细菌以及小动物成群结队发出的生物光。

据说 1900 年巴黎国际博览会上，光学馆有一间别开生面的展览室，那儿没有一盏灯，却明亮悦目，原来是一个个玻璃瓶中培养的细菌发出的光亮，令人惊叹不已。

植物为什么会发光呢? 这是因为这些植物体内有一种特殊的发光物质——荧光素和荧光酶。生命活动过程中要进行生物氧化，荧光素在酶的作用下氧化，同时放出能量，这种能量以光的形式表现出来，就是我们看到的生物光。

生物光是一种冷光，它的发光效率很高，有 95% 的能转变成光，而且光色柔和、舒适。科学家受冷光的启迪，模拟生物发光的原理，便制造出许多新的高效光源来。

☞ 关键词: **生物发光　假蜜环菌**
荧光素　荧光酶

为什么有些植物能抗盐碱

盐碱土对植物的害处主要有两个方面：第一，盐碱土中由于积累了比较多的盐分，使得土壤溶液的"水势"大大降低，保水能力增大，这就使植物的根系吸收水分发生了困难。植物得不到足够的水分，就会死亡。第二，在盐碱土中，往往是某一种盐分（例如氯化钠）太多，会使植物受害，这叫做"单盐毒害"作用。

植物大多不耐盐碱，但是，也有些植物特别能抗盐碱。那些生长在盐碱土中的植物叫做盐生植物。它们对盐碱的抵抗能力是多种多样的。

有些盐生植物如盐角草、碱蓬等，它们具有肉质的茎和叶，里面含有大量盐分；但盐分能够和细胞内物质结合起来，不发生危害作用；同时，它们又具有很低的水势，能够从土壤溶液中吸取水分。这些植物称为"真盐生植物"。

有些盐生植物如匙叶草、柽柳等，它们的茎和叶上具有能排出盐分的腺体——泌腺，能够把从盐碱土中吸收的过多的盐分，通过泌腺排出体外，经过风吹雨打，使盐分流失掉。这些植物称为"泌盐植物"。

还有些盐生植物如艾蒿、胡颓子、田菁等，它们的根系对盐分的渗透性比较小，体内并不积累大量盐分，但是，因为含有比较多的可溶性有机酸和糖类物质，使细胞的水势降低，增强了从盐碱土中吸收水分的能力。这些植物称为"淡盐生植物"。

盐生植物还具有一个共同的特性，就是它们的代谢水平比较低,生命活动不很旺盛,因此能够抵抗盐分的危害。

在农作物中,甜菜耐盐力很强,棉花、高粱等也比较耐盐。同一作物在不同的生长发育时期,耐盐能力也有不同。通常在幼苗期对盐分很敏感,不耐盐;待到植株渐渐长大,对盐分的忍耐力也逐渐增加了。所以,在农业生产中可以采取各种耕作措施,使作物在对盐分最敏感的生育时期能躲过盐分的危害,从而获得较高的收成。

☞ 关键词: 盐生植物　泌腺

为什么鸡血藤这种植物
砍一下会流"血"

在我国浙江、福建、广东、广西、云南等省区,生长着一种结豆子的常绿木质藤本植物,它喜欢攀缘缠绕在其他树木上。每年8月间开花,开的花像刀豆花一样,花冠玫瑰色,非常美丽。

要说能结豆子的植物,那是太多了,而且这些植物在外形上并没有什么引人注目的地方。这里要说的这种豆科植物的茎里面,却含有一种别的豆科植物所没有的物质。如果把这种植物的茎切断以后,它的木质部立即会出现淡红棕色,再过一些时候,慢慢变成鲜红色汁液流出来,很像鸡血,所以有人把这种植物称为"鸡血藤"。

鸡血藤的"血"是从什么地方流出来的呢?

我们知道,许多植物的茎都是靠形成层的增长而变粗的。在形成层的外面是韧皮部,里面是木质部。鸡血藤的韧皮部里面有着许多由分泌细胞组成的分泌管,每2~10个分泌管成群地排列着,成为赤褐色的圆环。这些分泌管内充满着棕红色的物质,当茎干锯断后,"血"就从分泌管里渗出来了。这种"血"干后,凝固成亮而发黑的胶丝状斑点。据化学分析,它含有鞣质、还原性糖和树脂类等物质。

鸡血藤的茎是一种中药,有补血行血、散气、去痛、通经活血的功效,主治血虚、麻木瘫痪、腰膝酸痛等疾病。也可以加工成"鸡血藤膏",以云南制成的"鸡血藤膏"为最好。有经验的老药工常常把"鸡血藤膏"放入煮沸的水中,来鉴定膏质的好坏,如果出现有一线如鸡血走散的模样,证明这才是最好的上等品。

除了鸡血藤会流"血"以外,英国威尔士还有株700多年

历史的杉树也会流"血"。这株杉树高 7 米多,奇异的是,它长年累月都有一种像"血液"的液体从树上一条 2 米多长的天然裂缝中流出来。杉树的这种异常现象,吸引数以万计的游客观光。至于杉树为什么会流"血",科学界至今未能作出满意的解释。

植物的"血",只是形态的貌似而已。是否真的是植物的血液,其秘密有待揭开。

☞ 关键词:鸡血藤

含羞草为什么一经触动就把叶子合拢

许多人认为,植物是直立不动,没有知觉的。

但是,当你用手轻轻地碰一下含羞草的叶子,它就像害了羞一样,把叶子合拢来,垂下去。

含羞草竟然会动! 你触得轻,它动得慢,折叠的范围也小。如果你触得重,它动作非常迅速,不到 10 秒钟,所有的叶子全折叠起来。

为什么含羞草会动呢? 这全靠它叶子的"膨压作用"。在含羞草叶柄的基部,有着一个"水鼓鼓"的薄壁细胞组织——叶枕,里头充满水分。当你用手一触含羞草,叶子震动了,叶枕下部细胞里的水分,立即向上部与两侧流去。于是,叶枕下部像泄了气的皮球似的瘪下去,上部像打足气的皮球似的鼓起来,叶柄也就下垂、合拢了。在含羞草的叶子受到刺激做合拢运动的同时,产生一种生物电,将刺激信息很快扩散到其

73

他叶子，其他叶子就跟着依次合拢起来。不久，当这次刺激消失后，叶枕下又逐渐充满水分，叶子就重新张开恢复原状。

含羞草的这种生理特性，是它对自然条件的一种适应，对它的生长很有利：在南方，时常会碰到猛烈的风雨，如果含羞草不在刚碰到第一滴雨点、第一阵疾风时就把叶子收起来，那么，狂风暴雨就会摧残含羞草的娇嫩叶片。

会动的植物不只是含羞草。大自然里，你还可以遇到许许多多这样奇妙的植物。

☞ 关键词：含羞草

水生植物在水里为什么不会腐烂

无论哪一种植物都是需要水的，若离开了水，就会有死

74

亡的危险。不过,不同的植物,却各有不同的生活习性,有的需水多一些,有的需水少一些。

连续几天大雨后,地里到处积满了水,如果不及时排除掉,像棉花、大豆、玉米等许多农作物就会被淹死,时间再长一些的话,整株植物就会腐烂。而荷花就不同了,它身体的大半段是长期泡在水里的;金鱼藻、浮萍等水生植物,全身泡在水里,但它们却安然无事。为什么水生植物长期泡在水中不会烂,而棉花、大豆等农作物泡在水里的时间稍一长就会烂呢?

一般植物的根,是用来吸收土壤中水分和养料的。但必须要有足够的空气,根才能正常地发育,如果根长时间泡在水里,得不到足够的空气,根就停止生长,甚至会闷死;根一死,整株植物也就活不成了。

然而水生植物的根和一般植物的根不同,由于长期受环境的影响,使它们都具有一种适应于水中生活的特殊本领,就是能吸收水里的氧气,并且在氧气较少的情况下,也能正常呼吸。

它们怎样吸收溶解在水里的少量氧气呢?

一般说来,水生植物的根部皮层里,具有较大的细胞间隙,上下连通,形成一个空气的传导系统,更重要的是它们的根表皮是一层半透性的薄膜,可以使溶解在水里的少量氧气透过它而扩散到根里去。在进行渗透作用时,由于薄膜两边的浓度不同,产生了一种渗透压,而水生植物的根表皮的渗透力特别强,所以氧气能够渗透到根里去,使根吸收到一点氧气,再通过较大的细胞间隙,供根充分地呼吸。

有些水生植物,为了适应水中生活的环境,在身体上还有另外一些特殊的构造。例如莲藕，它深深地埋在泥泞的池塘底，空气不易流通，自然呼吸也就会感到困难了，但是我们不必替它担心，藕里有许多大小不等的孔，这种孔与叶柄的孔是相通的，同时在叶内有许多间隙，与叶的气孔相通。因此，深埋在污泥中的藕，能自由地通过叶面呼吸新鲜空气而正常地生活。又如菱角，它的根也是生在水底污泥里，但它的叶柄膨大，形成了很大的气囊，能贮藏大量的空气，供根呼吸。另外，还有槐叶萍等水生植物，它们叶的下面有许多下垂的根，其实，这并不是什么真正的根，而是叶的变态，承担根的作用罢了。

除此以外，水生植物的茎表皮与根一样，具有吸收的功能，表面防止水分散失的角皮层不发达或完全缺少。皮层细胞含有叶绿素，能进行光合作用，自己制造食物。

由于水生植物有着种种适应水中生活的构造，既能正常地呼吸，又有"粮食"吃，所以能够长期生活在水中，不会腐烂。

☞关键词：水生植物　空气系统　气孔

仙人掌之类植物为什么多肉多刺

仙人掌的老家在南美和墨西哥，它的祖辈们面对严酷的干旱环境，与滚滚黄沙斗，与少雨缺水、冷热多变的气候斗，千千万万年过去了，它们终于在沙漠里站稳脚跟，然而体态却变了样：叶子不见了，茎干成为肉质多浆多刺了……

这种变化对仙人掌之类植物大有好处。大家知道，植物的喝水量很大，它喝的水大部分消耗于蒸腾作用，叶子是主要的蒸腾部位，大部分水分都要从这里跑掉。据统计，每吸收 100 克水，大约有 99 克通过蒸腾跑掉，只有 1 克保持在体内。在干旱的环境里，水分来之不易，哪里承受得起这样巨额支出呢？为对付酷旱，仙人掌的叶子退化了，有的甚至变成针状或刺状，这就从根本上减少蒸腾面，"紧缩水分开支"。仙人掌节水能力到底有多大？有人把株高差不多的苹果树和

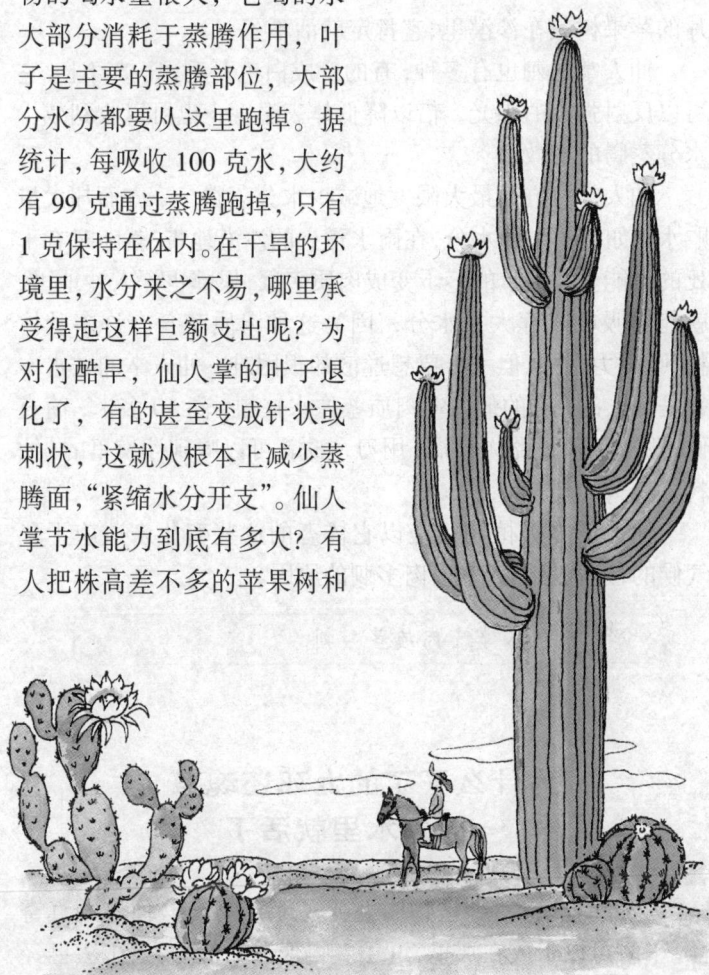

仙人掌种在一起，在夏季里观察它们一天消耗的水量，结果是苹果树 10～20 千克，而仙人掌却只有 20 克，相差上千倍。这不是仙人掌的吝啬，而是生存的需要。把一株具有茂密叶片的苹果树栽在沙漠里，它肯定就活不了。

仙人掌的刺也有多种，有的变成白色茸毛，密披身上，它可以反射强烈的阳光，借以降低体表温度，也可以收到减少水分蒸腾的功效。

仙人掌一方面最大限度地减少水分蒸腾，一方面却大量贮水。如果不贮备水分，在雨水稀少的沙漠地带，就随时有干死的可能。仙人掌的茎干变成肉质多浆，根部也深入沙地里，就能够吸收贮存大量水分，因为这种肉质茎含有许多胶体物，吸水力很强，但水分要想逸散却很困难。仙人掌的贮水本领是惊人的，有的仙人掌肉质茎像水缸粗，高 10 多米，简直像个贮水桶，过路人口渴，用刀一砍就可以喝到沙漠里的"饮料"。

仙人掌之类植物正是以它体态的这些变化来适应干旱气候的，这就是仙人掌多肉多刺的原因。

☞ 关键词：仙人掌　肉质茎　刺

为什么干了的九死还魂草
一放到水里就活了

你听说过有一种植物叫九死还魂草吗？这种植物真奇怪，平时可以干放在那里，叶子卷得像拳头似的，看上去已经干死了,但只要一得到水,它又能转活,叶子又会舒展开来。

九死还魂草的正式名字叫卷柏,它属于蕨类植物卷柏科,是一种多年生草本植物,生长在山地裸露的岩壁上。这种植物的特点是耐旱力强,细胞原生质的耐干燥脱水的性能比其他植物强。一般植物在过度地失水而干燥后,细胞中的原生质就会遭受破坏而死去,即使再有水的时候也不能恢复原有的生活功能。但卷柏却不同,干燥的时候枝叶向内卷曲起来;湿润后又能展开,得到水以后,原生质能进行正常的生理活动。正因为有这种适应环境的特性,所以它不易干死,因而就有很多名称,如长命草、长生不死草、还魂草、万岁草等等。

九死还魂草在我国分布甚广,它不但是一种观赏植物,也是一种药用植物,全草有止血、收敛的效能,民间用来治疗各种出血症,外用可以治疗刀伤。

> 关键词: **卷柏　九死还魂草**

为什么榕树能独树成林

榕树是一种喜欢高温多雨、空气湿度大的常绿阔叶乔木,它遍布于我国热带和亚热带地区,常见于低海拔的热带林中和沿海海岸及三角洲等低湿地区。由于榕树的果实味甜,小鸟喜食,坚硬不能消化的种子随鸟粪到处散播,在热带和亚热带地区的古塔顶上、古城墙上和古老屋顶上,都可见到由小鸟播种的小榕树。在热带林的大树上生长的小榕树,

也多数是由小鸟播种的，这种树上有树的奇特现象构成了热带林的一大景观。

榕树寿命长，生长快，侧枝和侧根非常发达。它的主干和枝条上有很多皮孔，到处可以长出许多气生根，向下悬垂，像一把把胡子，这些气生根向下生长入土后不断增粗而成支柱根，支柱根不分枝不长叶。榕树气生根的功能，和其他根系一样，具有吸收水分和养料的作用，同时还支撑着不断往外扩展的树枝，使树冠不断扩大。据统计，一棵巨大的老榕树的支柱根可达 1000 多条。广东省新会县环城乡一棵生长在河滩的大榕树，树冠宽大达 6000 多平方米，树冠下有上千条支柱根，犹如一片茂密的"森林"。由于这片"森林"距海不远，成为以鱼为食的鹤、鹳等鸟类日出晚宿的栖息场所，形成有名的"鸟类天堂"。

园林工作者受榕树生长特性的启发，别出心裁地对榕树的气生根和树冠进行诱导、整形，使它成为庭院绿化中的一种奇特景色，和富有岭南特色的盆景。

除了榕树以外，还有棕榈科的伊利亚棕、露兜树科的露兜树、桑科的刚果桑、木麻黄科的苏门答腊木麻黄和第伦桃科的第伦桃等树木，也能长出支柱根。

关键词：榕树　气生根　支柱根

为什么生长在海滩和沼泽的植物都有呼吸根

我们知道，植物的生活和生长是离不开水的。没有水，植物就要凋萎，甚至死亡。但土壤水分过多或有水浸渍时，土壤孔隙中的空气就会被水排挤出来，使土壤成为一种缺氧环境，也会对植物的生活构成威胁。有人测定，土壤中的氧气下降到 10% 时，大多数植物的根系的机能就会衰退；减到 2% 时，根系就濒临死亡。海滩和沼泽就是属于经常有水浸渍的缺氧生态环境。

然而，植物在进化过程中，也造就了一批适应缺氧环境生长的种类，称为沼泽植物或滩涂植物。这些植物有一个共同的特点，就是具有从土壤中向上长出暴露于空气中进行呼吸的根系，称为呼吸根。呼吸根在表面有粗大的皮孔，里面有发达的细胞间隙，可以贮存空气。这是沼泽植物和海滩植物一种特殊的通气组织，它可使沼泽植物和海滩植物能在缺氧环境中生长。当然，不同的海滩植物和沼泽植物的呼吸根的形状有所不同，有屈膝状、环状、指状和棒状等。

具有呼吸根的植物很多，如生长在海滩上的红树科的木

榄、马鞭草科的海榄雌、海桑科的海桑等。

我国特有孑遗植物之一的水松，是我国东南沿海的淡水沼泽植物，在树干基部向上长出高低不一的屈膝状呼吸根，十分奇特。原产北美东南部的孑遗植物落羽杉，从 20 世纪引入我国南方河网地带栽培，在它的树干基部，也和水松一样，长出了奇特的屈膝状呼吸根。

在热带地区的淡水沼泽里，也常见到有呼吸根的植物，如美洲的药用紫檀，加里曼丹的黄牛木和红胶木，尼日利亚的毛帽柱木，伊里安岛的藤棕榈，圭亚那的森藤黄等。

植物的呼吸根除了呼吸以外，还能起到护堤、促淤、防浪等作用。

☞ 关键词：**沼泽植物　滩涂植物　呼吸根**

82

同一种植物为什么在干旱的地方
扎根深,在潮湿的地方扎根浅

人一天不喝水,会感到非常难受,植物也同样如此。植物在长身体的过程中,需要很多很多的水。有人计算过,一株玉米在整个生长期内,一共要吸收200千克左右的水,如果在一亩地里种上3000株玉米的话,那就一共要吸收60万千克水。

植物所需要的水,主要是依靠根从土壤中吸收的。因此,植物从发芽到生长发育,直至死亡前,总是拼命地向土壤要水,要水,要水! 要是土壤里没有水让它吸收的话,植物为了活命,就得全力以赴,尽量扩展它的根部,往土壤深处钻,往旁边长,形成密密麻麻的庞大根系,好将躲藏在土壤每个角落里的水吸收到自己身体里来。这样,长在干旱地方植物的根,势必长得很深很深。

在土壤潮湿,水分充足的时候,根就不需要向深处生长,只要有一些很长的侧根分布在土壤表层内就行了。

生长在沙漠里的苜蓿,地上部分十分矮小,但是根可长达7米以上;如果让这种苜蓿生长在低湿地方的话,主根长不过1米左右。又如我们熟悉的柳树,一向都栽培在靠水的地方,所以它的根部都生长较浅;如把柳树移栽在干燥的环境中,根将会改变它原有的形状,成为较深的根系。

所以说,植物根的生长,是与土壤周围环境有着密切关系的,根据不同环境而改变根的生长。不过根不仅跟着土壤水分的变化而变化,而且也受土壤中其他条件的影响,如土壤中空气的多少,肥料的含量怎样,以及土壤温度的高低等都有着一定的关系。

　　一般说来，同一种植物，生长在干旱的地方扎根深，在潮湿的地方扎根浅的主要原因，在于水分的多少，这也是植物同干旱作斗争的巧妙方法之一。

☞ 关键词：根系

为什么有的植物喜阳有的喜阴

　　不知你注意到了没有，房屋向南的一面和向北的一面，高山的南坡和北坡，所受到的阳光是不同的。南坡的阳光是直射的，而且一天照到晚，因此，长在这一山坡上的植物受到的光和热比较多；北坡的阳光是斜照的，长在这一山坡上的植物受到的光和热就比较少。除此而外，南坡和北坡两地的水分、湿度、温度、风向、季风等其他环境条件也不完全相同。

　　由于光照、水分、风向、温度不同，使得长期生长在南坡和北坡的植物，也有了各不相同的性格。简单说起来，长期生长在南坡的植物就喜阳，植物学家叫它阳生植物，如松、杉、杨、柳、槐等。长期生长在北坡的植物就喜阴，所以叫阴生植物，如云杉、冷杉、玉簪等。这是植物长期生活在不同环境的结果。这种喜阳和喜阴的特殊性格，并不是短时期可养成的。但是，既然养成了这种或那种性格，也不是随便可以改变的。因为它们为了更适合于南坡和北坡的生活条件，在外部形态和内部生理构造上起了变化。那么，喜阳和喜阴的植物，在外部形态和内部生理构造上有了哪些区别呢？最为明显的区别要算叶片了。喜阳植物的叶片质地较厚而粗糙，叶面上有很厚的角质层或蜡质，能够反射光线；气孔通常小而密集，叶绿体较小，但数量较多。喜阳植物叶片的这些构造特征能保证叶子处于强烈的光照下，也能很好地利用太阳能，就是在缺少阳光的情况下，也能进行一定的光合作用。喜阴植物叶片和喜阳植物叶片的构造恰恰相反，一般是叶大而薄，角质不发达，叶肉细胞和气孔比较少，有比较发达的细胞间

隙,叶绿体的数量比阳生植物要少一半,但叶片形状较大。这样有利于在荫蔽湿润的环境下,对微弱的阳光也能吸收和利用。

阳光对植物的生长和发育的影响确实是很大的,由于光照的作用,不但喜阳植物和喜阴植物的叶子在形态和生理上有显著的差别,就是同一种植物,生长在阳光充足的环境和荫蔽的环境下,叶子的生态变化也是很大的。例如,生长在空旷地上的树木,树冠庞大、展开;生长在郁闭的森林中,树冠狭窄、耸立。甚至有时在同一株植物上的叶子,只要所受的光照不同,所表现的性格也不一样,往往在树冠上面或表面的叶子,因受到充足的光照,这一部分叶子就表现出喜阳植物叶子的特征,而树冠下部或靠内的叶子,因缺乏充足的光照,因此就表现出喜阴植物叶子的特征。例如丁香、洋槐等树种,在同一植株上常常会出现喜阳叶和喜阴叶。

植物之所以有的喜阳、有的喜阴,主要在于阳光的直射、斜照和生长环境条件的不同所造成的。不过,有一点可以肯定,无论什么样的植物,如果一点阳光也没有的话,那么,不管是喜阳的植物还是喜阴的植物,都是活不长的。

关键词:阳生植物　阴生植物

为什么野生植物的抗病性强

我们在田野、荒地上所看到的野生植物,不少是个头长得矮,枝叶瘦小,有些果实小而发酸。就外貌而言,也比栽培植物差多了。但是,科学工作者对于它们的感情可深啦!他们看中了野生植物哪一点呢? 野生植物有一个十分宝贵的优点,这个优点,植物学家叫做"抗逆性强"。所谓抗逆性,是指植物对不利于它的生活环境的抵抗能力。在自然界里,所有的植物在遇到了对它们生命有害的敌人时,总是要想尽办法来抵抗的,不同种类的植物之间,特别是栽培植物和野生植物之间所表现出的抵抗能力是各不相同的。

有人曾经做过一些试验,在同样条件下,野生葡萄和栽培葡萄之间抗黑痘病的能力明显不一样。当栽培的玫瑰香葡萄叶片已经布满黑痘病的黑斑时,野生的刺葡萄和毛葡萄几乎没有黑斑。这是什么原因呢? 那是因为野生植物从一粒种子长成一棵植物,从来没有人去精心培育和管理过,然而却有许多无情的敌人,像风雪冰霜、干旱洪涝、疾病虫害等时刻想来扼杀它们的生命。它们为了要生存下去,从祖先开始一代又一代地同无情的敌人展开斗争,慢慢地锻炼出了一种顽强的性格。为了适应恶劣的环境,常常在自己的外部形态构造上和内部生理机能上发生了许多相适应的变化。例如,很多野生植物全身或是叶片上布满了绒毛,有的长满了刺,有的还含有毒物质等。这一切都是帮助它们能够更好地与它们的敌人作斗争。野生植物的这些优点,说明了它们的生命力和战斗力都是很顽强的。但是栽培植物就不一样了,它们从小到大都是在人们精心呵护下生长的,缺少抗逆性的锻炼,一旦灾害来临时,就经受不住考验,甚至死亡了。

植物育种工作者,非常重视野生植物抗逆性强的这个优点。他们常常通过栽培品种和野生种杂交的途径,把一些品质优良、受到人们欢迎,但抗逆性比较差的植物,改造成品质好、抗逆性强的新品种。所以,生长在荒山贫瘠地上的任何一株野生植物无不是饱受风霜,从逆境中成长起来的。我们应特别重视这个资源丰富的宝库,充分利用它们的抗逆性强这一优点,作为杂交亲本,培育出新品种,造福于人类。

☞ 关键词:**野生植物 抗逆性 抗病性**

为什么百岁兰的叶子可以百年不凋

百岁兰是植物界有名的丑角,凡是见过它的人无不为它新奇的样子叫绝。它的树干很矮,地面高度常常只有几厘米至几十厘米,如果达到 1 米,那就是很老的树了。那么它有多粗呢?说来难以置信,它的直径往往和高度差不多,最粗的有1.5 米,远远超过高度。人们一眼望去,以为它是一颗大树被砍伐后留下的残桩。但仔细一看,树干顶端浅浅地裂开,好像两片翻开的厚嘴唇,沿着两个唇片的外缘,还各生一片阔带形的叶子;如果是老树,叶子常常被撕裂成好几条,好像很多叶片。花和种子结在厚嘴唇的边上。茎、叶、花和种子俱全,毫无疑问,这是一棵矮得出奇的树。

百岁兰生长在非洲西南部的纳米布荒漠上,那里雨水稀少,一年的雨量只有

88

十几毫米，有时终年滴水没有。如不发生意外，百岁兰可以活几百年，最老的树据说超过千岁。活几百年乃至千余年的树木在植物界并不稀罕，令人惊奇的是，百岁兰一生只长2片叶子，叶子的寿命和这株植物是一样长的。春夏秋冬，寒来暑往，这2片叶子从不脱落，所以人们又叫它"二叶树"或"百岁叶"。

我们知道，植物的叶子长到一定大小就不长了，少则几个月，多则几年就会衰老，最后枯萎脱落。一些常绿树，并不是它的叶子永远不落，而是随着枝条的生长又不断长出新叶。老的死去，新的产生，这本是自然界的普遍规律。百岁兰终生只长2片叶子，不但经百年乃至千年都不脱落，而且从不显老态，新陈代谢的规律对它似乎不起作用。那么，它的长生不老的秘密何在呢？

原来，百岁兰叶子的基部有一条生长带，位于那里的细胞有分生能力，不断地产生新的叶片组织，使叶片不停地长大。叶子前端最老，它或因气候干燥而枯死，或因风沙扑打而折断，或因衰老而死去，总之在不断地消失。由于它最基部的生长带始终没有破坏，损失的部分很快又由它分生出来的新组织替补了，使人们误以为它的叶子既不会衰老，也不会损伤。其实我们所看到的叶片都是比较年青的，老的早已消失了，真正不老的只是那一环具有分生能力的细胞，何况这些细胞仍在不断的更新。另外，百岁兰的叶子里有许多特殊的吸水组织，能够吸取空气中的少量水分。这就是百岁兰仅有2片叶子始终不凋的秘密所在。（罗献瑞）

关键词：百岁兰　耐旱植物

为什么有的植物能吃虫

大家知道，动物以植物或其他动物作为自己的食料。但是，为什么有些植物也以某些小动物作为它们的食料，而它们又是怎样捕捉能飞能爬的小动物，怎样把虫消化作为自己的养料呢？

原来，能够吃虫的植物感觉都非常灵敏，同时能吸收大量有机物。它们的叶子能变形，以便把虫捉到；叶子能分泌液体，以溶解和消化被捕到的小动物。

能吃虫的植物有4个科，约400余种，我国就有3个科约30余种。主要的有毛毡苔、茅膏菜、捕蝇草、猪笼草、瓶子草、捕虫堇和长在水中的狸藻等。不同的植物捕食方法也不同，有的植物的叶子像瓶子，例如猪笼草，它的叶子具有非常长的叶柄，叶柄的基部变为宽而扁平的假叶，中部变成细长的卷须状，上部变成一个罐状物，叶片的本身，则成了罐的一个盖头。罐状物的口上能分泌蜜液，罐内壁非常光滑，而在下部和罐底布满能分泌消化液的腺体。被蜜液引诱来的昆虫，落在罐状物的边缘，一不小心，就会滑进罐内。昆虫一进罐内，罐口的盖头马上盖住，所以能飞的昆虫也无法逃出。于是，落在这个盛有消化液的罐底的昆虫，就被消化而吸收。有些植物的叶子能自动折起来，例如捕蝇草。捕蝇草的叶片呈椭圆形，沿中脉分成两瓣，像撑开的两片蚌壳。叶片平时撑开，叶面上有许多敏感的腺毛，叶片的边缘有许多齿状的刚毛。当昆虫落到叶片上时，触动敏感的腺毛，蚌壳状叶片就猛然合拢，叶缘的齿状刚毛紧密地交叉扣合，把虫包裹在里面，然后慢慢地把昆虫加以消化。

柔软的水生植物狸藻的茎上生有许多小囊，每个囊有一个口，口周围有倒生的刚毛，昆虫能进不能出。

毛毡苔植株很小，叶子平铺在地面上，在它那紫红色的叶片上长着许多长的腺毛，腺毛经常能分泌出一种黏液来，胶黏性很强，而且还有些甜味和香气，这种黏液即使在烈日的照射下，也不会晒干。蚂蚁和蝇类闻到了这种香味，落到或爬到它的叶子上来时，它的叶子立刻会弯下去，把许多腺毛聚在一起，捕住小虫，经过一二小时以后，蚂蚁等昆虫就被叶子消化吸收掉了。原来，这种分泌出来的黏液，具有消化的功能，它的叶子又有吸收的能力，所以能够把虫子消化吸收掉。

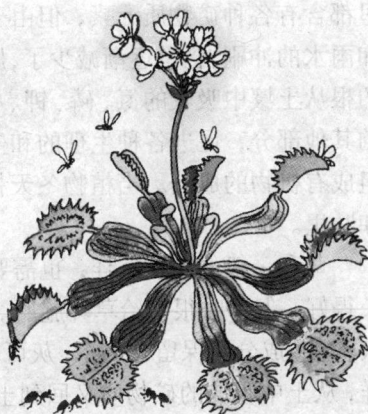

消化腺——

你相信吗，毛毡苔还有鉴别能力呢！如果你把一块小石砾或其他不能消化的东西放上去，叶子的腺毛是不动的。

毛毡苔和与它同类的茅膏菜，生长在山崖旁边阴湿润泽的地方或石面上，如果把它移植到盆中，喂以小碎肉，它会生长得很好。但喂的肉块不宜太大，否则就会得"消化不良"的毛病，而使叶子枯死。

大自然中动物和植物的关系非常密切，但又形形色色，这是自然界长期发展的结果。

关键词：食虫植物　变态叶

为什么原野上的草会
"野火烧不尽，春风吹又生"

庄稼都需要有适宜的矿物质养料才能长得好。一般土壤里都含有各种矿物质元素，但由于植物生长时根的不断吸收和雨水的冲刷，含量逐渐减少了，所以种庄稼都要施肥。植物的根从土壤中吸收的氮、磷、钾、铁等元素，被转送到植物体的其他部分，促进各种生理的和生物化学的变化，并可作为组成有机物的成分。当植物冬天枯死时，这些元素就留在茎和叶里。

草和一般的庄稼一样，也需要有适宜的矿物质养料才能长得好，但平时很少给草坪施肥。冬天用火把草的茎叶烧成灰，这些成分又保留在灰中，灰可以随着雨水渗到土壤里，这样，从土中吸取的矿物质又回到土里，好像施了一次肥一样，草在春天萌发生长时就可利用它们，所以烧过的草坪会比没有烧过的长得好一些。

烧草坪还有消灭害虫和病菌的作用，把害虫和病菌同草一起烧掉了，这样，就减少了春天病虫的为害，这不单对草的生长有利，而且对其他植物也有利，因为草丛是害虫和病菌潜伏过冬的好地方。

有人会担心，烧草坪不会把草烧死吗？不会的，烧草坪的时候只是茎叶被烧掉，长在土中的地下根茎则不会受影响，春天来了照旧能生长。古诗云"野火烧不尽，春风吹又生"，描写的就是这种情景。

☞ 关键词：烧草坪

为什么夏天树林里比较凉爽

夏季下阵雨以后比较凉爽，这是由于水从液体蒸发成气体时，需要吸收大量的热，随着水分不断地蒸发，地面的热逐渐被带走，因此会使人觉得凉爽。

懂得了这个道理，就很容易了解为什么夏天树林里比较凉爽的原因了。

你不要以为树林里静悄悄的，没有什么动静。其实那里正在进行着繁忙的生命活动。你不相信吗？别的不说，就说树木的蒸腾作用吧，树上的叶子在不断地散发着大量的水分，好像不断地在向空中喷水一样。树林越茂密，向空中散发出的水分越多，就越使人感到凉爽。

这个道理和夏季下阵雨后的凉爽一样。在路面上洒水，在屋顶上洒水，同样能降低路面和屋内的温度。一般在夏季，茂密的树林内气温比外界要低 2~3℃，再加上炎热的阳光不大能透到树林里去，这许多条件都使树林里比别处阴凉。

👉 关键词：蒸腾作用

为什么山区的植物种类比平地多

　　植物学家或采药草的人，总是爱往大山里走，因为山里的植物种类比平原上的多。这是为什么呢？

　　大凡高山，都是峰恋重叠，沟谷幽深的地方，地形高低不平，使气候发生了较大的变化。例如山麓和山顶上气候就大不相同；山上的雨和雾也比山下多，阳光也比较强烈。因此，山的上上下下，植物种类是有差别的，不同的种类分布在不同的高度上。

　　如果你能去四川峨眉山看看，在山脚海拔 500～1500 米的地带，就会看见好多樟树、楠木、山胡椒等樟科的树木，这些树木都是常绿树，因为山下部的气候温暖。在海拔 1700～2000 米以上，你会发现有不少槭树，这些树冬天要落叶的，这是树木抵抗冬天寒冷的手段。从海拔 2000 米以上直达山顶，到处都是暗绿

的冷杉,这是一种有针形叶子的常青树,它们不怕冷,冬天能忍受高山的大雪和寒风。在这一带,每年五六月,有大片的多种多样的杜鹃花,遍山紫红如云霞。

据统计,峨眉山的树木花草多至3000种以上,光草药就有1000余种;而山下的平原上植物种类不过数百种。

因为平原上的地形平坦,气候就比较一致,所以植物种类就少得多。在高山上生活惯了,适应寒冷气候的冷杉和有些种的杜鹃花,有些种的草药,像黄连,就不下到平原上来,即使搬到平原上来种植,由于气候不适应也长不好。

另外,还有一个原因是:我国的植物种类特别多,因为在地质史上第四纪时,北半球有过大冰川覆盖,在没有山或山少的地带(如欧洲),许多植物被灭绝了;而我国因为山多,山在很大程度上起了阻隔冰川的作用,使许多珍贵植物得以在山中存活下来,如世界闻名的水杉、银杏、银杉、杜仲、香果树、珙桐等等。因此,现今我国植物中光树木就有2000余种,而全欧洲的树木不过200多种。

关键词: 植物种类

为什么有些植物的寿命特别短

大自然里的趣事太多了,不知你注意到了没有,无论是百余米高的大树,或几厘米高的小草,虽然它们的外形差异极大,但是它们的一生总是这样度过的:当种子散落在泥土里,遇到适宜的环境条件就开始发芽、生长、开花、结果,果实里孕育着第二代——种子,最后死亡。

不过,它们完成这样的一个生命过程,所需要的时间,根据各种植物的不同特性,并不完全一样,甚至相差几十倍、几百倍。有的只需要一年(从春天到晚秋),如农作物中的水稻、高粱、玉米之类,人们叫它们一年生植物;有的却需要两年才能完成,中间经过一个冬季的休眠,第二年才生长花茎,开花结实,如油菜、冬小麦就是这样,人们叫它们二年生植物。这些大多是草本植物。

木本植物就大不相同了,有的需要十几年、几十年,甚至几百年、几千年才能完成它们的生命周期。尽管这样,它们还是和其他植物一样,生命的基本规律,都是从发育、生长到衰老,最后死亡,世界上没有永不死亡的植物。

有没有活不到一年的植物呢? 也有,而且种类也是不少的。在植物界里,有的只能活短短的几个月,有的甚至只能活几十天。如我们常见的瓦房顶上瓦槽中,能开黄色五瓣小花的一种多肉的草,叫做瓦松,它在雨季才长出来,很快就开花,雨季一过就枯死了。还有一种做中药用的夏枯草也是如此,春天发芽,夏季刚到,它已宣布结束一生。要说真正的短命植物,沙漠地带却有不少的种类,例如,短命菊这些短命植物的最大弱点就是怕干旱。在沙漠里,雨量不但异常的少,而且是集中在一个短时间内降落的,因此它们必须在短短的二三十天内完成生命周期,或者在每年春天融雪后的几个星期内开花、结实、死亡,以后再见不到它们的踪迹。沙漠里的这些植物的寿命之所以这样短,是沙漠的干旱环境条件造成的,这是植物适应大自然的结果。

关键词: 一年生植物　二年生植物　多年生植物

菊花为什么那样千姿百态

深秋时节，很多公园都要举办菊花展览会，那些黄、橙、红、绿、紫等颜色的千姿百态的花朵，大的如碗，小的如豆，有的一枝独花，有的一丛百朵像钢花怒放，有的洁白晶莹犹如盘中珍珠……花型奇妙、色彩迷人，真让人流连忘返，百看不厌。

菊花的祖先是一种小小的黄花，它发展到今天这样五彩缤纷，并不是大自然的恩赐，而是经历了3000多年不断的自然选择和人工培育，从野生到家养逐步发展而来的。

有时，一棵黄菊花，忽然，在某个枝条上开了朵黄中带绿的花来，这是"芽变"。尽管开始变化极细微，可没逃过园艺家敏锐的目光，把它细心地剪下来，扦插在土里，精心培育。以后长大了开的花都可能黄中带绿了，这中间或许有 1 ~ 2 朵花绿得更好看些。这样有目的地不断选择、繁殖，经过一代又一代，终于培育出现在在菊展中看到形状像牡丹那样的珍贵的绿菊花了。

又如把红菊花的花粉，传授到白菊花中去，这样形成的种子里就各带着红、白2种遗传性状，繁殖的后代很可能会出现红、白、粉红各种色彩，这就是"有性杂交"，这个创造新品种的有趣工作除人的劳动外，蜜蜂、蝴蝶和风都参加了，它们无意之中也立下了功劳。

在自然条件下发生变异毕竟缓慢，近年来给菊花用上了高新技术，使它产生"突变"，譬如用 x 射线、γ 射线或中子线处理菊花的枝条或种子，一棵黄菊花会开出红花来，简直像变魔术一样,用这种"人工诱变"能更多更快地创造出新品种。

　　人们越爱菊花,在它身上花的工夫就越多。千百年来的自然和人工杂交、驯化,菊花成了多倍体植物,产生遗传变异的机会比其他花草更频繁,新的品种就层出不穷了。800多年前,我国记载的菊花只有26种,到今天已超过1900种了,这令人信服地证明植物具有变异的潜力,掌握了这些自然规律,人就能按自己的意志去改造植物。

　　在菊花展览会上,你还能看到一些菊花,又高又大,同出于一个根,可上面却五彩缤纷地开满了几种不同颜色和不同形状的花,这是园艺工人用嫁接方法培育出来的。他们把很多不同品种的菊花枝条,接到一棵菊花上去,到开花时节,就出现了各种美丽的图案。嫁接,是培育植物新品种的又一个方法。

👉 关键词:菊花　有性杂交　人工诱变　突变

盆栽花卉为什么要换盆

种在花盆里供观赏的植物，称为盆栽花卉。使盆栽花卉脱出原来的花盆而重新种植到另一个盆里，这种工作叫换盆。

已经种入盆内的花卉，为什么要另换一个盆呢？

我们知道，花卉在种到盆内之后是不断生长的，体形是不断增大的，支持植物的根也是不断增长的；但种花的盆子却是固定不变的。这样，在花卉长大后，原来的花盆就不适于根的增长了，盆与植株的大小也不相称了，这时就需要换上一个大些的盆，以利于植物生长，以求植株上下匀称美观。

盆栽花卉生长在花盆里，需要的肥、水都通过盆里的土壤供给。时间久了，盆里的土壤往往会变得板结，酸碱度也不当，有机质含量过低，保水排水性能劣化等。这些现象，使盆里土壤已不再适合花卉生长的需要；这时，更换新的培养土，增加有机质肥料就十分必要了。所以，即使在植物体形上还不需要更换大盆，但为了换上好的培养土，也需要换盆。

有些多年生植物，根系萌发力强，一般多以分株繁殖为主要繁殖方法。为了增加盆栽数量，需要把盆栽花卉由原盆内倒出来，将一株植物分为 2 株、3 株或更多一些。这样，每一小株便需用一只花盆，于是原来的一盆便分成 2 盆、3 盆或更多盆了。这种结合分株繁殖的换盆，盆子不一定要很大，一般和原来的盆子一样大小即可；如果分株较小，还可以用较原盆小一些的盆子。

有些植物，根的生长习性特强，花盆限制不了根的生长，有时反而会被强根胀破。这时即使不分株，也需要立即换盆，而且换盆时把植物倒出原盆后，还须进行修剪。下部剪去部分强根，上面剪去部分老枝，然后再把植物种入新盆内。这种换盆所需要的新盆子，一般应较原来的盆子稍大一些。如果仍用和原来大小一样的盆子，修剪就需要更多一些。

另外，某些盆栽花卉在盆内休眠，休眠期过后，要使其生长强壮旺盛，重新开花，也需要换盆。度过休眠期的盆花，地下部分常有干枯须根，地上部分常有枯枝，换盆时也要修剪。所换的盆子应较原盆稍大一些，有时用原盆也可。盆栽花木生长不良时，检查一下是否有烂根，是否有蚯蚓活动或盆里有虫害，如发现盆内有蚯蚓、烂根或虫害，就必须换盆。

☞ 关键词：盆栽花卉　换盆

怎样使瓶插鲜花能较持久

一枝鲜花，往往插不了几天，花枝就低下头来，颜色也不娇艳了。这是什么原因呢？如果你把低了头的花枝拿起来看看，就可看到插在水里的一端腐烂发臭，原来这是细菌在捣蛋，细菌及其分解物质影响到花枝上部的健康；有时看不见腐烂，花枝也会低下头来，这是因为有些植物体内的乳汁从切口流了出来，把切口的导管堵塞了，妨碍了水分的吸收，这样，花枝得不到应有的水分供给，难怪它会低下头来。

找到秘密就好办了，要使花插得久些，可将花枝的剪口用火烧焦，使它局部碳化，这样可使浸在水里的底端不容易受细菌的感染而发生腐烂，又可以使有些植物的乳汁不致流出来堵塞导管，使水分得到不断的供应。有些人将买来的象牙红鲜花，用火将花枝的剪口烧焦，然后插瓶。经过了这样处理的花枝就会插得持久些。以前曾经流传一种说法：灼伤芍药花梗可以促进花苞开放和持久，也许就是这个道理。这个办法是否对所有花枝都可适用，还需要研究。

现在花市上还有一种花卉保鲜液，加一点在养花的水里，也能延长切花的保鲜期。

☞ 关键词：插花　切花　保鲜期

为什么盆景里的树会苍劲多姿

　　走进上海植物园的盆景园，你会看到有些盆景里的老树桩已经活了几十年，甚至几百年了，还是那么生机勃勃，青枝绿叶，苍劲多姿。为什么这些不到 1 米高的小树桩竟有这么大的年纪呢？

　　原来盆景里的树木，有一种不是从小就生长在盆里的，它们原先多半是生长在深山旷野，或由于人们砍伐，或由于枯老空心，往往树木地上部分的茎干被砍伐掉或腐朽而不存在了，但茎干的基部上长期休眠的芽和地下部分仍然活着，园艺工人就利用这个特性，把那些别具风姿的树桩连同地下部分采挖回来，加以整枝修剪，用合适的培养土栽好，并进行精心培养。这样，休眠了很久的芽又恢复了活力，逐渐地抽枝发叶。然后用人工方法把新抽出的嫩枝缠绕或弯曲成各种优美的姿态，再移入盆里，就成了千姿百态、苍劲有力的盆景。

另外一种是从小就生长在盆里，用人工绑扎、修剪，来控制它的生长，使它具有各种优美的形态。

从植株的体形来说，长在盆里的树有的确实很小，但从它们那种苍劲的形态，可以看出它们的年龄不小，一般至少已活了好几年、几十年，甚至几百年了。这是我国传统的园艺技术和栽培技巧，使这些树木在盆里受控制地生长。

有些在盆里栽了多年的梅花，形成了苍劲的树干，能年年开花，但不让它成为大树，在园艺上称作"梅桩"。用梅桩来作盆景，还有一种技艺，就是把梅桩劈成两半，把半爿梅桩栽在盆里，照样能年年开花，别具风韵，园艺上称作"劈梅"。

也许有人会问：树木劈成了两半，为什么还会成活、开花？这是什么道理？

原来，树木是由韧皮部中的筛管输送养料，木质部中的导管输送水分的，如果把一棵树的皮剥光，养料的运送中断，这棵树就要死去。但是如果把一棵树劈成两半，每一半都完整地保存着根、茎、枝、叶的话，那么，每一半上的叶子所制造的养分仍然能通过韧皮部的筛管向下输送，而水分和无机盐也通过木质部的导管向上输送，所以，这两半都能各自成活、开花，正常生长。

在花卉树木中，不仅梅桩能劈成两半，紫薇、石榴等同样也能劈成两半，照样成活。根据这个道理，我们可以把各种花卉树木制成苍劲多姿的桩景。

关键词：盆景　梅桩　劈梅

104

冬虫夏草是动物还是植物

中草药里有一种冬虫夏草（也叫夏草冬虫或虫草），它冬天是虫，夏天却是草，这是怎么一回事呢？原来它是由一种和青霉菌类似、同属于真菌的子囊菌纲的冬虫夏草菌，寄生在鳞翅目昆虫蝙蝠蛾的幼虫身体里长出来的。冬天，幼虫躲在泥土中，这种菌就钻到幼虫的身体内，吸取幼虫体内的营养，萌发菌丝体，从冬季到夏季这些日子里，菌丝体慢慢把幼虫内部吃光。到最后，只剩下死幼虫的一层皮，里面包的是变得密实的菌丝体（菌核）了！更妙的是在夏天，这个菌核生长发育，从"虫"的嘴巴那头伸出一根棒（子座）到泥土上面，这根棒中间肥两头有点尖，表面生出一些小球体，里面还隐藏着冬虫夏草的不少后代（子囊孢子）呢！

可见，冬虫夏草可以说是在冬天吃了虫到夏天长出来的一种菌；它外壳是一条虫，里面实际上是一种真菌。

冬虫夏草生长在我国四川、西藏、云南、贵州、青海、甘肃一带森林中潮湿的地方。我国很早就用它来做滋补的药材，有益肾肺、补精髓、止血化痰的功用。

植物消灭虫的现象在自然界里并不是绝无仅有的。人们不仅直接利用吃了虫的菌（冬虫夏草）做药材，而且利用菌灭虫这一自然现象来制定与害虫斗争的一些措施。例如，苏云金杆菌能在一些害虫的肚子里生长繁殖、分泌毒素，使虫不吃不动还得"拉稀"而死。这种细菌对玉米螟、柑橘凤蝶以及马尾松毛虫等许多害虫都有良好的杀灭效果。又如我国发现的一种白僵菌，它也能像冬虫夏草那样吃掉大豆食心虫。不过，白僵菌也是家蚕和柞蚕的天敌。所以，微生物学家和植保工作者，现在已注意研究利用菌来灭虫这条新的途径。

👉 关键词：真菌　冬虫夏草

为什么人参有滋补作用

我国利用人参治病，已有几千年的历史，由于人参的医疗效果显著，采挖又极其困难，所以比较珍贵。从前，人们常常用一些神话故事来传颂它。

人参对人的身体究竟有哪些作用？它含有些什么东西？近百年来，很多科学家从植物学、化学、医学等方面进行了研究。药理和临床治疗研究初步证明，适当剂量的人参对于高级神经的兴奋过程和抑制过程都有加强的作用；能够增强心脏的舒缩作用，具有强心和兴奋血管运动中枢和呼吸中枢的作用，并刺激造血器官，增加红细胞和增强白细胞的吞噬能力；具有催性腺作用和利尿作用；能增进食欲，促进新陈代谢和生长发育，提高对疾病的抵抗能力、消除精神疲劳等。可以说，人参的"滋补"作用是表现在多方面的。在临床应用上，人参对于休克等急症病人的抢救，对于治疗糖尿病、心血管和消化系统疾病、各种精神病、不同类型的神经衰弱症等等，都有一定疗效。现在，科学家又在研究人参对人类顽敌癌症的作用。

那么，人参含有的有效成分是什么呢？关于这个问题，从20世纪初，就开始有人研究，特别是近一二十年，经过世界各国科学家们的努力，已查明人参的主要有效成分是皂苷，并已分离出人参单体皂苷 13 种之多；此外，人参里还含有多种氨基酸，主要有精氨酸、赖氨酸、谷氨酸等 15 种；第三类是大量的碳水化合物，如淀粉、蔗糖、果糖和葡萄糖等；第四类是有机酸，如人参酸等；第五类是挥发油，为人参特有香气的来源；第六类是维生素，如维生素 B_1 和 B_2、烟酸、泛酸等；另外，有的研究者还发现有酶酸类和其他有机物质。从人参含有的矿物质中，还分析出大量的磷和较多的硫化合物以及多种微量元素，如钾、钙、镁、钠、铁、铝、硅、钡、锶、锰、钛等。

人参不是万能的灵药，要使用得当，才能发挥它的作用。

现在，科学家们仍在继续进行研究，进一步掌握人参的奥秘，明确它的主要有效物质及其化学结构、性质以及各自的药理和医疗作用，以便使人参更好地为人类健康服务。

☞ 关键词：人参　皂苷

野山参和园参有什么区别

人参有两大类：一类是自然野生的，叫"野山参"；一类是人工种植的，叫"园参"。由于野山参的应用已有几千年的历史，因此，它在人们的心目中有较高的声誉。那么，野山参和园参究竟有什么不同呢？为了说明这个问题，需要从人参的生长和种植过程说起。

人参是多年生草本植物，生长在我国东北山区的森林地带，对生长条件要求比较严格，分布地区是有限的，而且在野生条件下，生长非常缓慢，参根要生长三五十年才能达到50克重（加工干燥后只有10几克重），并且常常受到各种鸟、兽、病、虫为害而中途死亡。所以野山参很不容易挖到，远远不能满足医疗上的需要。因此，早在300多年前，我国就开始人工种植人参了。起先，参农发现没有长大的人参，还不够药用标准，给它做上标记，就地给予适当保护管理。后来，有人又把这种小人参移植到住家附近来培植。这样，逐渐积累经验，发展到和其他农作物一样，总结出整地、播种、育苗、遮阴等一系列的栽培技术措施。由于在人为条件下，土壤、水分、光照等都比野生环境优越得多，再加上经常锄草、松土、防治病虫等，人参生长发育比野生的快多了。经过实验性研究，初步看到，人工种植6年收获的参根，在重量和质量上都相当于野生20～30年的参根。

由于野山参生长年限很长，数量少，采挖困难，供不应求，因此非常珍贵。但人工种植的人参，从植物学角度看，它和野山参原是一家；从化学角度看，没有什么本质差别。园参在人工管理条件下，生长较快，产量大大超过野山参，所以是当前满足广大人民需要的主要来源。

☞ 关键词：野山参　园参　栽培人参

为什么人参主要产在我国东北

说起人参，人们便会想起一句话："东北有三宝，人参，貂皮，乌拉草。"的确，人参是驰名中外的药用植物，是我国的特产。它主要产于我国东北的长白山脉、小兴安岭东南部和辽宁省东北部。

为什么人参主要产在我国东北呢？

人参是五加科的多年生草本植物，它特别喜欢生长在茂密的森林里，但不是所有茂密森林中都能生长的。早在1000多年前，民间流传着"三桠五叶，背阳向阴，欲来求我，椴树相寻"的说法。这说明，最适于人参生长的森林是针阔叶混交林和杂木林，其中以有椴树生长的阔叶林为最好。当然，除了有椴树的森林以外，在有柞树和椴树的阔叶林中

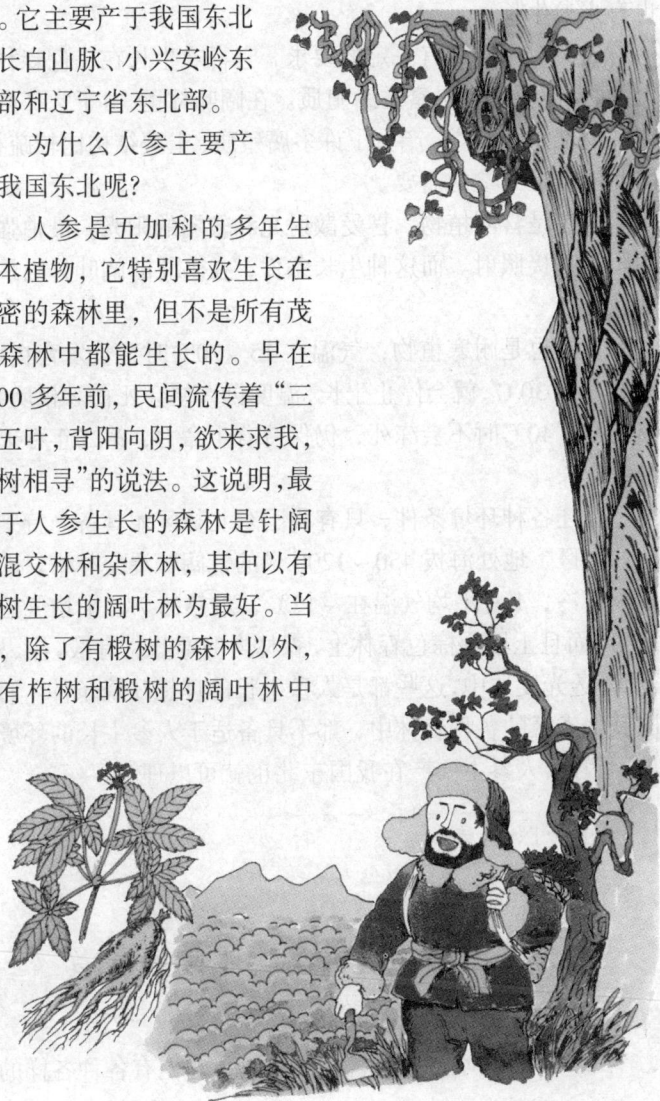

也有人参生长。

人参对土壤也有一定的要求，它喜欢生长在棕色森林土上，而且需要比较丰富的腐殖质。在阔叶林里，由于常年枯枝落叶的堆积和腐烂，产生了许多腐殖质，土壤结构比较疏松，因此能满足人参的需要。

人参是喜阴植物，喜爱散射光和较弱的阳光，最怕强烈的阳光直接照射。而这种生长条件，在东北的阔叶林内最为理想。

人参也是耐寒植物，气温在 $15 \sim 20℃$ 时生长发育良好，气温高于 $30℃$，就会停止生长，温度再高便会死亡。相反，冬季它在 $-40℃$ 时不会冻死，仍保持着生命力，第二年春天可继续生长。

上述各种环境条件，只有我国东北林区才具备。特别是长白山区，地处海拔 $450 \sim 1200$ 米的针阔叶混交林带，那里冬季寒冷，1 月平均气温在 $-17℃$，最热的 7 月平均气温在 $22℃$，而且土壤为棕色森林土，森林内的阔叶树有椴、柞、桦、杨等，透光度适中，这些都是人参生长的理想环境条件。而我国其他省区的各种森林中，都不具备适于人参生长的环境条件。因此，人参主要产在我国东北也就可以理解了。

关键词：人参

为什么植物会有各种不同的味道

每天，我们吃着各种各样的植物，它们有各种各样的味

道。这是因为它们的细胞里含有的化学物质各不相同。

甜味，差不多是与糖类分不开的。许多水果、蔬菜里都含有葡萄糖、麦芽糖、果糖、蔗糖。尤其是蔗糖，更是甜丝丝的，甘蔗、甜菜里都含有蔗糖。有些东西本身虽然不甜，但是到嘴里会变甜哩。例如，淀粉并不甜，当受到唾液中淀粉酶的分解，会变成具有甜味的麦芽糖和葡萄糖。

酸味，则差不多是与酸类分不开的——醋酸、苹果酸、柠檬酸、琥珀酸、酒石酸，它们常常存在于植物细胞内。酸葡萄有许多酒石酸，而柠檬简直是柠檬酸的仓库。

苦味，是人们所不喜欢的味道，然而，许多植物都是苦的，像中药，多半是苦不可耐的，怪不得杜甫写下"良药苦口利于病"的诗句。苦味，常常是因为含有一些生物碱而造成的。大名鼎鼎的黄连，就含有黄连碱。金鸡纳树皮能治疟疾，也是种"苦药"，它含有挺苦的金鸡纳碱。

至于辣味，那原因就比较复杂了。辣椒之所以辣，因为它含有辣的辣椒素。烟，是因为含有烟碱。生萝卜有时也很辣，因为它含有容易挥发的芥子油。

涩，大都是单宁在捣蛋。生柿子含有很多单宁，所以涩得叫人嘴巴都张不开。此外，像橄榄、茶叶、梨子等，也都含有单宁，所以都有点涩。

> 关键词：葡萄糖　醋酸　苹果酸　柠檬酸
> 琥珀酸　黄连碱　辣椒素　单宁

薄荷为什么特别清凉

在炎炎夏日，摘一片薄荷叶子，把它揉碎嗅一嗅，就有一股清凉的香气；如果采几片薄荷叶，用开水一泡，待冷后喝一碗，那真是沁人心脾，顿时凉快不少。在中医学上，早已把薄荷的茎叶作为药，用来治疗发热、头痛、咽喉肿痛、皮肤瘙痒等疾病。

薄荷是一种多年生的草本植物，秋天开红、白或紫红色小花，茎是方形的，叶子对生，卵形或长圆形，叶边有锯齿，一般都用根来繁殖。

为什么薄荷会这样清凉呢？原来，薄荷在茎干和叶子里，含有多量的挥发油——薄荷油，它的主要成分是薄荷醇和薄荷酮。薄荷油是淡黄绿色的油状液体，馥郁芳香而清凉，薄荷的全身清凉香味就是从这里来的。

用蒸汽蒸馏法可从薄荷的茎和叶子里提炼到薄荷油，再经过加工提炼，在低温下能得到一种无色晶体，通常称薄荷脑。薄荷油中含脑量越高，说明它的质量越好，含脑量最高的可达90%。我国不仅是世界上出产薄荷油最多的国家，而且质量也是首屈一指的，因此，在国际市场上享有很高的声誉。

薄荷不但清凉爽口，能作为消暑佳品，而更重要的还能作为医药、食品、化妆品工业的原料，像在清凉油、人丹、十滴水、止咳药水、润喉片中，没有少得了它的，因为它有散热、止痛、杀菌、健胃、消炎的功效。皮肤上被刀伤、虫咬后，搽点清凉油，感到阵阵凉意，这并不是皮肤降温了，而是薄荷油对人体皮肤上的神经末梢有了刺激，产生一种冷觉感受，同时能减轻或消除痛痒。在糖果、食品、牙膏中，也少不了它。看来，每个人都有与薄荷打交道的机会。

☞ 关键词：薄荷　薄荷油

洋金花为什么能麻醉

我国古代名医华佗，曾用"麻沸散"作为麻醉剂，为病人施行刮骨疗毒、剖腹割肠等手术。根据考证："麻沸散"中的主药就是洋金花。

人吃了洋金花就会昏昏欲睡，我国明代著名的医学家李时珍为了验证它的效果，曾经亲自尝过洋金花，这在他的《本草纲目》中都有过记载。

但是在华佗和李时珍的时代，虽然他们在实践中已经探索到洋金花能使人麻醉的现象，但却无法揭示为什么能麻醉的奥秘。今天，我国医务科学工作者不但把已埋没了1700多年的中药麻醉剂重新发掘出来，使它放出灿烂的光辉，而且还阐明了它为什么会使人麻醉的原理，并且根据这个原理又发明了可以催醒被洋金花麻醉者的催醒药，做到要麻就麻，要醒就醒，时间长短由人控制。

原来，洋金花里含有一种麻醉成分叫东莨菪碱。它是一种生物活性很强的物质，对人的神经有很高的亲和力。我们知道，一个人的意识和知觉要靠神经系统的活动来进行，在我们的大脑中有许许多多个神经细胞，相互之间进行着错综复杂的信息传递，这种传递必须依靠神经末梢释放一种化学物质——递质——与另一个神经细胞表面的受体结合，才能发挥作用。这好比你想把一件事告诉远方的朋友，只要写一封信寄去就可以了。这个递质的作用就像信差不多。但东莨菪碱进入人体以后，却抢先占据神经细胞表面的受体，使递质无法与受体结合而发挥作用。正像你那远方的朋友刚巧在忙着干别的事,连信也没有看,当然不会知道你告诉他的是什么事情。当大脑神经细胞间的信息传递一旦受到阻碍,人也就失去知觉和意识了。洋金花就是这样来使人麻醉,一直要等到在体内的东莨菪碱被分解和排泄掉,人才会恢复知觉和意识。根据这个道理,我国科学工作者又制成了一种新药叫"催醒宁",它可以帮助增加体内递质的数量,等于增添了兵力,可以把已被东莨菪碱所抢占的受体夺回来,重新沟通了神经细胞之间的信息传递,人也就很快地觉醒了。

当然,这种麻醉和催醒的原理是很复杂的,还有很多奥秘有待我们去深入研究和探索。

关键词:洋金花　麻醉　东莨菪碱

为什么杜仲树皮折断后会有强韧的丝

我们吃白嫩的鲜藕时,将它折断,会看到有许多细丝连着,而且可长达 10 多厘米。如果放在显微镜下观察,这些丝呈螺旋形,像一条长弹簧,这是藕中所特有的螺旋纹导管。

有一种叫杜仲的中药,它是杜仲的树皮,把它折断时也会出现很强韧的白丝,但这种丝和莲藕中的丝完全不同。杜仲树皮中有很多乳管,乳管内含乳汁,是乳管细胞的细胞液,通常是白色,这种细胞液含有橡胶,叫做杜仲胶,所以杜仲折断后连着的是橡胶丝,具有强韧的拉力。有乳管的植物很多,如漆树、桑树、猫眼草等。有些植物的乳管内不含橡胶,而含其他成分。

橡胶是碳氢化合物，它是分散在乳汁中的球形微粒。一般植物的乳管中含有骨状淀粉、蛋白质、脂肪、单宁物质、生物碱，但绝大多数是水，约含 50% ~ 80%；而杜仲乳管中水分含量少，但橡胶含量却很高。橡胶丝是很强韧的。所以，把杜仲皮折断后，它那乳白色的丝要用力才能拉断。杜仲是我国特产的橡胶植物，橡胶含量在杜仲树皮中约 3%，在杜仲叶中约 2%，在果实中竟高达 27.34%。

杜仲所含的橡胶对电流的绝缘力很强，酸化缓慢，是电器上优良的绝缘体，又因为不受海水的侵蚀，是包裹海底电缆所必需的材料；此外，也用作烈性药品的容器以及补牙材料。杜仲树皮是我国著名中药，是一种强壮剂，并能治疗腰膝酸痛及各种类型的高血压症。

关键词：杜仲　乳管　橡胶

天麻为什么无根无叶

天麻是我国一种珍贵药材，古医书上有"神草"之称，不仅对眩晕、小儿惊痫等疾病有特殊的疗效，而且它的生长过程也神秘莫测，长相也别具一格。

初夏时节，在阴湿的林区山间，从地面突然冒出像细竹笋似的、砖红色的花穗，穗的顶端排列着黄红色的朵朵小花，不到 1 米长的光杆孤零零地摇曳着，看上去真像一支出土的小箭，所以有的地方叫它"赤箭"。花开过后，结上一串果子，每个果子里有上万粒如沙尘那样的种子，随风飘扬，不见一片绿叶长出。细心的采药人，顺着这根"赤箭"往下挖，从地下挖出一些像马铃薯、鸭蛋、花生米那样大小的块茎，但找不到一条根，这些块茎就是天麻。

没有根，不见叶，全身没有叶绿素，不会进行光合作用，也无法吸收水分和无机盐类，那天麻是怎样长大的呢？原来，天麻生长时期有它自己的秘诀："吃菌！"

在林子里到处蔓延着一种名叫蜜环菌的真菌，菌盖是蜂蜜色，菌柄上有环，蜜环菌由此而得名。蜜环菌的菌丝体到处钻营、无孔不入，专靠吸吮其他植物的养料为生，腐烂木材、危害森林，当遇到天麻时，菌丝也照例把块茎包围起来。没想到真菌这时占不到便宜了，天麻的细胞里有一种特殊的酶，能把钻到块茎里面来的菌丝当作很好的食料消化、吸收掉，真菌反而成了天麻的食物！靠了蜜环菌的喂养，天麻长大了，没有根和叶一样得很好。这样，在漫长的进化过程中，根和叶慢慢退化了，就是现在，你在块茎的节间还可以依稀见到叶的痕迹——薄薄的小鳞片。可是，当天麻衰老的时候，生理机能衰退，已没有"吃菌"的能力，这时反而成为蜜环菌的食物。所以，天麻和蜜环菌是共生的关系，前期天麻吃蜜环菌，后期则是蜜环菌吃天麻。

当人们捉摸到

天麻的脾气后，只要把它的"粮食"——蜜环菌准备好，给它一个阴湿的环境，在平原也可以人工栽培。

天麻虽然无根、无叶，可它具有高等植物最大的特征：有复杂的开花、结实器官，用种子繁殖后代。它属于兰科植物。兰科里不少植物都生得稀奇古怪，天麻恐怕是其中最退化、极有趣的成员之一吧！

☞ 关键词：天麻　蜜环菌　共生

为什么山上松树特别多

"我们要像高山的松树那样，不怕风霜，不畏严寒，苍苍郁郁，四季常青"。这是人们对松树的赞美。

为什么山上的松树特别多呢？让我们先来看一看山上和平地上树木生长的环境有什么不同。山上的树木大多是长在斜坡上的，由于下雨时坡上的泥土不断被雨水冲下来，把植物需要的无机物冲走了，遇到几天不下雨，土壤就很容易干旱，因此，山坡上的土壤是比较贫瘠、干旱的。

松树是"阳性"的树种，有顽强的生命力。它的根长得很深，能吸收贫瘠干燥土壤里的无机物，这样，它所必需的养料就能够得到保证，不至于"饿死"。又由于它的叶子是针形的，它的表面比一般的树叶子小，这样就避免水分过度蒸腾，不至于"干死"。山上风力较大，正由于松树的叶子是针形的，大风刮来，阻力比较小，树就不至于被风刮倒。这就是松树能在荒山上生根发芽、越长越大、越长越多的原因。

118

松树是否在任何高山上都能生长呢？不！譬如珠穆朗玛峰就不长松树，因为这样高的地方气候太冷，全年覆盖着厚厚的冰雪，松树也是不能生长的。

关键词：松树　阳生树木

为什么黄山的松树特别奇

黄山多奇松，这是早就闻名的。为什么奇松多出在黄山？总的来说，黄山松的奇形怪态，是松树适应周围环境，特别是长期来经受刮风、下雪和低温而形成的。

例如，长在山麓路边的松树，常常多向外伸出枝干，正好与里面的斜坡配合形成奇突而又平衡的感觉。像玉屏楼东面的"迎客松"，树不高，但它的分枝伸出来像条巨臂，犹如打出欢迎客人的手势，给人印象很深。而生在地势平坦处的松树，四面八方阳光雨露比较均衡，枝叶就像一把大伞，四面匀盖，如云谷寺旁的"异萝松"就是。

在北海的"蒲团松"，树虽不高，但枝叶密集于树冠，密得几乎不透光，由于紧密的关系，上面能坐几个人，甚至可放张席子睡觉。这是它长期承受冬天大雪压顶的威胁而形成的。

黄山还有些松树长在悬崖峭壁上，更为奇特，如西海和石笋峰等处的松树，有的枝干伸出几米远像条长臂，有的枝干卷曲甚至绕旁边的树后又再向上生长，有的则倒生向下至10多米之处……如果你细心观察，就会发现峭壁上的松树，它们的近根部分从岩石缝中长出来时，只有碗口那样粗，往

上长时，树干变大成盆口粗了，这是松树与石头顽强斗争求得生存的最好例证。

总的来说，黄山的奇松太多了，它给我们提供了植物生活与自然环境有密切关系的丰富科学例证。

☞ 关键词：黄山松

世界上最大的和最小的
种子是什么种子

什么植物的种子最小？人们通常都会说是芝麻，因为人们常用芝麻来比喻小。其实，比芝麻小的种子还多着呢! 种子的重量也可反映种子的大小，如以千粒重计算，芝麻是 2～5 克，烟草是 0.14 克，马齿苋是 0.1 克，四季海棠只有 0.005 克，也就是说，一粒芝麻比一粒四季海棠种子要重几百倍到上千倍。可是天鹅绒兰的种子更小得可怜，它细小得像灰尘那样，只要呼吸稍大一点，就会把它吹得无影无踪，可说它是最小的小弟弟了。至于大些的种子，如大粒蚕豆的千粒重可达 200 克，但还有比蚕豆重几千倍的种子。究竟什么植物的种子才算最大呢？生长在非洲东部印度洋中的塞舌尔群岛上的一种复椰子树，它的种子算得上是植物界中的大哥了，可以在海上漂浮到印度、斯里兰卡、苏门答腊、爪哇、马来西亚、桑给巴尔沿岸等地。尤以马尔代夫群岛最多，故又名马尔代夫椰子。一粒种子长达 50 厘米，中央有个沟，好像两个椰子合起来一样，重量竟有 15000 克。

复椰子树的果实也像椰子一样，外果皮是由海绵状纤维组成的。去了外面的纤维层，可见到有硬壳的内核，这就是种子。

关键词：种子　四季海棠　复椰子树

世界上哪一种树最大，哪一种树最高

地球上有几十万种植物，在所有这么多的植物中，有趴在地上的小草，也有几十米甚至百余米高的大树。最小的小草，暂且不说。那么，世界上哪一种树算得上最大最高呢？

要想参加最大树木的冠军竞选，那只有一种美洲红杉有

121

资格。美洲红杉又称"世界爷"。现屹立在美国加利福尼亚州美洲国家公园中的一棵"世界爷",其高度为83.79米,在离地面1.52米处测得的周长是34.93米。据估计有55000多平方米的木材板料,足够制造50亿根火柴杆。它红棕色的树皮有些部分厚达60.96厘米。1981年有人估计它的重量包括根部在内为6700多吨。有意思的是,一颗美洲红杉的种子重仅4.72毫克,由此可以推算出它长大后的重量将增加13000亿倍。

美国曾经有一棵美洲红杉,高达142米,树干直径12米以上,人们在树干基部开凿了一条"隧道",竟然可以让一辆汽车安全通过,没有一点阻碍。

美洲红杉是美国独有的树种。美国前总统尼克松访问我国时,曾将红杉树苗作为珍贵礼物赠送给周恩来总理，栽培在杭州植物园。现浙江舟山林科所和南京中山植物园都有一批红杉树，而且生长得很好。在试管里培育红杉树苗，也在我国试验成功。

如果以树的高度来说，红杉树还不能算是冠军。澳洲有一种杏仁桉树，一般高度都在 100 米以上，最高的达 156 米。所以，可以说没有比它们再高的树种了。

但是，最高的树并不是最长的植物。最长的植物，是热带雨林里一种叫白藤的藤本植物，其长度有 300 米以上哩！

👉 关键词： **美洲红杉　杏仁桉**

世界上最大的和最小的花是什么花

在苏门答腊的热带森林里，有一种寄生植物，叫做大花草，一般寄生在葡萄科乌蔹莓属植物的根上。它很特别，没有茎，也没有叶，一生只开一朵花，可这一朵花特别大，最大的直径达 1.4 米，普通的

也有 1 米左右，可算是世界上最大的花了。花的形状像个大面盆，有 5 片很厚的红色花瓣，一朵花的重量就有六七千克，花心像个空洞，里面可盛六七升水。开花的时候散发出很浓的气味，但不是香气，而是像烂鱼腐肉那样难闻的恶臭，因为花儿大，这种令人难受的恶臭能传送到几千米以外，这种臭味正好招来一些逐臭的苍蝇如潜叶蝇之类来为它传粉。由于大花草只有苏门答腊才有，因此被列为保护植物。

在一般的池塘和稻田里，有一种浮生在水面的水生植物，是浮萍科的无根萍。它没有根也没有叶，形状似小球，长约 1 毫米，宽不到 1 毫米，这样小的植物，它的花也就更小了，花的直径只有缝衣针的针尖那么大，不注意还看不出来，可算是世界上最小的花了。

关键词： 花　大花草　无根萍

南北极有植物吗

在地球上，南纬 66.5 度以南的地区称为南极，北纬 66.5 度以北的地区称为北极。南极是一大片陆地，人们称为南极洲，它的表面被厚厚的冰雪覆盖着；北极中央是一片冰地，实际上它是海洋上漂浮着的一大块厚厚的冰层，人们称这个海洋为北冰洋。北冰洋四周属于北极地区的陆地有：俄罗斯西伯利亚的北部、加拿大北部、芬兰和挪威的北部以及阿拉斯加北部等，还有许多大小岛屿，如著名的格陵兰岛和新地岛等。

在极地中央，整年被冰雪覆盖着，那里夏天很短，严寒的冬天长达 8 个月以上。那里的植物主要是地衣和苔藓，如新地岛已发现 500 种以上的地衣，格陵兰岛发现 300 种地衣和 600 种苔藓。1954 年，人们在北冰洋底 3400 米深处发现有细菌和真菌的孢子。

在极地边缘地区就有许多高等植物了。这些植物的茎和叶都紧紧地贴在地面上，能很好地承受积雪的压力，只要每年有一小段温暖的天气，植物就立即发芽，在两个月的时间内就完成了生长、开花、结实的过程。所以，到了夏天这些地方百花怒放，大勿忘草、仙女木、罂粟花等开着白色和黄色的美丽花朵，迎风招展。那里的悬钩子果实特别多，它是一种多汁的浆果，成熟时黄色的果实铺满地上，多得使人们不是摘浆果，而是用一种特殊长柄勺状的"梳子"来"梳"浆果，一"梳"，就能"梳"下很

多浆果来。此外，还有不少很有价值的植物，如辣根，可作为抗坏血病的药，沼泽乌饭树的果实可供食用，禾本科、莎草科的植物可作饲料等等。

可见，南北极地区的植物还是很丰富的。

☞ 关键词：极地植物　地衣　苔藓

植物能在太空生长吗

在《西游记》中，天宫被描绘成极乐胜境，那儿有延年益寿的蟠桃和各种各样的奇花异草。但这一切仅仅是人类的美好愿望，今天的科学已经证实，月亮和地球周围的星球上实际是一片荒凉，看不到任何生命的踪迹。

植物能不能在太空生长呢？太空具备地球无法实现的优越条件，那就是一天 24 小时都有充沛的阳光照射，从理论上说，太空可以长出产量、质量远胜于地球的超级植物。为了实现这个激动人心的目标，科学家着手的第一步，就是利用宇宙飞船把地球植物送入太空，观察植物的生长情况。

1975 年，前苏联"礼炮 - 4"宇宙飞船上的宇航员在飞船内播下小麦种子。一开始情况良好，小麦的出芽和生长速度比在地球上快得多，但后来不仅没有抽穗结实，反而毫无方向地散乱生长，最后枯萎死亡。同样，豆角、黄瓜等植物的栽培实验也失败了。

科学家经过反复研究，发现是失重的结果。我们知道，任何物体进入太空都会产生失重，植物在宇宙飞船失重的情况

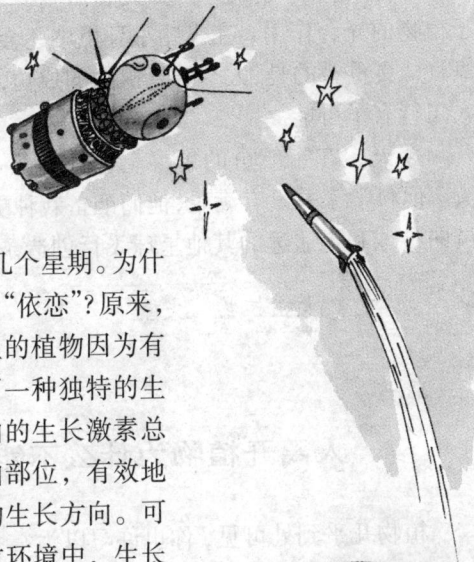

下，往往只能存活几个星期。为什么植物对重力那么"依恋"？原来，长期生活在地球上的植物因为有重力作用，形成了一种独特的生理功能，植物体内的生长激素总是汇集在茎的弯曲部位，有效地控制植物向空间的生长方向。可是当植物处于失重环境中，生长素不能汇集到茎的弯曲部位，结果使茎找不到正确生长方向，只好杂乱无章地伸展，这样植物便自行死亡。

为了克服失重问题，科学家采用电刺激方法，结果获得成功。进入 20 世纪 80 年代后，许多种蔬菜和粮食作物，已能在宇宙飞船内开花结果，这给生活在完全密闭系统中的宇航员带来了福音。不论在空间站还是在宇宙飞船中，栽培了绿色植物，宇航员就能吃到新鲜的蔬菜瓜果，而且由

于植物的光合作用，在飞船小环境中还会有取之不尽的新鲜氧气。更重要的是，太空培育植物的成功，使长距离的星际载人飞行有了可能。

今天，在宇航员的餐桌上已摆上了自己栽培的新鲜葱头。但科学家并没有满足，他们准备栽种更多的蔬菜，为宇航员向月球和更遥远的其他星球飞行创造条件。

关键词：太空植物　失重

人离开植物为什么不能生存

植物几乎到处可见，你也许习以为常，然而你可曾想过，如果没有这个绿色世界，人也就不能生存了。

人与植物的关系确实息息相关。

首先，人必须依靠植物提供氧气，只有植物能制造氧气。如果说一个人几天不吃饭、几天不喝水且有一息尚存的话，几分钟不呼吸就可能性命难保，氧气可是人生命活动的第一需要呀！一个成年人每天呼吸约2万多次，吸入氧气0.75千克，呼出二氧化碳0.9千克。此外，动物与植物的呼吸，物质的燃烧，也都要消耗氧气，释放二氧化碳。这样一来，空气中的氧气不就一天天减少，二氧化碳一天天增加么？不！天地间所以没有产生过这种危机，就是因为植物既是天然氧气"制造厂"，又是二氧化碳的"广阔市场"。有人做过统计，1公顷阔叶林，在生长季节每天能制造氧气750千克，吃掉二氧化碳1000千克。所以算起来，只要有10平方米的林木，就

可以供给一个人氧气的需要量，并把呼出的二氧化碳吸收掉。因为有植物源源不断地补充氧气，空气中的氧气才能保持基本恒定。相反，如果没有植物，地球上的氧气只要 500 年左右的时间即可用完。所以，人能够得到生命活动所需要的氧气，必须归功于绿色植物。

其次，人的食、衣、住、用，件件离不开植物。在远古时代，人类由于没有学会栽种粮食，在 200 多万年的漫长岁月里，为了找寻食物，不得不过着游牧生活。今天，人类生活虽然安定了，但人与植物的关系也还是生命攸关。试想，我们吃的粮食、蔬菜、油料、水果，哪一样不是植物？肉类、蛋品、奶类、鱼类这些人类不可缺少的营养品,乍看起来并不是植物,但是所有牲畜、家禽吃的草和饲料也还是植物,没有植物,当然也不可能有鸡、鸭、鱼、肉、蛋。人们的衣着来自植物的纤维,人们治病的药物有一部分从植物中获得。植物界中的木材,那更是"多才多艺",造房屋、架桥梁、铺枕木、作矿柱,没有木材不行;家具没有木材不行……许多植物是不可缺少的工业原料。有些东西好像与植物无关,其实不然,例如煤,也是从古代植物变来的,即使炼钢,也不能没有这种动力。总之一句话,人的食、衣、住、用不论是直接或间接都得依赖于植物,没有植物,人和其他生物都无法生存,地球就将成为一个没有生命的寂静世界。

还有,随着人们生活水平的提高,多么需要一个绿树成荫、百花争艳的环境呀!试想,如果人们长期生活在一个没有树木花草,没有绿色植物的一片灰蒙蒙的环境里,将会是什么滋味?

👉 关键词:人与植物

为什么森林可以调节气候

人们常说,森林是天然的蓄水库、是气候的调节器,也是保持水土的卫士。

有了森林,地面就不怕风吹水冲,水土不易流失。大风遇到防护林带,就被大大减弱;暴雨碰到了森林,力量也大大减弱,等雨水沿着树干慢慢地流到地上,被枯枝落叶、草根树皮所堵截,就容易渗透到地下去,而不会迅速流走。在少雨的季节里,这些储藏在地下的水,一部分汇成清流,流出林地,滋养农田,一部分经过树根的吸收、树叶的蒸腾,回到空中,又变成雨,再落下来。据计算,每 15 亩森林,在一昼夜间输送到空中的水汽,约为几千至 1 万千克。所以,林区的空气湿度一般比无林区要高,雨量也比无林区丰富些。

森林还能使气温不致太高,也不致太低。当地面有森林覆盖的时候,地面就不会受到太阳的暴晒,而且大量水分的蒸腾,吸收周围的热量,更可降低气温,所以,森林中夏季的气温一般要比当地城市低好几度;而林内地面的温度更比马路表面低十几度之多。又因为森林像顶伞一样遮盖着下面的土地,使森林里的热量不会一下子散发到空中去而迅速地降低温度,所以,当无林区很冷的时候,森林里仍然很暖和。

森林还是二氧化碳的吸收器和制造氧气的工厂,并且能够滞留空气中的粉尘和消除烟雾,使空气清新。此外,森林还有消除噪声和隔音的作用。有的树种还能减轻大气的污染。

许多国家的实践表明,当一个国家森林覆盖占全国总面积的 30% 以上,而且分布均匀时,就不会发生较大的风沙旱涝等灾害。

森林能够调节气候,也能保持水土,所以,植树造林是一项很重要的任务;而且,还要护林,如果任意破坏森林,必然会遭到大自然的惩罚。1998 年夏季,我国发生长江整个流域的特大洪水,除了特殊的气候以外,在长江上游乱砍乱伐森林也是很重要的原因。

☞ 关键词:森林 气候调节

为什么世界上绝种的植物愈来愈多

据生物学家推测,生物物种(包括植物和动物)绝种的速率,在恐龙灭绝时期是每千年 1 种;在 16～19 世纪期间是每 4 年 1 种;20 世纪 70 年代是每天 1 种。预计到本世纪中期,单是高等植物便有 1/4 约 60000 多种可能绝种或接近绝种。这是多么惊人的速度呀!

为什么世界上绝种的植物会愈来愈多呢?

也许有人会说,火山爆发,冰期降临,洪水泛滥,使许多种植物灭绝了。不错,在自然力的影响下,一些植物夭折是可想而知的。但在历史长河中,这样的灭绝速度是很缓慢的,

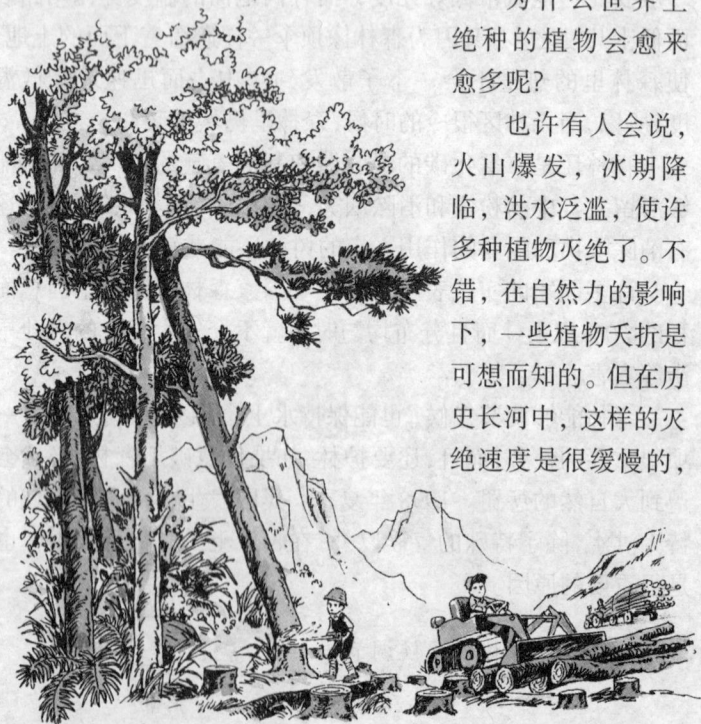

比较上面的几个数字就知道了。因此，真正使植物绝种速度变快的原因，不是在自然界，而是人类自己，人类才是毁灭植物的罪魁。

人类对自然的干扰、掠夺和破坏的首要目标就是森林。随着人口的急剧增加和生产的发展，人类对森林的破坏愈演愈烈。1940年以前，人们还只是依靠斧子、手锯和畜力采伐林木，这些工具对森林的伤害较小，开发的面积也有限。但是第二次世界大战以后，重型推土机、拖拉机和电锯一起扑向林区，随着轰隆隆的马达声，大片大片的原始森林顷刻夷为平地。在这场浩劫中，热带森林更是首当其冲。据估计，每年被砍伐的热带雨林面积高达1130万公顷，也就是说，每过1分钟，地球上便有20公顷的热带森林被毁。热带森林中孕育着地球上一半以上的物种。如果按目前的砍伐速度下去，在20~30年内，许多发展中国家的热带森林便会一扫而光，森林内所有的物种也就同归于尽。要知道，它们中有许多至今还没有为人类所认识，甚至连一个名字也没有。森林破坏以后，造成了水土流失，土地沙漠化，气候灾变。同时，由于城市的扩张，道路的延伸，每分钟还有80公顷良田被毁，使物种生长的地盘愈来愈小。所有这些，都加速了地球上物种的灭绝速度。

另外，由于现代工业的发展，大量酸性物质排入大气，使降雨变成酸性。酸雨像空中飘荡的死神，它降到哪里，那里的森林就成片枯萎，这又加速了地球上物种的灭绝速度。

最后，还是由于人类的原因，一些珍贵的植物，如优质树木、珍稀花卉、贵重药材等，在人们"砍头"、"斩腰"、"挖绝后根"的掠夺式利用下，也很快绝种了。

"解铃还得系铃人"。为了美好的未来,人类应该从"主宰万物"的坐椅上下来,与其他生物同舟共济。

☞ 关键词: 物种

为什么要多种草坪

如果你面前有一片绿色的天鹅绒(结缕草)草坪,你会感到赏心悦目,如有可能,你一定会毫不迟疑地在上面坐着、躺着,甚至打上几个滚,多么惬意!在舒适的绿色怀抱里,你会有更多的想象、灵感或希望。

草坪为什么备受人们宠爱呢?

首先,草坪好比大自然的"肺脏"。一块生长良好的草坪,每天每公顷约能制造氧气120千克,吸收二氧化碳150千克,还能吸收空气中的二氧化硫、汞蒸气、氟化氢等有害物质。

其次,草坪像一台"吸尘器",吸附和滞留灰尘能力极强。据测定,草坪上空气中灰尘的含量只有无草地的1/5。下过一场雨或浇喷一次水后,叶片上的灰尘被冲洗得干干净净,又能行使吸尘的功能。

再次,草坪是防暑降温的"调节器"。据测定,草坪吸收的太阳辐射热可高达70%。夏季,当太阳直射时,柏油路面的温度为30~40℃,甚至更高,而草坪的温度却只有22~24℃,十分凉爽宜人。

此外,草坪还有灭菌和消除眼睛疲劳的作用。草坪与树木构成的绿地,能大大提高空气中的负离子浓度,有效地增进人的身心健康。

城市、工矿、学校多种草坪，可以创造一个空气清新，安静、优美的环境。如果配以葱茏的树木、姹紫嫣红的花卉，就会使人心情愉快、精神振奋。

所以，多种草坪，爱护草坪，对人人都有好处。

☞ 关键词：草坪　负离子

为什么森林能治病

利用森林治病的方法叫做森林疗法。它像海滨疗法、温泉疗法一样，具有治病健身的奇效。

森林治病不是靠打针，也不是靠吃药，而是靠森林散发出来的"活力素"，以及特有的美丽景色。

在森林中漫步，你会感受到一种芬芳的香气，那是森林散发出来的萜烯类物质。这种挥发性物质的本事可大呢！它能杀死空气中的细菌。有人做过一个比较测定，每立方米空气中的含菌量，在百货商店是 400 万个，在公园是 1000 个，而在林区草地却只有 55 个。森林所以能有助于治疗哮喘、百日咳、白喉等疾患，并有兴奋中枢神经的功效，其原因就在这里。

在森林中漫步，你会顿觉头脑清醒，心旷神怡，这是因为森林中积累着许许多多空气负离子的缘故。这种负离子被人誉为"空气维生素"，它对人体大有好处，能够改善心血管功能，调节神经系统，对高血压、神经衰弱、心脏病和流感等有一定的疗效。烧伤患者手术后多呼吸树林中带负离子的空气，对于创面的尽快愈合也有帮助。

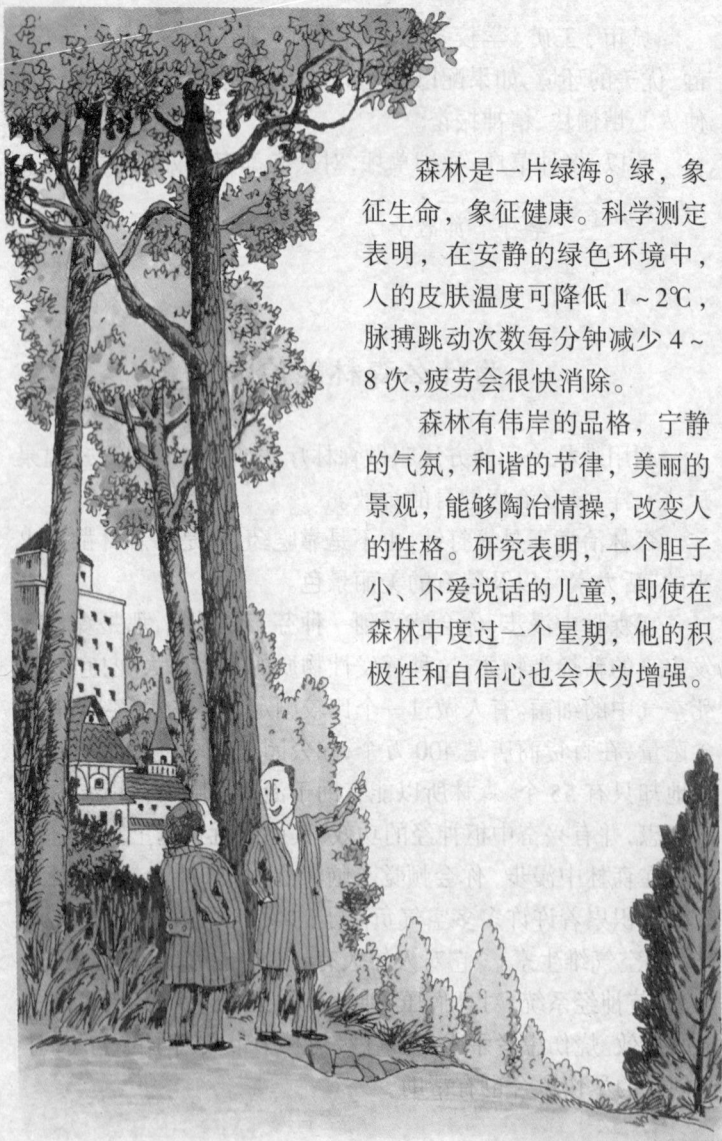

森林是一片绿海。绿，象征生命，象征健康。科学测定表明，在安静的绿色环境中，人的皮肤温度可降低 1~2℃，脉搏跳动次数每分钟减少 4~8 次，疲劳会很快消除。

森林有伟岸的品格，宁静的气氛，和谐的节律，美丽的景观，能够陶冶情操，改变人的性格。研究表明，一个胆子小、不爱说话的儿童，即使在森林中度过一个星期，他的积极性和自信心也会大为增强。

森林,可以说是大自然赋予人类的一座天然医院。

花香为什么能治病

在塔吉克斯坦有一个奇特的医院,医院中的医生、护士,对病人的治疗不是打针吃药,也不是开刀或电疗,而是采用别具一格的花香疗法。他们让病人坐在舒适的安乐椅上,一面嗅闻周围花儿溢出的阵阵幽香,一面聆听悦耳悠扬的音乐,不少疾病就在这花香之中被治愈了。

花香为什么能治病呢?

原来,构成花香的主要成分是一些有机化合物,如檀木发出的优雅檀香味,是一种含有檀香醇的有机化合物;白兰花浓郁的香气伴随着一些有机酸酯类化合物;还有我们常常嗅到的薄荷清凉香味,主要成分是萜烯类物质。这些有机化合物极易挥发,能够随同花香散发到空中,在人们进行呼吸时进入人体嗅觉器官,刺激嗅觉神经,使人感到香味的存在,与此同时,这些有机化合物也在人体内发生作用,产生治病的效果。

根据这样的理论,很多国家开始流行一种叫"森林浴"的治病方法:让病人住到森林中去,呼吸各种植物散发出来的芳香气息。结果收到很好的疗效。科学家用先进的分析仪器对森林进行测定,发现森林植物可以释放出 100 多种萜烯类有机化合物,分别具有消炎、消毒或缓泻等作用,所以森林中的香气能够灭菌驱虫,保持森林空气洁净新鲜。

花香虽然可以治病，但有一点必须注意，那就是各种香花香气的化学性质不同，药理作用也千差万别，而且有些花儿还含有剧毒。例如有种植物叫黄花杜鹃，花中含有闹羊花毒素，毒性猛烈，一旦使用不当，会使人产生过敏甚至休克。还有一种植物叫醉鱼草，花可入药，但有毒性。若将醉鱼草的花投入鱼池，鱼儿就会死亡，人或动物若不慎误食或长期嗅闻，也会产生呕吐和呼吸困难等中毒现象。因此，使用花香疗法，就如同吃药打针一样，应该在医生的指导下进行。

关键词：森林浴　花香

漆树里的漆是从什么地方流出来的

人们住的房子，用的家具和器具，总要涂上各种颜色的漆，不仅美观而且耐用。在这些漆中，有一种漆是从漆树里割取的，称为生漆。

很久以来，人们就知道用漆来保护家具或器具。生漆对器物、家具等之所以有显著的保护效能，是因为它能耐碱、耐酸和防止其他化学药品的腐蚀，同时也能耐高热。因此，人们都称赞生漆是一种优良的防腐防锈涂料。

生漆是漆树上分泌的一种乳白色胶状液体。在漆树的树干里，有许多小管道，里面充满了内含物，如果把树皮割开后，就有乳白色的汁液从漆液道里流出来，流出来的漆液与空气接触后起氧化作用，表面逐渐变为栗褐色，最后变为黑色，同时也变得黏稠起来。漆液里含有一种重要的化合物质叫漆酚，

一般含量为 40% ~ 70% 。漆酚含量越多,漆就越好。

漆有个怪脾气,就是它需要在湿润的大气中干燥和硬化,而不是在干燥的大气中干燥和硬化的,同时也不能用加热的方法来使它加速干燥和硬化,这是由于氧化作用的缘故。

漆树通常生长 5 ~ 6 年就可开割取漆。如果管理得好,割漆方法正确,一棵漆树可以一直割 50 ~ 60 年之久。

关键词:漆树　生漆

为什么从松树里能取出松香

在日常生活中,我们常常要跟松香和从松香中提炼出来的松节油打交道。如果你走路或打球时不小心伤了筋,医生就给你擦些松节油,帮助血脉流通;演奏胡琴的时候,用松香抹抹琴弦,就会增进乐器的声响;印刷用的油墨和各种油漆,都掺有松节油。松脂(包括松节油、松香和其他化学成分)还是一些工业产品的重要原料呢!

但也许你没有想到吧:这种珍贵的工业原料,却是从松树里取来的。

松树里为什么含有这种东西呢?

松树的根、茎和叶子里面,有许许多多细小的管道,这是它们在生长过程中所形成的细胞间隙。这些管道衔接起来,组成了一个纵横交错、贯穿整个身体的完整的管道系统,叫做树脂道。这些树脂道,都是由一层特殊的分泌细胞围合起来的。分泌细胞在松树的生理代谢过程中能够制造松脂,并不断地输送到管道里贮藏起来。每当松树受到伤害的时候,松脂就从管道里流出,很快地把伤口封闭起来。松脂中有些物质,还能挥发到空气中,杀死有害病菌,使树木少生病。可以说,松树产生松脂实际上是它的一种保护机能。

由于松树的树干里含有松脂,所以松材的耐腐性很强,是一种重要的建筑材料。

关键词: 松树　松香　松节油　松脂

为什么三叶橡胶树只能在南方种植

在我们的日常生活中,几乎天天都要和橡胶打交道,比如,出门骑自行车、乘公共汽车以及开拖拉机等,这些车子的轮胎都是用橡胶制造的。体育运动中的篮球、排球或足球,它们的球胎不也是用橡胶制造的吗? 还有用橡胶制的雨鞋以及医药用品等。当然,橡胶的用途,远不止这些,发展国防工业、电气工业、机械工业……都离不开橡胶。

橡胶是从哪里来的呢？橡胶有两个来源：一是天然橡胶，一是人造橡胶。人造橡胶，顾名思义，是人工用化学方法合成的。天然橡胶是从橡胶树、杜仲、橡胶草等植物中获取的，其中产胶乳最多、品质最好的要算是三叶橡胶树，有世界"橡胶之王"的称号。

这个"橡胶之王"并不是到处都能生长和产胶的，只要一年中有几天的气温在5℃以下或十几小时0℃以下的低温，就会使整批的橡胶幼树全部冻死。这是什么原因呢？

大家知道，植物的特性是长期对环境适应而形成的。南北地区气候悬殊，生长在这两种地区的植物形成了一定的适应能力：北方的植物在严冬中能傲冰霜，抗风寒，冬去春来，具有很强的耐寒能力；南方的植物四季披着绿装，稍遇低于5℃的气温就经受不住，或枝叶冻伤，或整株冻死。橡胶树是1904年才从外国引种到我国，它的原产地是南美洲巴西的亚马孙河流域，是一种耐阴性的热带树种，喜欢高而恒定的温度、大而均匀的雨量、静风的气候和肥沃深厚的土壤，对低温的抵抗力很弱。平均气温低于18℃就不能正常生长，低于10℃时，它的内部生理活动明显受到影响，气温低于5℃便普遍发生寒害，受害轻微时局部干枯或破皮流胶，严重的时候枝干从顶端到基部全部枯死。我国长江流域以及长江以北，冬季的气温大都在0℃以下，因此，我国北方不能种植三叶橡胶树。目前，我国的橡胶树主要分布在广东、广西、云南、福建、海南和台湾六省北纬22度以南的地区，尤其以海南居多。

☞ 关键词：三叶橡胶树

为什么要在清晨割橡胶

橡胶树是一种对管理技术要求很高的热带作物，不但栽培管理要有技术规程，割胶也有严格的制度。割胶制度规定了割胶最适宜的季节，割胶天数，割胶时间，割胶树皮的高度、宽度和深度，以及每天割胶株数等等。其中规定，在割胶日必须在当天清晨 6~7 时以前完成割胶任务。因此，胶工必须在天亮前戴上矿灯进入橡胶园割胶。

实践证明，如果上午 7 时前割胶的产量为 100% 的话，到了 8~9 时割胶的产量会下降 6%，

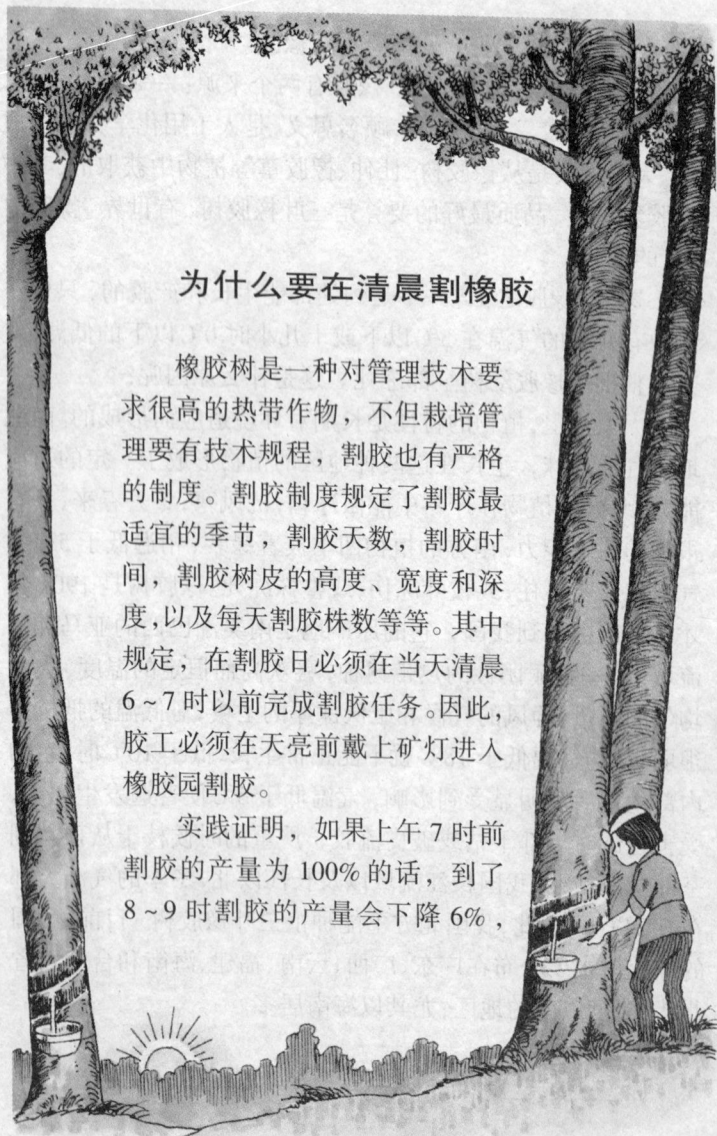

10～11时割胶的产量则下降18%。可见清晨割胶是一天中产胶量最高的时候。

为什么清晨割胶产量高呢?大家知道,胶乳贮藏在树皮韧皮部的乳管里,把树皮割开,牛奶般的胶乳靠着乳管本身及其周围薄壁细胞的膨压作用,就会不断地流出来。清晨是一天中温度最低和湿度最大的时候,橡胶树经过通宵休整,蒸腾作用处于微弱或停止状态,体内水分饱满,细胞的膨压作用是一天中最大的,因此清晨割胶产量最高。到了9时以后,橡胶树光合作用开始了,气孔开放,蒸腾作用逐步增强,乳管及其周围薄壁细胞的膨压逐渐变小。到午前,这种压力更小。因此,清晨以后割胶的产量也就降低了。

关键词: 橡胶　割胶

为什么茶树适宜种在酸性土壤上

我国南方的山区和半山区,土壤多数是酸性的,这里所产的茶叶很多,如浙江的"龙井",安徽的"祁红"、"屯绿",福建的"铁观音"、"武夷岩茶",云南的"滇红",江苏的"碧螺春"等等,都是驰名中外的名茶。为什么这里会出产这么多名茶呢?这除了和当地茶树生长的气候环境及制茶技术有关以外, 还和这地区的酸性土壤有关。

酸性土壤之所以特别适宜于种茶,首先是因为茶树生长需要一个酸性的环境。据化学分析,茶树根部汁液中含有较多的柠檬酸、苹果酸、草酸及琥珀酸等多种有机酸。由于这些有机酸所组成的汁液，对酸性的缓冲力比较大，而对碱性的缓冲力较小；也就是说，茶树碰到酸性的生长环境，它的细胞汁液不会因酸的侵入而受到破坏，这就是茶树生理上所以能特别适应酸性土壤的重要原因之一。

其次，再从酸性土壤本身的情况来看，它还有两个突出的性质。

酸性土壤的一个特性，是含有铝离子，酸性越强，铝离子也越多。而在中性及一般的碱性土壤中，由于铝不可能溶解，所以也就没有铝离子的存在。铝对一般植物来说，不但不是一种必要的营养元素，而且多了反而有毒害作用。酸性强的土壤对许多别的作物往往不很相宜，其原因之一，就在于铝离子过多。对茶树来说，情况就不同了。化学分析表明：健壮的茶树含铝可以高达 1% 左右，这说明茶树要求土壤能提供足够的铝，而酸性土壤正好能满足茶树的这一要求。

酸性土壤的另一个特性，是含钙较少。钙是植物生长的必要营养元素之一，茶树也不例外。但茶树对钙的要求数量不多，因此要求土壤中含钙也不要过多，过多就要走向反面，而一般酸性土壤含钙量恰好符合这一要求，所以它就特别适宜于种茶树。

另外茶树根部有的地方局部膨大肿胀，我们叫它为"菌根"。菌根很像豆科植物的根瘤，里面有微生物——菌根菌。菌根菌和茶树之间的关系是一种彼此互相促进、互相依赖、互助互利的共生关系。菌根菌吸收土壤中的养料和水分，除满足自身的需要外，还把多余的部分转输给茶树，因而大大地改善了茶树的营养条件与水分条件。但是菌根菌自身是不能制造碳水化合物的，它所需要的碳水化合物几乎全靠茶树供给。由于茶树和菌根菌有这种共生关系,所以要茶树生长得好,还必须使菌根菌也生长得好,而最适宜菌根菌生长的环境也正是酸性土壤具有的条件。就这样,酸性土壤既为茶树提供了适宜的生长条件,又为其共生的菌根菌营造了理想的共生环境,无怪乎它特别适宜于茶树的生长了。

☞ 关键词: 茶树　酸性土壤　菌根菌

为什么高山茶叶品质特别好

我国是世界上茶树品种最丰富的国家。大凡山峦重叠、翠岗起伏、林木葱郁、云海飘浮的名山大岳,差不多都出名茶,如黄山毛峰、武夷岩茶、庐山云雾、君山银针、天台华顶、天目毛峰等,都是茶中上品,畅销国内外。

为什么高山上生长的茶叶品质特别好呢? 这与高山上的空气、温度、湿度、光照、土壤等独特的自然环境有关。

我们知道,山越高,空气就越稀薄,气压也就越低。茶树在这样的特定环境里生活,茶叶的蒸腾作用相应地加快了,为了减少芽叶的蒸腾,芽叶本身不得不形成一种抵抗素,来抑制水分过分蒸腾,这种抵抗素就是茶叶的宝贵成分芳香油。同时,高山上一年四季常常云雾弥漫, 如庐山平均每年有 188.1 天为有雾日,因为有雾,茶树受直射光时间短,漫射光多,光照较弱,这正好适合茶树的耐阴习性。由于高山雾日天气多,空气湿度就比较大, 这样长波光被云雾挡了回去, 照不到植物上,但短波光透射力强,可以透过云层照射到植物上,而茶树受这

种短波光照射后，有利于茶叶芳香物质的合成。种植在高山上的茶叶香气比较浓，就是这个道理。

其次，高山地区昼夜温差大，山高温度低对茶叶生长也是一个有利条件。白天温度高，光合作用形成的养分多，夜晚气温低，茶叶生长速度放慢，呼吸作用消耗的养分少，这样就有利于茶叶的成分如单宁酸、糖类和芳香油等物质的积累和保存，进而为生产名茶提供了物质基础。

再有一点是，高山栽茶的地方大部分为砂质土壤，土层深厚，但通气良好，酸碱度适宜，加上树木葱郁，落叶多，使土壤肥沃，有机质丰富。这也是适宜于茶树生长和茶叶质地优良的一个因素。

另外，高山大岳中，环境很少受到人为的污染。没受污

染的茶叶,质量当然是上乘的,它理所当然地会得到人们的青睐。

关键词: 茶叶 云雾茶 高山茶 昼夜温差

咖啡和茶为什么能提神

咖啡、茶叶和可可,并称世界三大著名饮料。咖啡由茜草科植物咖啡的果实加工而成,茶叶是由山茶科植物茶的叶子加工成的。

如果说咖啡含咖啡因,人们还会相信,而茶叶也含有咖啡因,那就未必人人都确信无疑了。事实上,茶叶不仅含有咖啡因,而且含量可高达5%以上,但通常为2%～3%。所以,我们泡一杯浓茶,杯内所含的咖啡因就有0.1克左右。

人的爱好各不相同,有的喜欢喝咖啡,有的习惯于饮茶,有的既喝咖啡也饮茶,因为两者都能使人提神醒脑。

为什么咖啡和茶都能提神醒脑呢?原来,它们所含的咖啡因属于一种生物碱(又名植物碱),为白色细针状结晶,在药理实验上对中枢神经系统有广泛的兴奋作用。人喝了咖啡或茶以后,首先是兴奋大脑皮层,增强大脑皮层的兴奋过程,消除疲乏感,减弱睡意,改善思维,使精神大为振奋;其次是兴奋循环中枢和运动中枢。茶叶中还含有一种叫茶碱的物质,而茶碱和咖啡因都能直接兴奋心脏,扩张冠状血管和末梢血管,并有利尿作用。

有人以为,既然咖啡和茶能提神,就应多喝。这是不对的,

147

喝过量了就会适得其反。过量的咖啡因会使人出现失眠、心悸、头痛、耳鸣、眼花、头晕等不适症状，危害身体健康。而饮用过多的浓茶，会出现"醉茶"现象，不仅痛苦难忍，严重的还需急救哩！

☞ 关键词：咖啡　茶　咖啡因

为什么云南的烟叶特别好

我国有很多地区种植烟草，但以云南的烟叶最好。在全国评出的 13 种名烟中，云南生产的就占了 9 种，如云烟、红塔山、玉溪等。即使其他省市卷烟厂生产的名烟中，多少也要加入些云南烟叶，如上海生产的"中华牌"烟中，30% 是云南供应的优质烟叶。

为什么云南的烟叶特别好呢？这要从烟草的生活特性谈起。

烟草是一种喜温、喜光的植物，它生长的最适宜温度为 $25 \sim 28 ℃$。但不同品种有不同要求，如一般烤烟叶片，其成熟阶段的日平均温度以 $20 \sim 25 ℃$ 为宜；晒烟、白肋烟等需平均气温在 $18 ℃$，持续时间在 90 天以上；黄花烟草则较能耐冷凉气候。烟草一般在 5 月份移栽，9 月间收获，在这期间的日照要求为 2200 小时。如果日照充足而不强烈，烟叶质量就比较好。此外，水分对烟叶质量也有很大影响，在生长期间平均月降雨量为 $100 \sim 130$ 毫米最适宜。

云南位于我国西南地区，分别受印度洋季风和太平洋季

风的影响，属亚热带—热带高原型湿润季风气候。全省年平均气温在 4 ~ 24℃，大部分地区 15℃左右；年平均降雨量约 600 ~ 2300 毫米。云南省一般海拔 2000 米左右，山地海拔可达 4000 米，甚至更高。由于纬度低，短距离内地形高低悬殊，气候的垂直变化显著。那里烟农有四句话："一山分四季，十里不同天，四季无寒暑，无灾不成年。"这充分概括了云南种植烟草的得天独厚的"立体气候"条件。烟农在温暖湿润的气候下，根据不同的烟草品种，可因地制宜进行安排种植，使优良烟株在适宜的温度、光照、水分环境中得到充分发挥。而这样的种植条件，即使像河南、山东生产烟叶的省份，也无法媲美。

当然，烟草生长还受土壤的限制和肥料的影响。例如，香料烟适宜种在有机质含量少、肥力不高、表土不厚而有小石块的砂性地上；烤烟以质地疏松、结构良好的土壤或砂质黏土为宜；而白肋烟则喜欢生长在含氮量较高的肥沃土壤里。

施肥也大有讲究。土壤中缺氮，则烟叶小，烤后叶薄而轻；而氮肥过量，烤后有辛辣味，呈绿褐或近黑色，品质下降。土壤中磷肥不足时，烟草生长缓慢，叶狭长而暗绿色，烤后无光泽；磷肥施用过多，叶片质地粗糙，油分少且易破碎。钾肥施用适当，吸用时有香味，燃烧性好；反之，则叶片粗糙发皱，残破不全，燃烧性差。

☞ 关键词：云南烟叶

为什么药农要在春季挖防风

防风是一种药用植物，它的根就是中药里的防风，有发汗、祛风除湿、止痛的作用。我国东北和内蒙古、河北、河南、山东、山西、陕西、甘肃、湖南等省都有分布。

防风喜欢生长在草原和荒山丘陵的灌木丛中。药农在采挖防风时发现，有些防风不开花结实，有些防风开花结实。于是，药农把不开花结实的称为"公防风"，把开花结实的称为"母防风"。"公防风"的根长得充实，皮部汁液充足，柴性小，较柔韧，木质部常常有像菊花一样的斑纹，挖出晒干后就可药用；而"母防风"的根长得疏松，皮部汁液不足且松软，柴性大，质量差，晒干后是空心的，不能药用。

为什么防风会出现"公"实、"母"虚的现象呢？

防风是多年生草本植物，雌雄同株，没有公母之分。在正常情况下，防风要生长到第三年才开花结实。所以采收种子，一般要在3年以后，而根的采收更要晚得多，一般在生长7～8年后才有采挖价值。

每年春季防风都会重新长出新的地上部分，但有些植株长出新的幼苗后，由于得不到足够的光照，花芽不能形成，或

150

者因遭受动物及人为破坏，不能开花结实，这些植株当年就只长茎叶，便成了"公防风"。由于当年只长茎叶，枝条粗壮，叶肥大而有光泽，叶子制造的有机养料便可集中输送到根部贮藏起来，因此根的质量就高。而那些开花结实的植株，营养物质输送到花中，接着又转移到果实里去，这样根得到的养料少，质量就差了。药农发现了这种现象，只采挖"公防风"而不采挖"母防风"的根。

明白了这个道理，就知道药农为什么要在春季挖防风了。因为经过秋、冬两季，防风根中贮藏了大量养料，以供第二年生长发育用，此时根的质量较高。而在秋天，防风经过夏季，一般开花结实后，根的质量差了，挖出的防风当然质量也不高。

人工栽培防风，一般要经过7~8年后才能采挖。为了保证根的产量和质量，需控制防风不要过早抽薹开花。具体措施：一是增加植株密度，由于密度增加，防风获得光合作用的空间少，抽薹开花率减低，这样可促使其营养器官生长；二是减少铲蹚次数，田间有杂草生长，使防风处在半野生状态，也会影响其开花结实，从而保证防风根的产量和质量。

☞ 关键词：防风

为什么檀香树旁要种上别的植物

檀香树是一种名贵的经济树木。它含有一种芳香油，叫"檀香油"，因此这种木材芳香馥郁，而且香气持久不散。用檀

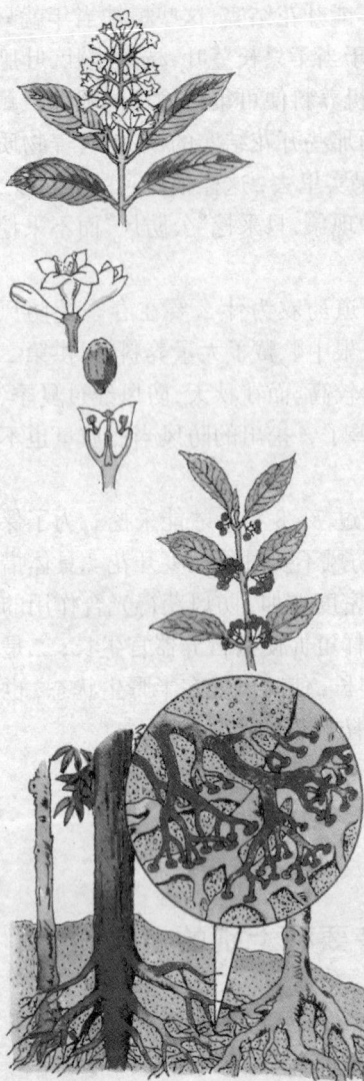

香木蒸出来的檀香油，是一种名贵的药品，又可作檀香皂的香料。檀香木还可以用来做檀香扇和各式各样的工艺美术雕刻品。

檀香树的老家原在印度、印度尼西亚等热带地区，现已在我国的南方开花结果了。

檀香树和我国南方常见的树木一样，也是终年常绿的，但它却又与众不同，小的时候还能过着短期的独立生活，长大以后，如果在它的身旁不种上别的植物，它就长不好，甚至不能活下去，这是什么道理呢？

原来檀香树在幼苗期，主要靠自己丰富的胚乳提供养料，一般长到 8~9 对叶片时，养料就用完了。这时它在根系上长出一个个如珠子般大的圆形吸盘，紧紧地吸附在它身旁的植物根系上，靠吸取别的植物所制造的养料来过日子，这个时候如果找不到被吸附的植物，为它提供养料，它就长不起来，甚至会慢慢地死亡。因此，在栽种檀香树的时候，必须在它的身旁种上被吸附的植物。由于它有这种特性，植物工作者给它起了个名字，叫做"半寄生植物"，被它吸附而生活的植物叫做"寄主植物"。

檀香树的吸盘不是在养料用完时才产生的，而是当它的根系遇到适宜的寄主时就会产生发育起来。但是，如果遇到的是不适宜的寄主，它很少产生吸盘，甚至没有发育健全的吸盘。

自然界的植物很多，并不是每种植物都是寄主植物，也不是凡能被它寄生的都是最好的寄主植物，根据试验，我国目前较好的檀香树寄主植物有常春花、栀子、紫珠、茉莉和楹树等数十种。

关键词：檀香树　半寄生　寄主植物

为什么有些木本植物能产糖

说起糖，大家都知道是从甘蔗和甜菜中提取的，实际上含有较高糖分的其他植物也能制糖，其中比较著名的就是糖槭树。槭树是很美丽的观赏植物，到了秋天，叶子会变成红色，但能够产糖的只有北美洲的糖槭树。糖槭树是落叶大乔木，树干里含有丰富的淀粉，这些淀粉在冬天低温下就会转变为糖，这些糖贮存在木质部的树液里,到了春天,气温转暖,树液开始流动,如果在树干上钻一个洞,就会有很甜的树液从洞里源源不断地流出来。糖槭树液的含糖量一般是 0.5% ~ 7%,高的可达 10%,因此,即使多年采收,也不会影响树木的生长。

另外,还有一种生长在热带的棕榈科植物糖棕树也能产糖,但不是从树干中提取,而是从它的花序中提取的,每棵糖棕树一年可产糖 50 千克左右。

近年来,我国科学工作者发现葡萄科的爬山虎也能产糖。爬山虎是一种木质藤本植物,一向用作治风湿性关节炎和便血的草药,现在发现它的茎中的汁液含糖约 8.5% ~ 10.5%,比糖槭树还高些,有些人把它叫做糖藤。虽然爬山虎是一种很好的木本糖料作物,但现在仍处于野生状态,还未充分加以利用。

关键词:糖槭树　糖棕树　爬山虎

甜叶菊为什么能制糖

凡是我们舌头感觉到甜的物质就是甜味剂,糖就是我们日常生活中几乎少不了的甜味剂。

说起甜味剂,大家很自然会想起白糖、红糖、葡萄糖、果糖来,它们都来自于植物的根、茎、叶、果,是天然的甜味剂。这些糖不仅味甜,而且有营养,是我们身体里主要的热量来源,也叫高热量糖。可是过多地吃白糖对身体健康也有影响,小朋友吃多了糖容易产生蛀牙,大人吃多了会引起肥胖症、动脉硬化症，糖尿病患者更要严格禁止吃糖。这样说来，最好有一种低热量糖来解决人们生活的需要。那什么是低热量糖呢？就是那些让人舌头感到甜味，但又不被人体吸收产生热量的一类物质。在19世纪末，科学家们用人工合成的方法得到了一些比糖甜几十倍甚至几百倍的甜味剂，糖精就是其中之一。

随着科学的发展，发现人工合成的甜味剂对人体有不良的作用，很多国家已经禁止用糖精了。这又促使科学家们努力寻找和发掘能代替糖、而又无毒无害的天然植物成分。终于找到了甜叶菊。

甜叶菊是外来的"侨民"，飘洋过海来到中国定居。它的故乡在南美洲巴拉圭、巴西的原始森林中的小山坡杂草丛中。长相有点像我国的薄荷，是多年生的草本植物。在它的叶子中，蕴藏了7%～12%的糖苷——甜叶菊苷。提纯了的甜叶菊苷是纯白的粉末，简直跟绵白糖一个样，甜味很像白糖，甜度却要

比白糖高 300 倍,接近糖精,但又没有糖精那样的苦味。如果摘一小片叶子放在嘴里嚼一嚼,就像吃了一口清香的白糖,并有浓郁的甜味久留在口中,正因它有白糖和糖精二者的优点,又是低热量糖,真是一种理想的"天然糖精"啊!在我国温带地区,甜叶菊可以活好多年,一年可收割 2 ~ 3 次,割了老的又生发出新枝叶来。

据计算,种 1 亩甜叶菊,大约第一年可以收 100 千克干叶,这将能得到 6 千克左右甜叶菊苷,相当于 1800 千克白糖的甜度,也就是说等于五六十亩甘蔗田生产的白糖;第二年可采收的干叶是上年的 1 倍左右。现在通过人们细心的栽培、选择,已培育出含糖量更高的品种来。在 200 年前从甜菜根中只能得到 6% 的白糖,后来经过人们的努力,现在已提高到 20% 了。相信甜叶菊也是很有希望的!

☞ 关键词:甜叶菊

为什么公园里的碧桃只开花不结桃子

有些公园和花园里,种着许多专供观赏的桃树,每年一到春天,满树桃花盛开,花色异常鲜艳,有玫瑰色的、粉红色的、白色的……吸引着许多游人。在杭州西湖的苏堤和白堤两岸,遍植柳树和桃树,成为西湖主要风景之一。可这些桃树有个特点,就是只开桃花,不结桃子。每当夏末秋初,果园里的桃树果实累累的时候,它们却只有满树浓绿的叶子。

原来这种桃树和结实的桃树不一样, 它们的名字叫"碧桃",是专供观赏用的。结果实的桃树开的花,每朵花上只有 5 个花瓣;而碧桃开的花,每朵花上却有 7～8 个花瓣,有的甚至多到 10 几个花瓣,所以叫做"重瓣花"。重瓣花里只有雄蕊,没有雌蕊,或者雌蕊已经退化成一个小兀突,所以不能受精。它们只开花不结桃子,就是这个原因。

关键词:碧桃

无花果真的没有花吗

从无花果的名字看,无花果好像是没有花的。事实究竟怎样呢?

典型的花,由花托、花被(就是花萼和花冠)、雌蕊、雄蕊四部分构成。这四部分完全具备的叫完全花,如桃花;这四部分不完全具备的叫不完全花,如桑树花。

一般植物,是花托把花被和雌蕊、雄蕊"抬"得高高的,因此鲜艳夺目,蜂来蝶往,招引人们欣赏。无花果的花却静悄悄地"隐居"在新枝叶腋间,它的雌花、雄花"躲藏"在囊状肥大的总花托里面。总花托顶端深凹进去,形成一间宽大的"房子"。由于总花托把雌花、雄花从头到脚包裹起来了,人们看不见,因此,认为无花果是没有花、不开花的。

说起来你或许不相信,无花果还会一年开两次花、结两次果哩! 当大地回春、草木欣欣向荣的时候,它就蓬蓬勃勃地抽枝发叶,叶腋间开出花来;在秋高气爽、雨水充足的时候,它的枝条又"大踏步"地向上延伸,叶腋间又开出花来。第一次开花结的果子，在当年秋天长大熟透；第二次结的果子，因为天气渐渐冷下去，来不及成长，要等到明年春暖花开的时候才能长大熟透。可见，无花果可以在一年之内春秋两季开花的。

无花果的老家在亚洲西部。现在，我国长江以南各省都有栽种，新疆南部栽培尤其多，在北方通常被作为盆栽观赏植物。新鲜的无花果果实肉质柔软、味甜，是良好的水果；还可以制成果干、果酱和蜜饯；在中医学上，干果还可入药，能开胃止泻，治咽喉痛。

☞ 关键词：无花果

香蕉果实里有没有种子

我们日常吃苹果、橘子、西瓜等水果时，总是看到有一粒粒种子，可是吃香蕉时，却看不到有种子，因此，在人们的印象中，好像它生来就是没有种子的。这样的想法，对香蕉来说，多少有点冤枉。

在植物界里，有花植物开花结籽，那是自然规律。香蕉是有花植物的一种，因此，它也不例外。那么，为什么我们常吃的香蕉都没有种子呢？这是因为，我们现在吃的香蕉是经过长期的人工选择和培育后改良过来的。原来野生的香蕉也有一粒粒很硬的种子，吃的时候很不方便，后来在人工栽培、选择下，野蕉逐渐朝人们所希望的方向发展，时间久了，它们就改变了结硬种子的本性，逐渐地形成了三倍体，而三倍体植物是没有种子的。

严格说来,平时吃的香蕉里也并不是没有种子,我们吃香蕉时,果肉里面可以看到一排排褐色的小点,这就是种子。只是它没有得到充分发育而退化成这个样子罢了。

三倍体的香蕉没有种子,怎样繁殖呢?一般用地下的根蘖幼芽来繁殖,这就用不到种子了。

关键词: 香蕉　野蕉

甜橙和柑橘有什么不同

每到秋冬,来自各地的水果汇集市场,真是丰富极啦! 南方的橘子、香蕉、柚子,北方的苹果、梨、柿子……它们各具特色,香甜可口,逗人驻足挑选。就拿橘子来说,看了也够叫人眼花缭乱:什么黄岩早橘、南丰蜜橘、四川锦橙、广东新会橙,还有蕉柑、雪柑、芦柑等等。为什么都是橘子,却有的称橘,有的称橙,还有的称柑?它们究竟如何区分呢?

原来，橘子的这些美名并非人们任意赐予的，它们都是依据植物的亲缘远近，由植物学家和果树学家加以科学的命名。柑橘这一属姊妹很多，除了上面谈到的以外，柠檬、柚子也都属于这一属，不过它们比柑橘容易区别。

其实，我们在吃橘子时，如果稍加留心，橘、柑、橙也并非不可区别。

橘子中有的皮很宽很松，极易剥去，有的皮较光，囊瓣包得也很紧，不好剥离。不易剥皮的橘子就是橙。橙又分酸甜两类，酸的称酸橙，不能吃，多作砧木用；甜的称甜橙，风味优良，是橘中的上品，如脐橙、新会橙、锦橙等都属这一类。橙还有一个明显的特点是种子较大，种子里面的胚为白色。若从果树的形态比较，甜橙的叶片比柑橘大，而且叶的基部还有翼叶，而橘、柑一般没有这个特征。

皮宽好剥的橘子又称宽皮橘。我国广泛栽培。它们果皮较薄，囊瓣也大，可以一瓣瓣掰开，而甜橙囊瓣分离困难。柑、橘的种子种皮去除后，可以看到绿色的胚。

比较容易混淆的是柑和橘。因为它们同属宽皮柑橘类，彼此间特征大同小异。它们的果皮虽都易剥离，但柑稍难，而橘极易。果皮的海绵层柑也比橘厚。温州蜜柑、蕉柑等都是柑，而早橘、福橘、南丰蜜橘都是橘。

不过，由于各地群众习惯上称呼不同，有时在名称上也常有混淆之处。例如，温州蜜柑有些地方称它为无核橘；四川的锦橙，因它的果形长圆，在当地也有称鹅蛋柑。这样，橘子名称的混乱更导致了人们概念上的模糊。

关键词：橘　柑　橙

160

枇杷、桃、杏的种仁为什么不能生吃

枇杷、桃子和杏子都是人们爱吃的水果。但很少有人想到，它们那柔软多汁的果肉却包藏着一颗能致人死命的祸心——种仁。要是你误食了它们，轻则呼吸困难，瞳孔放大；重则惊厥、昏迷、抽搐，甚至死亡。

原来在这三种果实的种仁里，都含有一种属于氰苷类的化合物，叫做苦杏仁苷。这种化合物本身倒不是毒物，但它不太稳定，在一定条件下就会发生水解反应。这时，它分子中所含的羟腈部分，最终会变成氢氰酸游离出来。氢氰酸是一种剧毒化合物，它就是种仁使人中毒的根本原因。

那么，在什么条件下发生水解呢？

苦杏仁苷和其他苷类物质一样，可以在酸水中加热水解。此外，如果它遇到一些特殊的酶类物质，如苦杏仁苷酶等，则在常温下遇水就迅速分解。更巧的是，这些特殊的酶恰恰就和苦杏仁苷同时存在于这些种仁之中。不过，当种仁完整时，它们在细胞中"互不干涉"。若一旦咬碎吃到胃中，苷和酶一起溶到胃液里，这时，酶再加上酸性的胃液，就会使苦杏仁苷迅速水解而产生氢氰酸。有人分析，有些杏仁中的苦杏仁苷含量有时高达30%，在枇杷仁和某些桃仁中含量也不低。因此，它们不能生吃。

当然，杏仁和桃仁都可以入药，杏仁止咳糖浆中就含有杏仁水。这是因为它们在配方中用量有所限制，而且往往经过煎煮，其中所含的酶都已被"杀死"，部分苷也被破坏，毒性已经降低了的缘故。而且奇妙的是，杏仁止咳的有效成分就是经过煎煮后残存的微量氢氰酸!

其实,要是杏仁和桃仁等都是苦不入口的话,那谁也不会去生吃它的。然而恰恰有的不苦或不太苦,而且富含油脂,清香可口,尤其吸引孩子们。据分析,某些甜杏仁或甜桃仁中多少还含着一些苦杏仁苷,约为 0.5% 左右。这样,要是生吃太多的话也会有危险。至于商店出售的杏仁罐头或杏仁粉等,已经过炒制,当然都是可以吃的无毒佳品。另外还有一种甜扁桃仁,又叫巴旦杏,则是一种专门吃种仁的干果,和上述三种水果是不同种类的植物。

☞ 关键词: 枇杷　桃　杏　种仁　苦杏仁苷

为什么椰子树大都长在
热带沿海和岛屿周围

在我国海南岛、西沙群岛,以及其他热带地区的沿海和岛屿周围,到处可以看到笔直挺立的椰子树,树高可达 20 多米,碧绿青翠的叶子比雨伞还要大,树上挂着许多像足球那样的棕色果实,是热带特有的美丽的树木。

如果我们稍为注意一下的话,就会发现这样一个问题,这些椰子树似乎都是沿着海岸和岛屿周围而生长的。要解开这个谜,不妨让我们来看一看椰子树的生活习性,问题就比较清楚了。我们知道,植物为传播它们的后代,用各种各样的办法,把它们的种子散布出去。其中除了人为的传播以外,有些利用动物来传播,有些利用风和水来传播,椰子就是利用水来传播的。

　　椰子的果实是一种核果，外果皮是粗松的木质，中间是由坚实的棕色纤维构成的，成熟后掉在水里，会像皮球一样漂浮在水面上，不会烂掉，有时会随海水漂流数千里，一旦碰到浅滩，或者被海潮冲向岸边后，遇到了适宜的环境，它们就在那里发芽成长，重新定居。这就是热带沿海和岛屿周围会长出椰子树来的秘密。

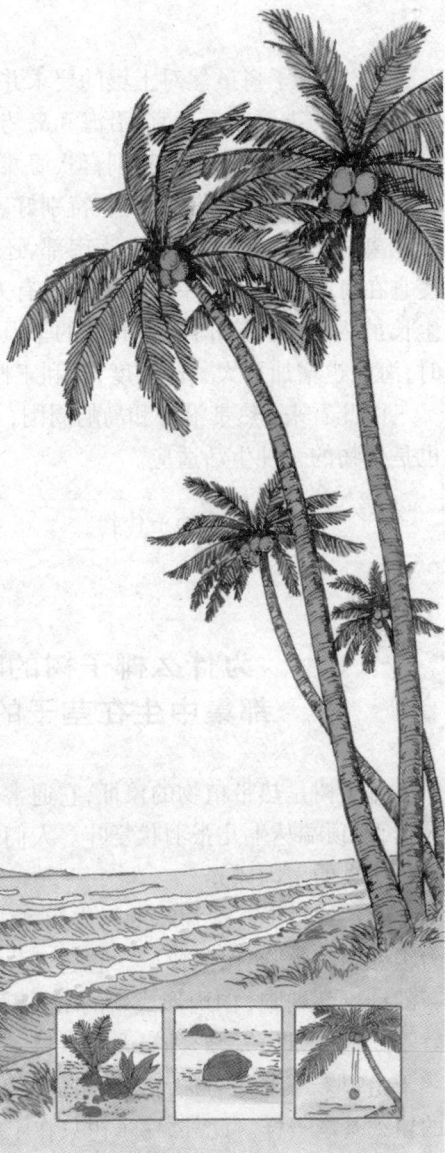

另外，椰子树虽然对土壤的要求并不十分严格，但以水分比较充足的土壤为最适宜。沿海和岛屿周围，要谈水分那是最丰富不过了。而且椰子树特别喜欢海滩边含有盐渍的土壤，生长在这样的土中，长得特别快、特别好。因此，如果把椰子树栽培在离海岸较远的地方如云南南部，还要埋些粗盐在树根上，使它在有盐渍的泥土中加速生长。有人认为海风对椰子树的生长虽然不起直接作用，但和暖的季风提高了椰林的温度，同时，海风也增加了大气的湿度，有利于椰子的生长。

由此看来，热带沿海和岛屿周围，能到处长出椰子树来，也是生物的一种生活适应。

关键词：椰子　种子传播

为什么椰子树的叶子
都集中生在茎干的顶端

椰子树是热带植物的象征，它通常是沿着海岸生长的，高大挺直，顶端丛生几张羽状复叶。人们一看到它，自然会想到景色诱人的南国风光。

我们知道，一般树木的树皮和木质部之间有一层分裂能力很强的细胞，叫做形成层。它通过分裂活动，向外不断形成新的韧皮部细胞，向内形成新的木质部细胞，这样，植物的茎就不断地加粗长大，形成粗大的木材。而椰子树没有形成层，茎干由很多纤维化的维管束所组成，因此茎干从基部到顶端的粗细基本一样。此外，椰子树只在干梢顶端有一个生长点，生长点受到折断或损坏,生长就停止,甚至死亡。所以椰子树是没有分枝的。

那么,椰子树的叶子为什么都集中生长在茎干顶端呢?椰子树的叶子是一张张巨型的羽状复叶,叶长 3～5 米,一般每年生出 12～14 张新叶,叶子的寿命 12～14 个月,随着茎干不断向上生长,生新叶,脱老叶,年复一年,这样叶子就丛生在高高的茎干顶端了。成年的椰子树在茎干顶端有 25～30 张叶子,茎干上留下一道道看起来好像是节间的横纹,其实是老叶脱落后留下的环状叶痕,这些环状叶痕为人们采摘椰子创造了可攀爬的"阶梯"。

椰子树的叶子如此巨大,又生长在常风 1～2 级,而且经常有强大台风袭击的海岸上,它不是很容易被风吹得叶断株倒吗?不用担心! 由于椰子树长期在海岸上生长,不但有很强的耐盐性,而且还有很强的耐风性。它把巨大的叶子沿着纤维化了的叶柄,深裂成 120～250 条柔软、韧性很强、革质而光亮的羽状小片,便可随风摇曳,安然无恙了。

关键词: 椰树叶

为什么杏树开花多结果少

杏树是蔷薇科的一种落叶果树,在我国有着悠久的栽培历史。由于杏树早春便开花,远远望去,如云似海,令人赏心悦目,因此民间流传着很多赞美杏的诗句,如"春色满园关不住,一枝红杏出墙来"。

杏树的芽分花芽和叶芽两种,无混合芽,有时多芽并生而成为复芽的也很普遍。一般复芽内有 2~3 个花芽,在适宜的条件下也能形成 4~5 个花芽。杏树的花芽一般开一朵花,但由于结果枝的复芽数多,因此开花量也就多了。

可惜杏树开花很多,结果却较少,这是为什么呢?原因很多,大致可归纳为以下几个方面。

首先,从杏花的生理机能来看,很多杏树品种普遍存在着雌蕊发育不全的退化现象,退化了的花往往不能授粉、受精,自然也就不能结果。据研究,产生退化的原因,一是由于营养条件不良,二是与品种特性也有一定关系,如苦核白杏,它的退化花就较多,而麦黄杏和倭瓜杏,它们的退化花就较少。

其次,杏树虽说耐寒、耐旱,但需要较多的光照。如果光照不足,往往会出现枝叶疯长,退化花增多的现象。据调查,在松树遮光条件下生长的普通实生杏树,退化花的数量可达 43.6%,比日照良好的开阔地上的多 29% 左右。

再一点,杏树属核果类果树,在核果类果树中有很多品种需要异花授粉,自花授粉结实率不高。如果单独一棵杏树生长在院落当中,就会出现结实少的情况。

关键词:核果类　杏

为什么胡杨能在沙漠中生长

我国新疆有一条国内最大的内陆河——塔里木河,河流两岸大多是荒漠,植物稀疏,树木极少,胡杨是生长在那里的唯一的大乔木。

胡杨是杨柳科杨属中的一种，又叫异叶杨，因为它在同一植株上可以生出两种形态不同的叶子。一种是宽阔似杨树的叶子；另一种比较狭窄，似柳树的叶子。有趣的是，除了上述两种叶子以外，还有一种介于中间的叶子，它既像杨叶又像柳叶。胡杨叶的异形，在杨树类中是少见的。

人们说，胡杨之奇还不是叶，而是它极为顽强的生命力。它不怕沙荒，抗旱力强，一些老树的根可以向侧面伸出去几十米，每一条根上都能发芽长出新的小树，盘根错节，就可以"互助"防沙固土了。正因如此，胡杨是阻挡沙荒扩大的好树种。胡杨的种子也能发芽繁殖，种子有翅，借风力可向四面传播。如果种子落于河中，可随水流漂到远处安家落户。它一旦靠近了岸边，沾上了什么泥沙阻碍物，就能在两三天内发芽、生根，最后长成幼小的树木，这在杨树类中也是独一无二的。

也许你会感到奇怪：荒漠地带风沙大、水少，胡杨是怎样抵抗干旱而长成大乔木的呢？科学家作过探讨，胡杨不仅有上面说到的特征，而且还有一种本领，就是在有水时拼命贮存水以备干旱时用。如果在一株老胡杨树干上横向钻一个孔，往往就会从钻孔里射出一股水线，犹如拧开的自来水龙头，水线可以平射出 1 米多远。有人测试过，即使年降水量在 100～200 多毫米，它也能生存。

胡杨还有一招"绝技"，就是不怕盐碱的危害。你仔细瞧瞧老胡杨的树干，在一些低凹处，可以见到白色的碱，这就是胡杨碱。原来胡杨在盐碱多的地方生长时，免不了吸收了过量的盐碱，但它能通过树干或树叶，把多余的盐碱排出来，以免受害。有时盐碱排出多了，还会往下滴，这就是人们通常说的"胡杨泪"。

胡杨在荒漠中生活,还有一大威胁,就是温差大。白天沙漠地区太阳直射时,气温达41℃以上,而夜里则降到 −39℃以下。然而,它既能抗高温,又能耐低温,照样安然生长。

☞ 关键词:**胡杨　沙漠植物**

为什么有些植物能分解污水的毒性

污水大都有毒性。但有一种叫水葱的植物,它既能吸收水中的有毒物质,又能杀死水中的细菌。污水池塘中足以使鱼类死亡的有机物有十几种,如果种上水葱,那些有毒的有机物就会被它吸收掉。例如,当污水中酚的浓度达400毫克/升时,水葱在一个月内就可将其全部吸收。

除了水葱以外,芦苇、香蒲、凤眼莲、空心苋、金鱼藻、浮萍等也都有比较好的净化污水的能力。特别是凤眼莲,在含锌10毫克/升的污水中,栽上凤眼莲,只要一个多月,它体内的含锌量就会比在不含锌的水体中种植的凤眼莲增加133%。

植物吸收水中有毒物质的能力是很强的,一般可以吸收高于水中浓度的几十倍,甚至几千倍的有毒物质。例如,芦苇吸收锰的浓度可以为水中浓度的1770倍,吸收铁的浓度为水中浓度的3388倍;狐尾藻吸收钴的浓度为水中浓度的19倍,吸收锌的浓度为水中浓度的2670倍。

但要注意的是,有些有毒物质如氰、砷、铬、汞等,它们在植物体内移动慢,常常聚集在植物的根部;而镉与硒等元素转移很快,可以从植物的根部转移到茎和叶,而且有一部分还能进入果实和种子。明白了这一点,我们就要特别注意,在有氰、砷、铬、汞污染的地区,绝对不能种植食用根茎的作物,如马铃薯、莲藕、荸荠等;在硒和镉污染地区,不要栽种食叶的菜以及食果实、种子的禾谷类作物,以防毒物危害人体。

那么,植物吸收了有毒物质,为什么不会受毒害呢?因为它们有一种本领,能够在体内将有毒物质分解转化成为无毒物质。植物从水中吸收酚后,大部分参加了糖的代谢过程,和糖结合后形成酚糖甙,酚就丧失了毒性。植物也能吸收苯酚,它在无光条件下把苯酚分解成二氧化碳,从而免除了毒性。氰进入植物体后,与丝氨酸结合形成腈丙氨酸,再转化为天冬酰胺酸及天冬氨酸,这两种物质都无毒性。植物真是一种

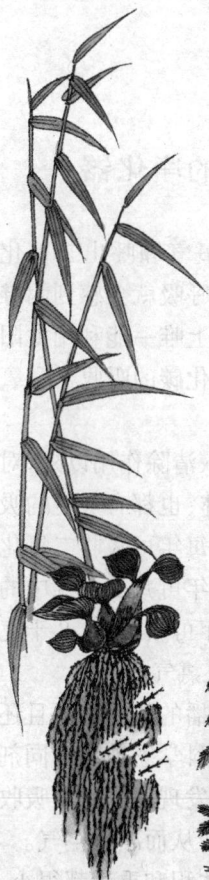

凤眼莲　　狐尾藻

天然的"净化器"啊!

　　植物清除污水毒物的本领，在环保工作中具有十分重要的意义。随着现代工业的发展,各地水污染加重,可请植物来解除或减低水的毒性,以保护环境不受污染。

☞关键词：净污植物

为什么说植物是大气污染的净化器

　　人在维持生命的过程中，都要吸进氧气和呼出二氧化碳。当空气中的二氧化碳浓度过高时,人的呼吸就会感到困难或不舒适,甚至可能中毒。绿色植物是地球上唯一能利用太阳光合成有机物的创造者，又是地球上二氧化碳的吸收器和氧气的制造工厂。

　　植物除了对空气中的二氧化碳有吸收、清除作用以外,对空气中的二氧化硫、氯和氟化氢等有害气体,也都有一定的吸收和积累的能力。例如,1公顷的柳杉林,每年可吸收二氧化硫720千克;259平方千米的紫花苜蓿,每年可减少空气中的二氧化硫600吨以上;1公顷银桦林,每年可吸收11.8千克氟化氢;1公顷刺槐林,每年可吸收42千克氯气。

　　植物对放射性物质不但具有阻隔其传播的作用，而且还可以起到过滤和吸收的作用。例如在美国,科学家曾用不同剂量的中子和γ射线混合辐射5块栎树林,发现树木可以吸收一定量的放射性物质而不影响树木的生长,从而净化空气。

　　灰尘是空气中的主要污染物质,它的体积和重量都很小,到处飘浮。灰尘中除尘埃和粉尘外,还含有油烟炭粒以及铅、汞等金属颗粒,这些物质常会引起人们的呼吸道疾病。植物,特别是由树木组成的森林或林带,有多层茂密的叶子和小枝条构成的林冠,犹如一面致密的筛子,能对空气中的灰尘污染起阻挡、滞留和吸附的过滤作用,从而净化空气。据测定,绿化区与非绿化区空气中的灰尘含量相差 10% ~ 15%;街道空气中含尘量比公园等有茂密树木的地方多 1/3 ~ 2/3。然而不同树种的降尘能力是不同的,试验结果证明:阔叶树的降尘能力比针叶树高, 1 公顷的云杉林每年降尘为 32 吨, 松树为 34.4 吨,水青冈为 68 吨。

植物对空气的净化,就是通过植物的吸收功能和累积功能以及阻挡、滞留、吸附等物理作用,把污染了的空气,变为清新的不含污染物质或少含污染物质的空气。不同植物对不同污染物质虽具有不同的净化能力,但净化污染空气的能力大小,却要靠植物的群体作用。因此,要使一个城市或一个工厂的空气清新,有益于人民的生活和健康,除了根据工厂、城市污染空气的物质和浓度选择造林绿化的树种以外,还需要有一定比例的绿地面积。

☞ 关键词:空气净化

为什么有些植物能炼石油

随着世界经济的发展,能源消耗越来越多,对能源质量的要求也越来越高。目前,由于加速开采地下石油资源,从而使石油的储存量日益减少。为了石油，甚至还引发了战争。

面对现实，人类为了更好地生存，各国科学家都在想方设法寻找新的石油资源。有趣的是，科学家们不约而同地把目标瞄准了植物世界。他们不辞辛苦，翻山越岭，采集标本，进行各种各样的分析、试验，做了大量研究工作。苍天不负有心人，科学家们终于发现，在不少植物中含有一定量的白色乳汁，而这

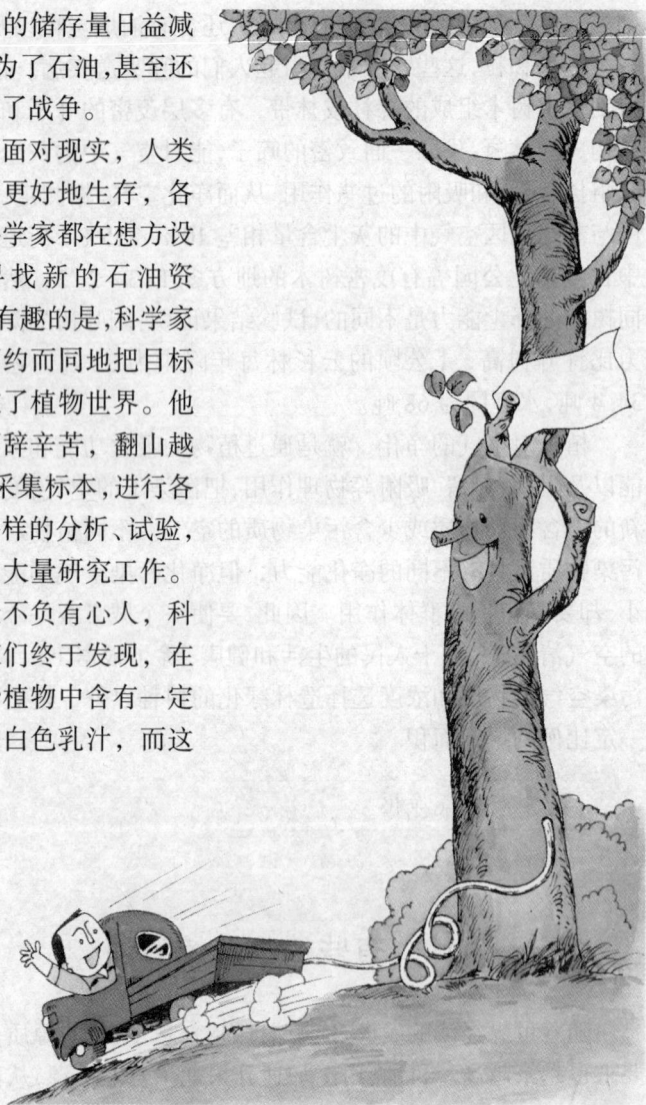

些乳汁液中含有石油的主要成分——碳氢化合物。

澳大利亚生物能源专家,从桉叶藤和牛角瓜的茎叶中,提炼出能制取石油的白色乳汁液。经过调查,这两种野草大量生长在澳大利亚北部地区,生长速度很快,每周可长高约30厘米,如果人工栽培,每年能收割几次。据估计,每公顷野草每年能生产65桶石油。如果这种资源得到充分利用的话,就可以满足澳大利亚石油需要量的一半。

美国亚利桑那州植物生理学家皮帕尔斯,也从一种叫"黄鼠草"的杂草中提炼出了石油,每公顷的野生黄鼠草可提炼出1000升石油。人工培植的杂交黄鼠草,每公顷可提炼出石油6000升。为此,亚利桑那大学还设计了提炼植物石油的工厂雏形。从事这方面研究且比较有成就的,要数美国加利福尼亚大学的梅尔温·卡尔文教授,他不但成功地从大戟科植物乳状汁液中提炼出了汽油,还从巴西热带丛林中找到了一种香胶树,只要在树干上打一个5厘米深的洞,半年之内每棵香胶树可分泌23~30升的胶汁,胶汁的化学成分同石油极其相似,不必经过任何提炼,就可直接当做柴油使用。据估计,1亩土地上种上60棵香胶树,可年产"石油"15桶。

我国科学家在向植物要油的研究中也取得了一定的成绩。他们在海南岛找到了一种能产柴油的树种叫油楠树,只要把树干砍伤或钻洞后,油就会源源而来。通常每株油楠树可收"柴油"34千克左右。当地居民习惯用这种油代替煤油点灯照明。

从植物中提取石油,是目前世界各国科学家的重要研究课题之一。石油植物的发展,为人类解决能源危机提供了新的希望。正因为如此,今天,"石油农业"已悄悄地在全球兴起,一些石油植物的深开发研究已达到实用阶段，如美国种植石油植物已有百万亩，英国也开发了 100 多万亩。菲律宾种了 10 多万亩银合欢树，6 年后可收获石油 1000 万桶。瑞士打算种植 150 万亩石油植物，以解决全国一年 50% 的石油需求量。这一切极大地鼓舞了人类，能源专家们预言，21 世纪将是石油农业新星耀眼的时代。

☞ 关键词：能源植物

为什么植物能预测地震

大家都知道，在地震到来之前，不少动物会出现异常反应，它们的反应有时比测震仪还要敏感。那么，植物与地震有何关系呢？

这个问题引起了科学家们的浓厚兴趣。不久前，中国地震学家在调查地震植物的变化时，发现了许多值得注意的情况。例如在 1970 年，宁夏西吉发生 5.1 级地震前的一个月，离震中 66 千米的隆德县，蒲公英于初冬季节就提前开了花。1972 年，长江口区发生 4.2 级地震之前，上海郊区曾出现不少山芋藤突然开花的罕见现象。尤其在 1976 年唐山大地震前，唐山地区和天津郊区还出现了竹子开花和柳树梢枯死。当时，科学家们还无法确切说明地震孕育过程中，哪些物理或化学的因素，会引起植物产生异常的生长现象。

直到 20 世纪 80 年代，科学家对植物是否能预测地震进行了更深入详尽的研究，从植物细胞学的角度，观察和测定了地震前植物机体内的变化。他们发现，生物体的细胞犹如一个活电池，当接触生物体非对称的两个电极时，两电极之间会产生电位差，出现电流。在动物中，感觉神经便把兴奋送到中枢神经系统，然后通过大脑发出指令，作出相应的反应。但在植物中，没有分化出感觉器官和专门的运动器官，然而它们对外界的刺激仍可以在体内发生兴奋反应，就像含羞草叶被触摸后会立即收缩那样。

根据以上的理论基础，科学家用高灵敏的记录仪，对合欢树进行生物电测定，并认真分析记录下的电位变化，结果发现，合欢树能感觉到地震前兆的刺激，产生出明显的电位变化和过强的电流。例如 1978 年 6 月 6 日到 6 月 9 日 4 天中，合欢树的生物电流一直正常，到 10 日、11 日则出现了异常大的电流，第二天便在附近发生了 7.4 级地震，以后余震持续了 10 多天，电流也随之变小。

为什么地震前植物体的生物电流会剧烈变化呢？地震前植物出现异常强大的电流，也许是因为它的根系能敏感地捕捉到地下发生的许多物理化学变化，其中包括地温、地下水、大地电位和磁场的变化，导致植物也产生各方面的相应变化。

今天，利用植物预测地震的研究还刚刚开始，但科学家们坚信，只要通过长期的资料积累和研究，并结合其他手段进行观察，植物所发生的异常现象，肯定会对震前预报有积极意义。

关键词：地震预测　生物电

为什么有些植物有自卫能力

我们在野外考察时，总有一种感受，就是进入山地灌丛或草地时要留心别给植物的刺扎了。北方山区最麻烦的是酸枣的刺，令人生厌。殊不知，酸枣长刺是为了保护自己，免遭动物的侵害。推而广之，凡有刺的植物恐怕都有这个"目的"。比如说仙人掌或仙人球吧，它们本来生在沙漠中，由于干旱，叶子退化了，身体里贮存大量水分，外面生长许多硬刺。如果没有刺，沙漠中的动物为了解饥渴，就会毫无顾忌地把仙人掌吞食。以上说的这类长刺的植物，完全是一种带武器的防身法。

有一类草本植物也长刺，它的刺并不硬，不能和酸枣类相比。但它的刺却非常特殊，刺是中空的，内含一种毒液，如果人、兽碰上了，刺就会自动断裂，把毒液注入外敌皮肤中，从而引起皮肤红肿或瘙痒。因此，野生动物都不敢侵犯它们。这种草中最典型的是蝎子草，属荨麻科，它们常生在比较潮湿和阴凉的地方，多见于山沟中或树林下。

在山地采集植物标本时，往往见到一种极像石竹花的草本植物。但它与石竹不同的是：花瓣上部边缘有细深裂痕，远比石竹花裂得细而深；茎也比石竹要细；叶子对生，比石竹叶狭。可是你用手拔它时，会感到它的茎黏乎乎的。原来在它的节间表面分泌有黏液，好像涂了胶水一样。这种植物叫瞿麦。它这种黏性的茎，可以防止爬行的昆虫沿茎爬上危害上部的叶和花。虫子爬到黏液处均被粘着而动弹不得，不少虫子为此而丧生。

有些植物的叶子是对生的，但叶基部扩大相连，从外表看上去，茎好像是从两片相接的叶中穿出来似的，在两叶相接处还形成凹状，天下雨时，里面可以储存一些水。原来这水也有用，如果害虫沿茎爬上来，遇上"汪洋大海"，不可逾越，从而保住了植物上部的花和果。这种植物名叫续断。

还有很多有毒植物，它们不仅对人有毒，而且对动物也一样。有的毒性很大，例如乌头的嫩叶、藜芦的嫩叶，如果牛羊吃了这些叶子，即会中毒而死。有趣的是，牛羊似乎也知道这些叶子有毒，因此避开而不食。有毒植物大多含有生物碱，味道不好，这也是植物自卫的重要方法之一。银杏、樟科植物很少有虫危害，因为这些植物含有防虫的化学成分。樟树含的樟脑本身就是治虫妙药。

　　植物抵抗动物的危害,大多是静态的。食虫植物中的捕蝇草,虽能利用叶子闭合起来抓虫,但目的是以虫为食料增加营养。至于有些刊物上报道世界上有吃人的植物,那是耸人听闻不可信的。从植物的各种器官构造、功能以及全部植物种类的历史记载来看,吃人植物是不会有的。

　　☞关键词:**有毒植物　食虫植物**

世界上真有吃人的植物吗

　　自然界里,动物吃人,时有发生。那么世界上有没有吃人的植物呢?科学家回答是,至少目前尚未发现有吃人的植物。显然,这种回答大部分人相信了,但也有少数人并不满意,因为他们曾在某些刊物上见到有吃人植物的报道。

　　其实,这种吃人的植物是不存在的。不过,植物界里吃动物的植物却是有的,这种"吃荤"的植物主要是食一些很小的昆虫而已。据调查了解,世界上常见的吃荤的植物有500多种,在我国有30多种。

　　当然,自然界里有些植物为了防止人和动物对它们的侵犯,使出了各种各样的防身绝技。生长在罗马尼亚的一种琉璃草,它的叶子发出来的气味,老鼠闻到后,开始是一反常态,猛烈跳跃,不久便一命呜呼。原来这种气味含有一系列作用于神经系统的生物碱。为此,人们利用这些有效成分做成了灭鼠药。野土豆的叶子长着许多"毛发",当害虫踏进它的"领土"

时,"毛发"头部会裂开,分泌出黏液,捆住害虫的手脚,使它动弹不得,活活饿死。

我国海南岛生长着一种叫火麻树的植物,还有草本的蝎子草等,都是荨麻科的植物,这类植物的叶子上都有刺毛,当人们碰到刺毛时,它的头部被折断,刺尖随即扎进皮肉,这时,管内毒汁马上放出。由于这些毒汁里含有特殊的酵素、蚁酸、醋酸、酪酸和含氮的酸性物质,人和动物的皮肉受到刺激后,便会产生剧痛,紧接着很快红肿,奇痒难熬。

据说在南美洲亚马孙河流域的原始森林里,常有一些不知名的植物,散发着各种各样的诱人芳香,实际上这些香味里含有多种毒素,甚至能把人熏昏倒,而热带森林里又藏有大量形形色色的毒蚂蚁和毒蜘蛛,这些可恶的昆虫,乘人昏倒之际,蜂拥而上,把人毒死后吃个精光,这样的不幸遭遇,常常发生在探险家身上。由此可见,植物的有毒气味把人熏倒在先,毒蚂蚁、毒蜘蛛吃人在后。所以置人于死地的并不是植物本身,而是那些有毒的昆虫。但是,植物在其中充当了有毒昆虫"吃人"的帮凶却是事实,不了解内情的人会误认为有些植物是会吃人的了。

关键词: 有毒植物　食人植物

为什么柳树会假活,枣树会假死

柳树生长迅速,适应性强,既耐干旱又耐湿,还可在轻盐碱土上生长,并有防风固沙、护岸防浪的作用,因此是一种家前屋后可普遍栽植的优良绿化树种。

由于柳树种子很小，又不容易采集、贮存，所以一般采用插条育苗或直接插干造林。当柳树枝条扦插后，不久枝上就会萌发出许多嫩绿的小芽，小芽慢慢舒展成叶子，插条变成小树。但有些枝条插下以后，虽然也发芽吐叶，但最后连枝条一起死亡，这就是柳树枝条的假活。

柳树条为什么活一阵子又死掉呢？我们不妨把死的和没有死的柳条从泥土里拔起来，就可看见这样的差别：活着的生有不少新根，而死了的仍然是一根光杆。这些没有长出根的枝条，不能从土壤中吸收水分和养分，自然也就活不成了。

那么，柳树为什么又会假活呢？大家知道，柳树的生命力很强，活树的各部分都贮存着一定的水分和营养物质，在一段时间内，它们能满足自身的生长发育的需要，这就是折断的枝条不会很快死去的原因。同时，柳树发芽最早，它的枝条能在春季充分利用贮存的养分发芽长叶。

影响柳条生不出根的主要原因，是土壤表层比较干燥、插条细弱、栽植时插得较浅，也有的是因枝条下端切口劈裂等因素造成的。

枣树跟柳树正好相反，它栽植后往往会出现一种假死现象。有些枣树春天栽种以后，当年不发芽，枝条像死了一样干枯，如果把这种枝条干枯的枣树主干剖开，就会发现木质间湿润，并没有死。这主要是栽植时伤根过多，或者枣苗本身的根少，不能从土壤中吸收足够的水分和养分，即使能吸收到一点水分和养分，也要首先供应根部伤口愈合的需要，无力供应地上部分发芽的需要，经过一年时间的恢复，待新根长成后，一度"死"了的枣树又能发芽抽枝了。因此，果农有"杨柳当年成

180

活不算活,枣树当年不活不算死"的说法。据果农经验,枣树萌芽时期是枣树栽植的最好时期,这样能避免当年不发芽现象;在较温暖地区也可在落叶后栽植。

关键词: 柳树   枣树   假活   假死

为什么说佛手瓜是胎生植物

我们熟悉的冬瓜、南瓜等都有瓜瓤,种子很多,留种时都要将种子(瓜子)取出晒干或晾干,然后播种、育苗、长瓜。但是佛手瓜不一样,却要种瓜才能得瓜。

佛手瓜的果实和种子都很特殊,无瓤,每个瓜只有一颗种子,种子成熟时充满整个子房腔,疏松多汁的种皮与果肉紧贴在一起,以保持种子的湿润和萌发时水分、养料的供应。佛手瓜的种子是没有休眠期的,悬挂在藤蔓上的成熟佛手瓜种子,很快就萌发长出幼苗。因此,佛手瓜留种和种植时,不能从瓜中把种子取出来,而必须留老瓜作种,用种瓜来进行种植。即使勉强把种子从果肉中取出来种植,由于种子得不到果肉的保护和水分、养料的供应,种子不是干死就是很快烂掉。正因为如此,佛手瓜有种子不离开母体就发芽生长的特征,所以人们称它为"胎生"植物。

佛手瓜"胎生"特性是适应生长环境的结果。佛手瓜原产地温暖潮湿,每年有较长的干旱季节。它在雨季生长、开花、结果,种子就在母株果实中萌发成为幼苗。到了旱季,地上部分干枯,果实悬挂在藤蔓上,这时果实中的幼苗由于能从多汁的

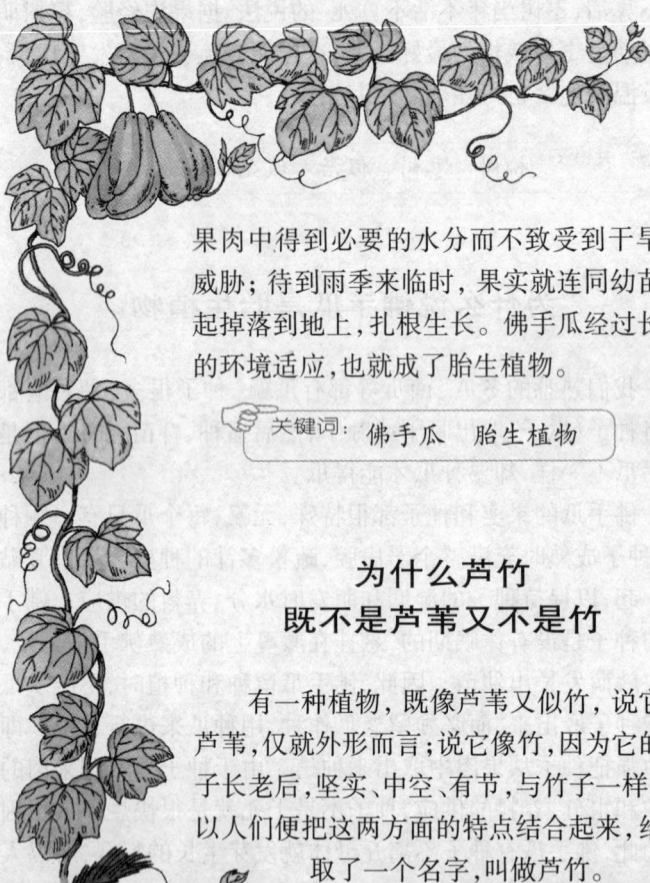

果肉中得到必要的水分而不致受到干旱的威胁；待到雨季来临时，果实就连同幼苗一起掉落到地上，扎根生长。佛手瓜经过长期的环境适应，也就成了胎生植物。

关键词：佛手瓜　胎生植物

为什么芦竹
既不是芦苇又不是竹

有一种植物，既像芦苇又似竹，说它像芦苇，仅就外形而言；说它像竹，因为它的秆子长老后，坚实、中空、有节，与竹子一样。所以人们便把这两方面的特点结合起来，给它取了一个名字，叫做芦竹。

如果查一查芦竹、芦苇和竹子的家谱，就会发现它们"五百年前是一家"，都是禾本科这个大家族的成员。但是芦苇属于芦苇属，芦竹属于芦竹属，而竹子因种类太多,分别属于 50 多个不同的属。论关系,芦竹和芦苇的血统更近,同属禾亚科这个小家庭,因为它们都是成丛生长,都有粗壮的根茎、高大的秆子、狭长的叶片,以及顶生的圆形花序。所以,要想从外形上区分它们,可真是不容易。植物分类学家研究了它们的各个部位,终于在花上面找到了区别的根据。原来,芦竹的颖几乎一样长,外稃先端二裂间有短芒,而芦苇的颖却长短不齐,外稃展开没有毛。这样一比较,问题也就清楚了,芦竹和芦苇根本不是一回事。至于说芦竹与竹子的区别,那比区分芦竹与芦苇容易多了,因为它们两者之间的外形相差甚远。芦竹的顶端在每年秋冬季节会抽出淡黄色的圆锥花序,像鸟雀的羽毛;而竹子一生只开一次花,与芦竹的花相比,那就逊色多了。

芦竹分布在热带和亚热带地区,喜欢生长在河岸、溪旁、湖边的潮湿地带。它适应性很强,对土壤并不挑精拣肥,只要水分充足,到处都可生长。

芦竹是很好的纤维植物,纤维长,含量高,拉力大,是制造高级纸张和人造丝的良好原料。据试验,50 千克干芦竹可造纸 20 千克。而且,纸张强度大,光洁度好,容易漂白。因此,芦竹可以说是我国最优质的造纸原料。

关键词: 纤维植物　芦竹

为什么说君子兰不是兰

君子兰是一种多年生常绿的草本植物,常供会场、客厅的

摆饰，和家庭的室内观赏。它那从茎基两侧叠生的叶子，深绿、刚直而有光泽，十分美观。每当冬春交接，它又从叶腋间抽生出比叶子短的伞形花序，上面盛开着数朵至几十朵橘红色或橘黄色的漏斗形的花，为新的一年带来生机和光彩，难怪人们对其以兰相称。

君子兰带有"兰"字，但它却不是兰。我们通常说的兰花，是世界上很有名气的花卉植物，在植物分类学上是属于兰科植物。兰科植物在植物界里可算得上是一个较大的家族，全世界有100个属，1.5万种以上，分布于热带、亚热带。兰科植物的叶子狭长，互相交互对生。花是左右对称花，花瓣美观，花柱与雄蕊合成一蕊柱。果实为纺锤状蒴果，蒴果里装满轻若浮尘的种子。而君子兰则属于石蒜科植物。全世界石蒜科植物只有90个属，约1200余种，分布于温带。石蒜科植物的叶子多叠生，花为辐射对称花，花瓣不显著。果实为浆果或肉质果，少数为蒴果。种子比兰科的大而少。

君子兰与兰除分类和形态不同外,由于分布地区不同,它们各自的生理学和生态学的特性各异,因此,君子兰不是兰科植物。

关键词: **君子兰**　**兰花**

兰花为什么被认为只开花不结籽

兰花,自古以来被尊称为"天下第一香",在我国有着悠久的栽培历史。有人说只见兰花开花结果,却没见过它的种子,所以认为兰花是只开花,不结籽的。其实这是人们的一种误解。植物界中虽有只开花不结籽的植物,但毕竟是少数。

兰花,与一般植物一样,开过花后就结果,果实为长圆形绿色蒴果,俗称"兰荪"、"兰斗",成熟后变成黑褐色。如果我们剥开果实,只能看到一堆白粉末状的物质,实际上那就是兰花的种子。拿一点粉末放在显微镜下观察,就能看到那些种子一般呈长纺锤形,而且数量还特别的多。有人统计过,一个天鹅兰的蒴果,就有种子 377 万粒,假若它们都能成活,那么只要经过 3～4 代,就能覆盖整个地球。既然兰花可以结那么多种子,为什么被误认为不结籽呢? 原因是兰花的种子细如尘埃,用肉眼实在很难分清它。

另外,兰花种子虽多,但几乎不发芽,一般情况下,很难用种子繁殖成一棵实生苗。其原因是多方面的:首先,兰花的种子成熟较迟,授粉后要经过 6 个月甚至 1 年才能成熟,还未到成熟时期,往往母株早已衰退,采种很困难,就是采到一些种子,在土壤中也很容易腐烂;其次,兰花种子内没有胚乳,只有一个发育不完全的胚,外面包着疏松、透明、不容易透水的种皮,胚内含有很少的养分,绝大部分为脂肪类物质,而这些脂肪类物质,在土壤中很难溶化;再一点是,据法国科学家伯尔奈的试验,要使兰花种子发芽,还必须有某种真菌的作用,引起细胞的分裂,才能发芽。遗憾的是,并不是每一颗兰花的种子都能遇上适合于自己共生的真菌,事实证明这样的幸运儿是极少极少的。

由于兰花用种子繁殖很困难,所以一般采用无性繁殖。不过兰花分根繁殖也不容易成活。兰花难养,就是这个道理。幸好近几年来用兰花进行组织培养获得了成功,已能繁殖出大量的试管苗,预计不久的将来一定可以在工厂里成批生产兰花。

关键词:兰花　无性繁殖

树木剥皮为什么能再生

树最怕剥皮,剥皮后切断了树冠叶子光合作用合成的有机物质向下输送的通道(筛管),根系由于得不到有机物质的供应而处于饥饿状态,最后导致树木干枯死亡。由此可见,树皮对树木的生命活动是很重要的。

然而,树木剥皮不死的例子也很多。例如,辽宁省一位农民的耕地上长着一棵老梨树,影响周围庄稼的生长,他把梨树的树皮剥去,好让梨树自然死亡,结果,梨树不但没有死,反而当年再生了新的树皮,第二年结了很多梨子。

为什么树木剥皮后又会再生呢?原来,树木的茎干有一套周密的组织结构,从外向里由周皮、韧皮部、形成层、木质部构成。各个部分都有各自功能:周皮由栓皮层及栓皮形成层组成,对树干起保护作用;韧皮部由筛管组成,将绿叶制造的有机物质由上而下输送到全身;木质部由木质纤维细胞组成,它把根部吸收的水分及无机养料由下而上地传输到树冠,参与光合作用,并具有支撑树木直立的作用;形成层由几层薄薄的、具有旺盛分裂能力的细胞组成,它使树木增粗,向外形成韧皮部,向里形成木质部。树皮主要包括周皮和韧皮两个部分。如果形成层没有连同树皮一起剥掉,那么,紧贴在木质部的形成层细胞就会分裂增长形成愈伤组织,再生新树皮。例如杜仲剥皮后,裸露的未成熟的木质部细胞和残留的形成层细胞便很快恢复分裂能力,形成愈伤组织。一个月左右,就基本建成了树皮的雏形。剥皮 3～4 年后,杜仲再生树皮的厚度、结构和功能,就与原来的树皮一样。

树皮的再生与剥皮时的温度、湿度以及树木的生长旺盛与否都有关系。春夏间是树木生长的旺盛季节,也是形成层活动旺盛期,温度和湿度都很高,有利于形成再生树皮。秋冬是干旱低温季节,也是树木生长缓慢或休眠季节,树木剥皮后,由于形成层细胞分裂能力很弱,裸露细胞会因干旱而失水死亡,因此很难形成再生树皮。

关键词: 树皮　再生

为什么白桦树皮是白色的

到过东北大森林的人，往往会被笔直耸立的白桦树所吸引：那光滑的白色树皮，加上无数红褐色的小枝，再衬上碧绿青翠的叶子，迎风摇曳，姿态异常优美。

为什么白桦树皮会呈白色呢？

在日常生活中，人们把从树干上削下来的一层皮叫树皮。但在植物学上，树皮是指树的最外面一部分，叫做周皮。周皮是一种保护组织，可分为3个部分，从内向外分别为栓内层、木栓形成层和木栓层。木栓形成层能不断地进行细胞分裂，向内分裂形成栓内层，向外分裂形成木栓层。组成木栓层的细胞叫木栓细胞，由于木栓细胞壁上有一层特殊的褐色物质（叫木栓质），因而使细胞成为褐色。木栓细胞都是死细胞，细胞腔内充满空气，不透水、不透气，但可保护植物不受外界恶劣环境的侵害。

许多植物的木栓层非常发达，而且有不同的构造。有的是一层一层的，容易剥落，如油松、红松等；有的成为一块一块的，像乌龟背裂，如槐树等；还有一种树叫栓皮栎，它的木栓层非常厚，可达10多厘米。我们使用的软木塞，就是用栓皮栎的木栓层加工制造的。

但是，白桦树的周皮发育却比较特殊。当木栓形成层不断向外分裂时，木栓层的颜色也是褐色的。但在这些褐色木栓层的外面，还含有少量的木栓质组织，这些组织的细胞中含有大约1/3的白桦脂和1/3的软木脂，而这些脂质均是白色。由于这些脂质是在周皮的最外层，因而树皮便成为白色

了。木栓质是重叠生长的，和里面的木栓层容易剥离，这就是人们常说的桦树皮。

白桦树皮有很多用途。它呈白色，能撕得很薄并卷成卷，可以当纸用。因为它含有大量的油脂类化合物，易燃，在东北地区一直作为引火柴。

最近研究发现，桦树皮内还含有许多有价值的化合物，有清热解毒作用，可入药治咳嗽等症。

关键词：**白桦树**
周皮

为什么说假叶树的叶子是假的

假叶树,也叫百劳金雀花,是地中海沿岸很常见的植物。在我国,它常栽植于庭园里或盆栽供观赏。

许多人看到"假叶树"三个字时,常常会感到困惑:它同其他植物一样,也长着宽阔、扁平、正常的叶子,为什么说它的叶子是假的呢?

我们知道,有花植物有五大基本器官,即根、茎、叶、花和果实。在正常情况下,这五大器官分得清清楚楚,并且各自履行自己的功能。根的功能是长于地下,固着植物体和从地下土壤中吸收水分和无机养料;茎及其分枝系统是植物的骨架,起支撑作用,使植物地上部分得以展开,同时也是运输的通道;叶行使光合作用以及气体交换;花和果实,其实是同一器官的不同阶段,专司繁殖。但是有些植物长期生活在特殊的环境中,使自己部分器官的形态和功能发生或大或小的变化,以利于生存,这就是植物学上所说的器官变态。例如,马铃薯是茎的变态,番薯是根的变态,山楂的刺是枝的变态,豌豆的卷须是叶的变态,等等。器官变态后,一般都改为执行与原有作用不同的功能,有些则因退化而几乎消失。

促使植物器官变态的原因很多,但最重要的是气候条件。干旱加炎热常促使植物的营养器官产生明显变态,仙人掌类就是一个著名的例子。仙人掌的茎、枝变得肥厚多汁,而且是绿色的,既可贮藏大量水分,又能进行光合作用;叶子退化变为针刺,减少了水分蒸发,起到了保护植物体的作用。

假叶树的老家在地中海沿岸,那里气候炎热干燥,大而薄的叶子对它的生存是十分不利的。因而,它的叶子逐渐退化为鳞片状,着生在"假叶"的基部,而代替叶片进行光合作用的是分枝系统最末的分枝。这个分枝强烈扁化,并且变为绿色,其样子和正常的叶片十分相像。我们知道,有花植物的花只能长在枝上,真正的叶子是不会长花的。而假叶树的花却长在叶片上,这样看来,给这种植物起名为"假叶树"是对的。在植物学上,枝条扁化成叶状体叫叶状枝。

在植物界,有叶状枝的植物不算太多,但也不止假叶树一种。例如蓼科的竹节蓼、木麻黄科的木麻黄也有叶状枝,但都没有假叶树这么典型。

关键词: 假叶树　叶状枝

为什么说花是叶子变来的

这一问题十分有趣。18世纪德国诗人歌德曾提出"花由叶子变态而来"的说法,得到了不少人的支持。至今,人们对这种说法虽有不同意见,但这种说法仍历久不衰。我们知道,有花植物中的两性花是由花萼、花冠、雄蕊群、雌蕊群组成的。比较进化的花朵,上述各个部分与一般绿叶形态相差较大,难以想到花与叶有什么相关之处,尤其颜色美丽的花朵与绿叶之间更是如此。但是,如果解剖一朵较原始的花,仔细观察其形态,就会发现花的各部分与叶子似乎有一定的联系。

玉兰,属于木兰科木兰属的一个种。木兰科在有花植物中是较为原始的科。玉兰的花为两性花,比较大,外面有9片花被,三轮排列,每片都呈白色,大小形状差不多。雄蕊群由多数分离雄蕊组成,花药长,花丝短;雌蕊群由多心皮(分离的)组成,每个雌蕊像一个小型瓶子,看不出有花柱,柱头略偏一侧,不是圆头状。人们认为,玉兰花心中的花托好似一条小木棒,外面9片花被就像叶形一样,也有脉,但还没有分化成花萼与花冠;雄蕊群和雌蕊群分离排列成为螺旋状。玉兰花的构造,与树木上的一个带叶的短枝极为相似:花的各部分像短枝上叶的变态形状,花托好像短枝。加上玉兰花是原始植物,因此,人们联想玉兰花是由叶变态而来的。

后来,植物学家又从许多有原始特征的植物中去找证据。他们发现分布于南太平洋斐济的德坚勒木更为有趣,它的雄蕊和雌蕊表现得更像叶形,雄蕊是扁平的,像叶子,上面有脉,花药生在扁平体中间,看不清有花丝、花药那种明显的分化。于是推想,德坚勒木的雄蕊接近叶形。而德坚勒木的心皮也像一片叶子,雌蕊看不出有什么花柱,子房像个小瓶,特别

是柱头，不像一般植物那样生在子房顶端呈圆头形的，而是在侧面延伸成一条形柱头。也就是说，柱头在心皮两边接合处从上向下延伸，极像一片叶子对折过来，在接合处形成长柱头，以接受花粉。有时对折的地方结合并不紧密，就像一片叶子对折过来靠拢一样。因为这种柱头不是头状，而是面积极大的一个面，所以叫柱头面。这些特征说明，德坚勒木的雄蕊和雌蕊极为原始，花与叶的联系似乎更明确了。

德坚勒木属于木兰科植物。在木兰科里，还有许多植物的雄蕊也有花丝较宽、花药较长、药隔伸出花药的现象，这都说明花是由叶子变态而来的。

当然，从现代植物学角度看，上述认识还只是一种假说。如果能找到原始的有花植物的花的完整化石，那么对解决这个问题就大有帮助了。

> 关键词：花朵　叶变态

为什么没有纯白色的花

我们知道，花的五颜六色是由于花瓣内含有色素的缘故。花的色素有许多种，主要由类胡萝卜素、类黄酮和花青素组成。类胡萝卜素是含有红色、橙色及黄色色素的类群；类黄酮可现出淡黄至深黄的各种颜色；花青素则可呈现橙色、粉红色、红色、紫色和蓝色等。

白色花的花瓣中有没有白色的色素呢？科学家通过试验并未从白色花瓣中找到白色素。从白色花瓣中提取出来的是一种淡黄色的或近乎无色的类黄酮物质。将这种物质溶于水，也没有得到白色的液体，而是一种无色透明液体，因此，我们看到的白色花不是类黄酮物质造成的。那么造成白色花的原因何在？

摘一朵花，把花瓣横切，从切面上可看见花瓣的上表层有一层排列比较紧密的细胞，好像叶片表层的栅栏组织一样，花瓣含的色素就在这层细胞里。这层细胞叫色素层。色素层下面的细胞排列比较疏松，而且细胞之间有小空隙。光线射到花瓣表面，穿过色素层，进入下面疏松的细胞层反射出来时，又通过了色素层，然后进入我们的眼帘，这样，人们就能看到花的各种颜色了。但是在白色花瓣的色素层细胞中，只有淡黄色或近乎无颜色的色素，它反射出来的淡黄色，对我们眼睛来说几乎分辨不出来，只感到是白色。有趣的是，在花瓣的下层疏松细胞间隙中，有许多由空气组成的微小气泡，这些气泡是无色透明的，阳光射到它们"身上"再反射出来时，我们就感到是白色的了。因此，从本质上来说，纯白色的花是没有的。

👉 关键词：花朵　色素

铁树真的要千年才开花吗

"千年铁树开了花"，通常用来比喻极难实现或非常罕见的事情。古时候有人甚至将铁树开花与公鸡生蛋相提并论。此外，古代民间还有"铁树六十年一开花"的传说。铁树开花真是那么难吗？

铁树也叫苏铁，为常绿木本植物。茎干圆柱状，不分枝，高1～8米，生于热带的可高达20米。叶簇生于茎顶，是一种大型羽状复叶——由许多条形小叶排列在很长的总叶柄两侧，整个叶看上去像羽毛一样。

铁树的花不同于我们常见的花，它没有绿色的花萼，也没有招引昆虫的美丽花瓣。雌雄异株，雄花雌花分别长在不同植株上。雄花称为雄球花，圆柱形，单独生于茎顶，由一片片小孢子叶组成。小孢子叶是一种具有生殖功能的变态叶，叶上有许多囊状结构，内有花粉。拍打成熟雄球花，就有黄色粉末飘出。雌花称雌球花，在茎顶呈半球状，由大孢子叶组成。大孢子

叶也是具有生殖功能的变态叶，结构类似于叶，但呈黄褐色，上面长有绒毛，下方两侧着生数枚胚珠。胚珠接受了雄株花粉后受精，发育成种子。成熟的种子呈朱红色。由于种子露在外面，所以铁树归属于裸子植物。

铁树为热带、亚热带树种，在云南、广东、福建等省多露地栽植于庭园中，生长发育状况甚佳。在上海、南京、北京等地大多栽于盆中，冬季移置于温室越冬，生长发育异常缓慢。

铁树树龄可达 200 年。一般有 10 年以上树龄的铁树，在良好的栽培条件下，能经常开花。在我国南方，气候温暖，雨水丰富，可以每年开花，花期在 6 至 8 月间。在北方盆栽情况下，虽可开花，但开花次数较少，开花期也没有规律。所以，"铁树六十年一开花"并不准确。

相传，如果铁树逐渐衰弱，加入铁粉，便能恢复健康；以铁钉钉入茎干内，效果也相同。这便是铁树名称的由来。但正如对铁树开花有误传一样，这种方法是否确实有效，仍需进一步证实。若有机会的话，你不妨一试。

☞ 关键词：铁树

为什么说菊花是一个花序，
不是一朵花

菊花是一种古老的栽培植物，既供观赏，又供药用，还可熏茶，有很高的经济价值。因此，我国从南到北，从西到东，几乎无处没有菊花。

世界上很多事情就是这样，天天接触，但却不十分了解，这也许是俗话说的"熟视无睹"吧。人们对菊花的了解也有这种情况，一些人说菊花是一朵花，而另一些人说菊花是由很多朵花结合在一起的，应该叫菊序。到底谁正确呢？我们不妨取一朵普通的菊花仔细观察一下。

菊花的基部有几层绿色的条形小瓣片，植物学上叫做总苞片。它和花萼一样，是起保护作用的。往里是一圈至几圈黄色或白色(观赏品种也有紫红等颜色)、舌形、和花瓣差不多的东西。剥一片看看，原来它是一朵花，雄蕊退化消失了，但保留着一个雌蕊。这种花在植物学上叫做舌状花，由于长在菊花的边缘，所以又叫边花，起到引诱昆虫的作用。再往里是一丛密密麻麻的黄色或白色的具有雄蕊、雌蕊、有管状花冠的小花挤在一起的东西，这种花植物学上叫管状花，由于它生在花序中央，也有人叫它盘花。菊花就是靠这些小花生育后代的。

菊花的变异是很大的，有的品种的管状花可以明显增大或变成舌状，看起来好像一朵重瓣花。不过，万变不离其宗，基本构造和上面讲的是一样的。

弄清楚了菊花的构造，我们再来看看，菊花究竟是一朵花还是一个花序。从构造来说，它无疑是个花序，因为它由很多朵花按照一定的排列顺序组合而成。但是从功能和作用来说，它又像是一朵花，因为很多功能不同的花结合在一起，既分工又合作，有的引诱昆虫，有的生育后代。当然，说菊花是个花序，更恰当些。菊花的这种构造，是对虫媒传粉的相当完美的适应。所以，人们公认菊科植物是一群进化水平较高的植物。

关键词：菊花　花序　舌状花　管状花

为什么说沙漠化将威胁人类的生存

1998年4月15～16日，我国西北、华北、华东等地出现了罕见的沙尘暴天气，突发性的灾害几乎袭击了大半个中国。可以说，这是自然界对人类的一种惩罚，又一次敲响了人们忽视环保所遭报复的警钟。

那天下午4～5时，银川市区狂风大作，风中夹带着黄沙，到傍晚，天空中弥漫着大量红褐色沙尘，使能见度不到5米，飞机也不能正常起飞。16日清晨，兰州上空浮尘遮日；同一天，铺天盖地的浮尘与泥雨，使在北京街头上跑的汽车全成了"出土文物"，刚刚迎春绽放的花朵和绿叶沾满了灰垢。

造成这次大范围的沙尘暴天气，除了大气湍流作用以外，我国西北地区的土壤沙漠化日趋严重则是重要原因。而导致土壤沙漠化的原因之一，却在于开荒毁林破坏了植被。

这样的事例太多了。在刀耕火种的时代，古人虽然砍除树木、烧毁草地得到了土地，并收获了谷物，但却因为破坏了植被而失去了积聚和贮存水分的中心，竟使这些地区成为荒芜的不毛之地。前些年，人们片面理解以粮为纲，在内蒙古的一些草原上乱开垦，结果粮食长不起来，草场却遭到了破坏。宁夏盐池县曾是盛产甘草的地区，甘草是良好的固沙植物，由于人为的滥挖，现在连细如丝线的甘草也难以见到，呈现在人们眼前的"甘草之乡"，竟然是不尽的黄沙，这正是形成沙尘暴的"物质基础"。

地球上的土地，被科学家视为人类赖以生存的"面包房"和"食品库"，因为它每年为人类生长出上百亿吨粮食，并向牧民提供了放牧牲畜的基本条件。我们试想一下，从吃的粮食、用的木材到拯救生命的药材，人类哪一件事能离开土地。

然而，世界各国科学家们研究的大量材料表明，土地这个极为宝贵的资源正面临着沙漠化的威胁，人类的"食品库"正在被摧毁。就我国而言，已有13个省区33.4万平方千米土地受到沙漠化威胁，其中已经沙漠化的有17.6万平方千米。特别是西北地区，土地沙漠化面积远远大于人工治理的面积。20世纪70年代，沙漠化面积每年增加1560平方千米；80年代每年增加2100平方千米；90年代后沙漠化面积估计每年要增加2400平方千米。据统计，沙漠及沙漠化的土地已占我国土地面积的13.3%，而且还在一天天扩大。目前，全世界大约有100多个国家约1/4的土地及15%的人口受到了沙漠化的威胁，每年全球大约有600万～700万公顷耕地变为不毛之地，每年给人们带来的损失高达260多亿美元。科学家们大声疾呼，为了满足不断增加的人口的粮食需要，保护现有可耕地不被沙漠侵吞，已到了刻不容缓的时候了。

乱砍乱伐森林造成的严重恶果教育了人类，使人们逐渐认识到保护森林和植树造林的重要性。日本把大力植树造林作为国土整治的一部分。目前，日本的森林面积已达2500多万公顷，占国土面积的70%，成为"森林之国"。我国已认识到"要想风沙住，必须多栽树"，为此，营造了绵亘13个省区的"三北"防护林体系和沿海防护林带生态工程。

森林是人类生存和发展的摇篮。让我们以实际行动保护好地球，保护好我们的家。

关键词：沙漠化　植树抗沙

为什么塑料树也能绿化沙漠

随着全球工业的发展，人类对粮食和燃料的过度追求和对环境问题的忽略，导致了日益严重的沙漠化现象。黄沙一步步侵蚀了草原、牧场，也一步步逼近了人们生活的城镇。

为了遏制沙漠的扩张，人们种植了大片的防风林，还把注意力集中到防风抗沙树种的研究上。但一位西班牙工程师却出人意料地提出，用人工制造的塑料树林，也可以绿化沙漠，而且，他已用这种塑料树在利比亚的沙漠地带进行了成功的试验。

塑料树为什么能绿化沙漠呢？原来，这种人工制造的塑料树不但在外形上和天然树十分相似，在内部构造和功能上也具备了绿色植物的特点。它有树根、树干、树枝和树叶，其中，树根和树干内填满了聚氨酯塑料，而树枝和树叶则是用酚醛泡沫塑料制成的。聚氨酯塑料有许多纹沟，它起着毛细管的作用，可以吸收地下水。酚醛泡沫塑料则能有效地收集空气中的水分，特别是夜间形成的露珠，并能在白天促进露珠的蒸发。这和天然树对气候的调节作用，几乎完全一样。

这种塑料树高 7～10 米，具有十分强大的树根。树根做成照相机三角架的形状，插入沙土后十分牢固。而且，树根内部为空心管，用高压的方法把聚氨酯注入后，聚氨酯会从根部管壁上的小孔中渗透出来，向着沙土的深远处延伸。待聚氨酯凝固后，就会形成庞大的塑料根系，将塑料树牢牢地固定在沙土中，这样就能抵抗沙漠地区强劲的风沙了。而且，塑料细根还能将地下深层的点滴水分吸收，并送到叶面上，最终在阳光下蒸发,使周围空气变得湿润。

塑料树的最大优点,当然就是不会"干死",它的树阴倒是能使周围气温降低。如果栽种面积较大,就会在其上空形成一个冷空气团,增加降雨的可能性。如果将塑料树与天然树混种,就能在一定程度上改善天然树的生存条件。而且,有了塑料树作为改造沙漠的"先遣队",就有可能在树下进一步种植小草、小树,从根本上改变沙漠的气候和土壤,最终实现使沙漠变绿洲的目标。

关键词:塑料树　绿化沙漠

为什么要抢救濒于灭绝的植物

随着各国经济的迅猛发展,人类在地球上的活动范围不断扩大,如今与人类生活密切相关的植物,它们的生存受到了严重的威胁。据估计,到 2000 年,全球将有 1/3 的种类(约 5 万)濒临危险或绝种的境地。一些工业化程度较高的地区,植物种类的损失也相当惊人。有人做过统计,20 世纪初期在欧洲还可以见到的植物种类中, 现在约有 1/10 再也找不到了。就拿夏威夷群岛来说,这个岛上的维管束植物约 2700 多种,其中就有 800 种已大祸临头,270 多种已经绝了种。正在消失的植物中不仅有野生、半野生的种类,就连一些人们栽培的品种也正遭到同样的命运。

那么, 植物种或种质的丧失将会产生什么恶果呢? 首先,有些植物是名贵药材、香料及工业原料,一旦灭绝,将使人类失去宝贵的财富；其次，许多野生植物虽然目前尚未被人们发掘利用，但它们经过长期的自然选择，有各种各样高强的本领和可贵的特性，是人类的宝贵资源。你吃过香蕉吧，香蕉是没有籽的。但是野生香蕉就有籽，且硬如砂粒，不堪食用，所以野生香蕉从不受到人们的宠爱。但是，假使一旦整个热带美洲的栽培种香蕉受"巴拿马病"严重威胁时，人们将不得不向野生香蕉求救，以便把野生种那抗病性"搬"到栽培种身上，培育抗病品种。

野生植物中好东西多着呢！近年来，不断从野生植物中找到一些对高血压、癌症有疗效的植物。最近我国在河南发现一个猕猴桃变种，叫软毛

狝猴桃,果实成熟后果面光滑,比目前世界上狝猴桃栽培较多的国家新西兰的硬毛种,更适合于生食和加工。大家知道,狝猴桃是目前世界上的一种新兴果树,以维生素 C 含量高而著称,每 100 克鲜果中就含有 100～420 毫克维生素 C,比一般水果高 3～10 倍,果实酸甜适口、风味特佳。你知道吗?狝猴桃的老家就在我国,我国的狝猴桃资源可丰富呢!

显然,如果听任植物种类不断丧失,许多有价值的植物种在还没有被人们认识和利用之前就可能无影无踪地消失了,这个损失是无可挽回的。至于大规模植物种类的消失和破坏,将可能使生态系统失去平衡,那将会造成绿洲变沙漠,风灾、旱灾、水灾连接不断,到头来,人类自身也逃脱不了大自然的惩罚。

"救救植物!"这是生物学家发出的紧急呼吁,抢救和保护快要灭绝的植物种已引起国际上的普遍关注。近年来,有些国家已开始建立规模巨大、设备先进的种子库或基因库,尽一切可能搜集和保存世界各地的植物种和种质,采取切实有效的抢救措施。可以相信,一些濒危植物种将会得救,我们这个星球上千姿百态的植被应该得到保存!

> 关键词:濒危植物

为什么要建立自然保护区

在远古时代,人类对自然环境的影响是很小的,人与自然相处和谐。到了近代,随着科学技术的发展,人类的建设和创造力愈来愈大，与此同时，对自然的干扰和破坏力也愈来愈大，造成了生态平衡严重失调，物种大规模灭绝，自然环境恶化等。大自然发怒了！人类面临种种灾难。在这种情况下，人们开始认识到，对于自然资源不能一味索取和掠夺，应该既利用又保护，也就是既要考虑当代人的需要，又不能吃光用光，置子孙后代于不顾。为了研究和解决这些迫在眉睫的问题，自然保护区也就出现了。

自然保护区是"天然博物馆"，把有代表性的森林、草原、水域、湿地或荒漠，划出一定的面积，由政府机构进行管理，严禁人为破坏。所

以它是人类认识自然、利用自然和改造自然的重要基地。

自然保护区发展很快。据统计，1967 年全世界有自然保护区 1205 个，1985 年增至 3513 个，到 1993 年，全世界已有自然保护区 8619 个，面积达 79227 万公顷，占全球土地面积 5.9%。

自然保护区是一个统称，根据保护的对象和目的的不同，可以细分为各种类型，如科学保护区、天然风景区、资源保护区、国家公园、生物圈保护区等。

据统计，1993 年，我国有自然保护区 763 处，面积达 6618 万公顷，占国土面积 6.8%。其中吉林的长白山自然保护区，那里有大面积的原始森林，还是"东北三宝"——人参、貂皮、乌拉草的产地；湖北的神农架自然保护区，植物资源异常丰富，仅中草药就有千种以上，相传古代神农氏尝百草治百病就在这个地区；广东的鼎湖山自然保护区，那里有 2 亿多年前的孑遗植物桫椤和苏铁；四川的卧龙自然保护区是大熊猫、金丝猴等珍稀动物的天然乐园，是世界保护大熊猫的研究中心。

☞ 关键词：自然保护区

为什么蘑菇生长不需要阳光

蘑菇是几种食用真菌的统称。它们含有丰富的营养以及多种氨基酸，口味鲜美，被誉为"素中之荤"，是人们喜爱的食品之一。

蘑菇又是一种奇特的植物。就它的外形而言，有的挺拔秀

丽,有的外貌丑陋;有的大如澡盆,有的小如图钉。口味也不一样,有的味如鸡肉,有的味似辣椒。如果从它的生长习性来讲,它也有与众不同的地方。俗话说"万物生长靠太阳",但蘑菇却喜欢在阴暗的地方生长繁殖,不需要阳光。这是怎么回事呢?

原来,蘑菇是一类好气性的腐生真菌,它没有叶绿素,不像一般绿色植物那样依靠光合作用制造有机物质供自己的生长需要,而是靠菌丝分解吸取培养基中一些现成的有机物质和矿物盐来生长繁殖。由于蘑菇具备了这种特殊的生理机能和构造,所以蘑菇无需阳光,照样能生长。

蘑菇的生长与培养基原料的配制密切有关。人工培养基的原料,一般采用经过高温发酵过的粪、草堆成,草料一般是晒干了的稻草、麦秆,粪肥习惯上用马粪、牛粪,其比例以 6:4 或各半为好。有些地方也有用棉籽壳作为培养基原料的。

☞ 关键词:食用真菌　蘑菇　菌丝

为什么下雨后地上
会长出很多蘑菇来

我国广大的森林和田野间,每年都野生着无数蕈类,人们通常把它们统称为蘑菇。除了有毒的不能食用以外,许多蘑菇都可以做成鲜美的小菜。

有经验的采蘑菇人都知道,蘑菇常常长在温暖潮湿的树林下和草丛里,而土壤干燥、瘠薄的地方是很难找到蘑菇的。特别是春天下雨以后,更是采集蘑菇的好时机。

为什么下雨后,地上会长出很多蘑菇来呢?

蘑菇是一种比较低等的植物,属于真菌类。它不会产生种子,只能产生孢子来进行繁殖,孢子散布到哪里,就在哪里萌发成为新的蘑菇。

蘑菇自己不会制造养料,只能利用它的菌丝伸到土壤或腐烂木头中,去吸取现成的养分来维持生命。所以蘑菇常常生长在阴湿温暖而富有有机质的地方。

孢子落到土壤中,就产生菌丝,吸收养分和水分,然后产生子实体,这就是我们看到的蘑菇。但是子实体起初很小,不容易为人们所发觉,等到吸饱水分后,在很短的时间内就会伸展开来。因此,在下雨以后,蘑菇长得又多又快。

在采集蘑菇的时候,最应注意的是不要采有毒的蕈类,目前还没有一个最好的方法来鉴别有毒或无毒,一般只能依靠采集人的经验,例如毒蕈大多有各种色泽,非常美丽,无毒蕈大多是白色或茶褐色。所以,最好跟有经验的人一起去采蘑菇,以免发生中毒的危险。或者采集来以后,请教有经验的人,请他们鉴别一下。

关键词：食用真菌　蘑菇

蕈类植物为什么没有根

蘑菇、香蕈等蕈类植物，它们戴着伞形的、钟形的、球形的"小帽儿"，挺逗人喜爱。但如果你刨起一棵来看看，嘿，没有根儿！

不错，蕈类植物没有根。不但没有根，还没有茎、叶的区别，不会开花，也不会结果实种子。

蕈，属真菌类低等植物，它跟霉菌、酵母菌等是相隔不远的近亲。它的身体，整个儿都是由一些丝状的、棉花状的、蛛网状的菌丝组成，看起来就像茂密的"霉"一样。从蘑菇的伞盖上切下一块，放在显微镜下，可以看到一束一束的菌丝。每一条菌丝是一个细胞，或者是很多细胞，都非常微小，所以只能在显微镜下才看得清楚。菌丝是有分工的：有些专管营养和增大身体的，叫做营养菌丝；另一些专管传宗接代的，叫做繁殖菌丝。我们所见到的蕈，就是由很多很多繁殖菌丝组成的，它里面充满了成万上亿个孢子，用来繁殖。

它们没有根，没有枝叶，又不含有叶绿素，所以自己不会制造营养物质，完全靠吸收现成的养分来生活。它是怎样吸收营养物质的呢？

就靠营养菌丝。这种菌丝，伸入土壤、朽木，甚至生活在一些植物体中，分泌出一些酶来，把复杂的有机物分解成比较简单的物质,然后就直接被菌丝吸收利用了。所以,蕈类植物用不着像一般植物那样靠根、茎、叶等组织来维持生命。蕈类植物的生长规律被人们掌握了,就可进行大量的人工培植。

关键词: 蕈类　菌丝　孢子

香蕈、冬菇和花菇有什么不同

在食品店里,有些香菇称为香蕈,有些称为冬菇,有些又称为花菇,这是怎么回事呢?

要知道它们同是香菇,但名字却又为什么不同的道理,这必须从香菇的生活史说起。

香菇是一种食用真菌。它喜欢寄生在栎、槠、栗等木材中,它那又细又长的菌丝,穿透到木材深处,吸取它需要的营养,过着地道的"寄生虫"的生活。当它在木材深处生长发育成熟时,在木材表面就会长出密密麻麻的香菇来。香菇是这种真菌的繁殖器官,菌盖下的褶缝里孕育着无数供繁殖用的种子,就是孢子。

把切成一定长度的木材,堆架在朝南避风的山沟里,接种上香菇菌种,精心培育一段时间就会出菇。香菇一年到头都能从木材中长出来,只是质量和数量不同而已。

香菇性喜湿冷。入冬以后,湿度大和低温的天气,都适合它生长繁殖的"性格",因此出菇很多,这时,它的菌盖肉质厚而肥大,香味也浓,采收起来,烘焙干燥以后,就是优质的冬菇。冬菇的"冬"字,就是指冬天长出来的香菇。

在冬天长出的香菇里,有些长得特别肥硕可爱,菌盖的顶部还裂开一条条花纹,香气也特别浓郁,烘焙干燥以后,色淡黄,质软而清香,它的质量比一般的冬菇更胜一筹,因此按它外表具有花纹的特点,给它一个雅号,称为花菇。

凡不是冬天长出来的香菇,都比较细小,菌盖肉质也比较薄,香气也远远不及冬菇和花菇,这类品质较次的香菇,在商品分类上被称为香蕈。

冬菇、花菇和香蕈其实是同母亲的亲兄弟,只是出生的季节不同,"体质"有异而已。为了区别它们在质量上的优劣,商品名称就有区别了。

蘑菇和草菇虽也是食用真菌,同属伞菌科,但它们和香菇在"相貌"或"性格"上都是不同的,更没有亲缘关系。

☞ 关键词:香菇 冬菇 花菇 香蕈

为什么鸡枞不能人工繁殖

鸡枞是食用真菌中的珍品,著名的山珍之一。鸡枞的名贵主要在一个"鲜"字,新鲜的鸡枞有一种特殊诱人的菌香。鸡枞烹饪时不需什么佐料,加少许盐,煮出来的鸡枞不但肉质脆嫩,鲜美无比,而且常常是一家煮菌,香飘四邻,其味无穷。鸡枞产于我国台湾、江苏、湖南、四川、云南等地区,其中以云南产量大,质地优。

在食用真菌中,已有许多种类可以人工繁殖,如金耳、银耳、灵芝、竹荪等。可就是这个驰名中外的鸡枞,至今还只能采食野生的，而人工繁殖屡遭失败。这是什么原因呢？

　　鸡𡎊的繁殖很神秘，用通常培养食用真菌的方法，是培养不出鸡𡎊的。但它喜欢与一些白蚂蚁结成"良缘"来"生儿育女"。在生物学中，这叫"共生关系"。白蚂蚁对鸡𡎊的担孢子特别感兴趣，常常把它们搬进蚁巢里，在适宜的条件下，这些担孢子受到白蚂蚁分泌物或粪便等刺激，在蚁巢外壁的菌丝上形成很多小突起，而这些菌丝和小突起能分泌出白蚂蚁爱吃的汁液，是白蚂蚁的食物之一。因为这些分泌物呈白色，像饭粒一样，人们便称它为白蚂蚁的"鸡𡎊饭"。这些"鸡𡎊饭"渐渐生长，有的形成一条条细长的菌索(又称"鸡𡎊香")冲出地面，"生枝长叶，开花结果"，这就是鸡𡎊。大概由于"鸡𡎊饭"被白蚂蚁啃食的缘故，有的地方只有一朵鸡𡎊出土，有的地方有时有好几朵长在一起。奇怪的是，"鸡𡎊香"一旦钻出地面形成鸡𡎊，白蚂蚁就不去碰它了，似乎有意识地把它们保护起来，让它们很好地"结果"撒籽(担孢子)，以利来年再进行"耕耘"。所以只要发现有鸡𡎊的地方，几乎年年都可以在同一地方采到鸡𡎊，而且可以连续采集好几年。

　　也许有人会问，既然了解了鸡𡎊与白蚂蚁的共生关系，那不就可以进行人工繁殖了吗？其实，还没那么容易。有人曾做过试验，把鸡𡎊的担孢子或菌丝放在多种食用菌能生长的培养基上，给予很好的生长条件，可就是长不出鸡𡎊来。他们又把鸡𡎊放在蚁巢上，虽然能长些菌丝，但还是长不出鸡𡎊。有人把已经看得见有"鸡𡎊饭"的蚁巢或有"鸡𡎊香"的蚁巢搬到实验室或庭园栽培，这样虽然能有收获，但是第二年则"颗粒"无收了。这是什么缘故呢？鸡𡎊与白蚂蚁之间到底还有些什么"秘密"没有揭示呢？至今是个谜。因此，要得到味道鲜美的鸡坳,用人工繁殖的方法暂时培养不出来,还得靠野生的。

☞ 关键词: 鸡坳　共生

为什么有些微生物能固氮

空气中含有大量的氮,可惜这些氮素都是呈游离状态,植物不能直接利用它。只有经过微生物的作用,把空气中游离的分子氮变为氮的化合物,才能被植物吸收利用。生物固氮,就是指微生物的固氮作用。

固氮的微生物可以分成两大类:一类是共生性的固氮微生物;另一类是非共生性的固氮微生物。

早在 1888 年,人们发现豆科植物的根瘤菌,可以固定空气中的氮气。但是,它在土壤中单独生存时并不进行固氮作用,只有把豆科植物的种子播到土壤中,待幼根形成后,根系的分泌物吸引根瘤菌并通过根毛侵入根的组织内部,大量繁殖,使根部膨大形成根瘤,这时根瘤中的根瘤菌与豆科植物结成了一种特殊的共生关系,根瘤菌才能进行固氮作用供给植物氮素养料。根瘤菌的种类很多,每一种根瘤菌的成瘤能力是有一定范围的。例如,豌豆根瘤菌仅能在豌豆、蚕豆、山黧豆的根部形成根瘤;苜蓿根瘤菌仅能在紫花苜蓿、金花菜上形成根瘤;豇豆根瘤菌仅能在豇豆、绿豆、花生上形成根瘤;而紫云英根瘤菌只能在紫云英上形成根瘤。

在共生性固氮微生物中,除了与豆科植物共生的根瘤菌外,某些赤杨、木麻黄等根部也有共生的根瘤。个别植物在叶子上能形成叶瘤；还有兰科、杜鹃花科植物根部能形成菌根，进行固氮作用。

非共生性的固氮微生物中，以固氮菌分布最广，它在耕作土里，特别在菜园土里大量存在着。这种固氮菌能利用有机碳化合物为能源进行固氮作用，直接增加土壤中的氮素。目前我国推广使用的固氮菌剂，就是利用固氮菌生产的。

蓝绿藻是另一个非共生性固氮微生物，这种微生物与固氮菌不同之处，在于它可以直接利用阳光的能源进行光合作用，获得碳源和能源来进行固氮作用。把蓝绿藻接种到水田中，几个星期以后，每亩固氮量可达到 10～20 千克，再种植水稻有明显的增产效果。

近几十年来，发现 100 多种微生物有不同程度的固氮能力，例如，有些细菌能够氧化石油一类的烃基化合物，获得能源进行固氮，即"石油固

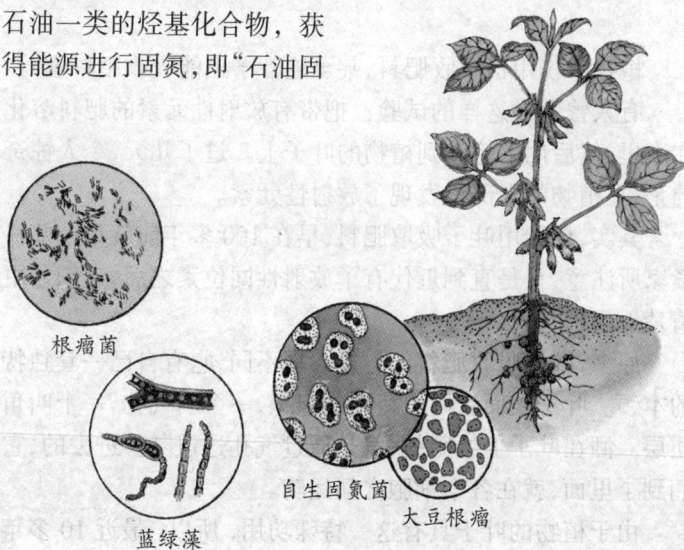

根瘤菌

蓝绿藻

自生固氮菌

大豆根瘤

213

氮菌"。还有一些能在植物叶子的表面进行固氮的,叫做"叶面固氮菌"。

据估计,地球上每年由空气中固定的氮约 1 亿吨,其中通过豆科植物的根瘤菌固氮约 5500 万吨,非豆科植物共生的固氮菌约 2500 万吨,非共生固氮菌约 100～200 万吨,蓝绿藻固氮约 1000 万吨。用工业合成氨进行化学固氮约占生物固氮总量的 10% 左右。因此,生物固氮对土壤中氮素平衡,提高土壤肥力以及供应植物生长所需的氮素,都起着重大作用。

☞ 关键词:生物固氮　根瘤菌　固氮菌

为什么植物的叶子也能吸收肥料

植物不仅用根吸收肥料,甚至连叶子也能吸收肥料哩!

有人曾做过这样的试验:把带有放射性元素的肥料溶化在水里,然后用毛笔涂到植物的叶子上。过了几天,令人惊奇的是,在植物的根部也发现了放射性元素。

其实,植物用叶子吸取肥料,早在 100 多年前就为一些科学家所注意,只是直到近代有了放射性同位素之后,人们才更清楚地了解它。

原来,叶子吸收肥料的方式与根不同,它有自己一套独特的本领。叶子表面有两个特别的组织,一个叫气孔,一个叫角质层。洒在叶子上的肥料,就是通过气孔这道"门"进去的,它们到了里面,就在各个细胞之间运转。

由于植物的叶子具有这一特殊功用,所以,最近 10 多年来,叶面施肥的方法已在许多作物上广泛地应用,并给了它一个名字,叫"根外追肥"。

植物根外追肥优点很多。例如,当植物因缺少某种元素而生病时,就可以对症下药。像果树上的小叶病,是缺锌造成的,只要喷一些锌即可治疗这种病害;有些碱性土壤,容易把某种元素固定,从而不易被植物所利用,根外追肥在一定程度上就可以弥补这种缺陷。另外,喷肥的用肥量省,有的浓度仅为1%~3%,有的甚至少于0.1%。

为什么施这么一点儿肥料就会有明显的效果呢? 这是因为,有些必要元素如硼、锰、镁、锌、铁等,植物本身需要量并不多,少量供应就可以满足要求了。根外追肥不仅可以供应这些元素,更重要的是,喷肥后还可以加强叶子制造养分的能力,增加体内物质的积累。不过,根外追肥虽有这许多

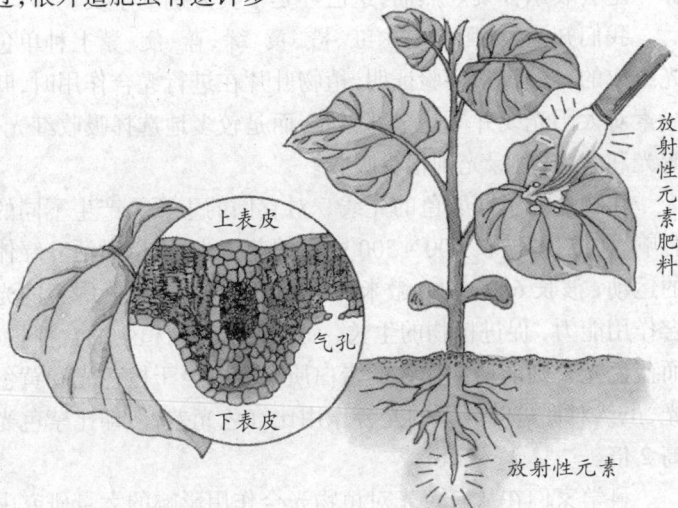

放射性元素肥料

上表皮

气孔

下表皮

放射性元素

好处,但毕竟还不能完全代替根部施肥,因为叶子的吸肥数量到底比根少得多,它只能作为一种辅助的施肥方法。同时,应用根外追肥时,盐类的选择、浓度、时间和方法也都十分重要,使用不当,不但效果不好,有时还可能带来害处,这是必须注意的。

☞关键词：根外追肥

为什么颜色也能充当
植物生长的肥料

如果说,"颜色"也可作为肥料,而且增产效果十分显著,你一定会表示怀疑。然而,这已经是千真万确的事实。

我们知道,太阳光是由红、橙、黄、绿、蓝、靛、紫七种单色光组成的。经科学实验证明,植物叶片在进行光合作用时,叶绿素对太阳光线并不是全部吸收,而是较多地选择吸收红光、蓝光和紫光,对绿光则很少吸收。

作物选择不同颜色的光线,对它们的生长会产生不同的影响。比方说,波长 400~500 微米的蓝紫光,可以激活叶绿体的运动;波长 600~700 微米的红光,不仅能增强叶绿素的光合作用能力,促进植物的生长,而且还能提高植物的含糖量;而蓝色光,则能增加作物的蛋白质含量;至于橙色光和黄色光,虽然对促进叶绿素的光合作用比红色光差,但却比紫色光高 2 倍。

科学家们在从有色光对植物光合作用影响的大量研究中

受到启迪:如果让农作物处在一个适合的色光中,它们就可以更好地进行光合作用,这不就可以提高作物的产量吗?

于是,科学家把目光投向了彩色塑料薄膜。通过有色薄膜,给农作物盖上不同色彩的"被子",以促使农作物生长发育。

植物对色彩有选择性地吸收,这是因为植物体内遍布着一种叫植物色素的化合物,它不仅具有调节植物生长功能的颜色感知器,而且还可感知光波波长的细微变化。合适的光波波长能够提高作物的光合作用效率,促进作物的生长,从而获得高产。

实践证明,如果采用红色薄膜培育棉苗,棉苗不仅株高茎粗,而且根系长,侧根多,叶大而色绿,病害少,为棉花丰产奠定了基础。用黄色薄膜罩在茶树上,茶叶产量提高,香味浓郁。用红色薄膜覆盖甜瓜,瓜的含糖量和维生素成分提高,而且可提前半个月上市。小麦在红光下,可以加速生长,提高产量。辣椒在白光下生长较好,在红光下则更好。茄子在紫光或紫色薄膜覆盖下,结的果实既大又多。菠菜在紫色或银色薄膜覆盖下,生长非常迅速。番茄在紫色、橙红色和黄色薄膜下,都可以大幅度提高产量,但以覆盖紫色薄膜的增产幅度最大,可达 40% 以上。

农业科技人员还用红、绿、蓝、白 4 种薄膜分别覆盖在早稻秧田上进行育苗试验。结果表明,覆盖蓝色薄膜的秧苗最为理想,苗壮、分蘖多,干物质重量增加。在黄瓜苗期,用黑色薄膜覆盖几天,可以促使黄瓜早日现蕾、开花;而后用橙色、红色和黄色薄膜覆盖,也同样可以提高产量。但用蓝色薄膜覆盖黄瓜,则对它的生长不利。

由此可见，植物生长对光的波长有一定的选择性。如果采用彩色薄膜滤光技术，可以加强有利于作物生长的色光，就能达到稳产、高产的目的。所以，从这个意义上讲，颜色也是一种肥料。

☞ 关键词：彩色薄膜滤光技术

为什么施肥过浓会"烧苗"

俗话说："庄稼一枝花，全靠肥当家。"施肥能使作物增产，是人人皆知的。

但是，施肥也是一门学问。施用过淡的肥料，淡而无效，对作物生长毫无促进作用；施肥过浓，就会"烧苗"，颗粒无收。

为什么施肥过浓会"烧苗"呢？

我们都有这样的体会：每年冬季腌菜时，在缸里放上菜和盐后，过一段时间，缸里就会出现大量的水分。这说明植物体内的细胞已脱水，水分子向浓溶液方向渗入了。

植物在吸收养分的过程中，施肥过浓，也会出现上述现象。植物的根表皮是一层半透明的薄膜，在一般情况下，根毛细胞内的细胞液浓度比土壤中溶液浓度大，根据渗透原理，根毛细胞就可以从湿润土壤中吸收水分和养分。而且，根毛细胞液浓度愈大，吸收水分和养分的力量愈强。当根毛细胞处于紧张状态，即细胞吸足了水分，细胞壁便产生了阻挡水进入细胞的力量，细胞就停止吸水了。

如果施肥过浓，土壤中溶液的浓度大于根毛细胞液的浓度,根毛细胞内的水分便会流向土壤。而这时,作物地上部分的主秆、枝条、叶子在太阳光的照射下,蒸腾作用仍然照常进行,结果水分入不敷出,失去了平衡。这样,轻者枝叶萎蔫,重者干枯死亡,出现所谓的"烧苗"。

关键词: 施肥　烧苗

为什么种植"绿肥"能改良土壤

绿肥常常被人们称为绿色的"金子",这是因为绿肥能改良土壤,并作为肥料,使农业丰产。绿肥为什么能改良土壤呢?首先,绿肥的生活力很强,能够在一般庄稼难以生活的地方安家落户,大量繁殖。人们常常请它们当开路先锋,到十分艰苦的旱、涝、盐、碱、酸、瘠的盐碱荒地或红壤荒地去"落户",它们不仅在那里"安心"扎根,而且还积极地替庄稼创造美好的生活环境。当土壤含盐量超过0.2%的时候,一般庄稼是不能正常生活的,而绿肥家族中的大米草、田菁、苕子、苜蓿、紫穗槐等却能良好地生长,而且还能逐渐地帮助土壤脱盐。据科学家试验, 盐碱地种三年苕子以后, 土壤含盐量就降到了0.03%。这样,其他的庄稼就能顺利地生长了。同样,我们还可以请绿肥中一些最能耐酸的萝卜菜、猪屎豆作为先锋植物去改良红壤。

此外,一般绿肥植物的根能扎到1米以下,最长的竟能深入到5米以下,充分地吸收利用那里的水分和养分。它既不怕饿,也不怕渴,还能靠根的分泌物去"消化"一些难以被庄稼吸收利用的养分;在它们死亡腐烂以后,土壤表层就会留下丰富的养分。据计算,每亩如果收 1500 千克苕子,土壤里就相当于增加 57 千克氮肥、12 千克磷肥、13 千克钾肥。像紫云英、苜蓿、苕子等一些豆科绿肥,还是一个小小的化肥厂呢!它们的根部长满了许多大大小小的根瘤,里面住满了亿万个根瘤菌,能将空气中不能为庄稼吸收利用的氮气"合成"为氮肥,供庄稼吸收利用。据统计,每亩根瘤菌合成的氮肥还相当可观,竟达 50 千克左右,难怪在这种地里种庄稼能得到好的收成。

绿肥不仅给土壤增加了大量的养分,而且,它们的身体腐烂以后形成的黑色腐殖质,还能疏松土壤,粘结砂粒,改善土壤的结构。它们繁茂的茎叶,像厚厚的地毯一样覆盖在土壤表面,可以防止土壤水分跑掉,又能阻挡雨水对土壤的冲刷。绿肥不仅是土壤的"建筑师",而且是土壤勇敢的"保卫者",帮助人们将大片土地建设成为高产稳产的农田。

☞ 关键词:绿肥　改良土壤

为什么要提倡使用生物活性肥

在农业生产中,人们为了获得粮食的高产,不惜花费巨资购买化肥向农田里倾倒。生产实践证明,适量施用化肥,可促使作物增产,也不会造成环境污染。但是,如果大量使用化肥,就会导致硝酸盐、硫酸盐、氯化物等无机物大量残留在土壤中。久而久之,它们不仅破坏了土壤的理化性质,使土壤板结和盐渍化,而且还影响化肥自身的使用效果,使农作物产量连年下降。特别应该指出的是，劣质化肥的重金属离子，还会通过生物富集，对人体造成危害。

化肥过量施用后，它会留在土壤中，溶解于地表水，其中一部分化肥随地表水流入河川，造成水质的污染。当水中的含氮量达到一定程度时，水生植物就会疯狂生长，大量消耗水中的氧气，死后腐烂又会造成第二次污染，使水质进一步恶化。近年来昆明滇池由于水葫芦疯长造成的湖水污染，就属这种情况。

然而，当今的农业生产又不能没有化肥。那么，如何解决这一矛盾呢？

人们理想中的化肥，既可满足作物对氮、磷、钾等养分的需要，又不会污染土壤和农产品。科技工作者经过艰苦努力，终于研制出一种新型的"生物活性肥"。它的突出优点是：既能增强农作物的吸收功能，减少用量，又能降低农作物体内硝酸盐的含量。人们把这种不会引起农产品污染，又能保护农产品的肥料，叫做"绿色肥料"。

生物活性肥中，还含有胡酶酸等成分。胡酶酸是一种有机胶体，可把土粒粘结起来形成团粒结构。团粒是土壤的"小水库"和"营养库"，团粒与团粒之间的空隙又是空气的"走廊"，这样，施用生物活性肥不但能提高土壤的通透性，而且能改良土壤的其他性能。所以生物活性肥特别适用于温室或大棚栽培的作物，可以避免每隔几年换一次土的麻烦。由于生物活性肥能改良土壤，增加土壤肥力，因此又称它为"微生态肥料"。

近年来我国科技工作者经过刻苦攻关，研制成一种叫"黑状元"的生物活性肥。这种肥料含有大量的活性元素、多种氨基酸、一定量的微量元素和生物活性物质，能为农作物提供全面而又平衡的营养成分,满足农作物生长发育的需要。同时,又能增强农作物体内许多酶的生物活性,从而提高植物体内新陈代谢的水平。

"黑状元"在实际生产中使用后表明:许多蔬菜如芥菜、芹菜、花菜等,用"黑状元"施肥后,生长快、质量高;冬瓜、西瓜、甜瓜等瓜果,则会早熟、优质。

由于绿色肥料具有生产能耗低、用量少、肥效高、无污染等优点,所以它既符合现代农业的需要,也满足了人们对"绿色食品"的渴求,有着十分诱人的发展前景。

☞关键词:生物活性肥　微生态肥料

一亩地究竟能产多少粮食

俗话说:"民以食为天。"这"食"主要来源于稻、麦等粮食作物。所以粮食作物的亩产量,历来都是人们普遍关注的热点问题。

实践证明,要进一步提高粮食作物的亩产量,最有潜力的是怎样充分利用太阳光能。因为,太阳光能是自然界取之不尽、用之不竭的最丰富的能源。

近半个世纪以来,随着人们对作物光合作用的深入研究,现已知道农作物产量的干物质大约有 90% ~ 95% 是通过光合作用形成的,而通过土壤吸收的各种营养物质所构成的干物质只占 5% ~ 10%。因此,如何提高作物对太阳光能和二氧化碳的利用率,就成为提高作物单产最突出的研究课题。

据测算,亩产269.5千克的小麦,在生长过程中需要消耗184×10^{11}焦耳的太阳光能(只限于0.3～3微米波长范围内),15吨二氧化碳,300吨水。水稻和玉米大体上也接近这个数值。

令人遗憾的是,目前农作物在整个生长期间对太阳光能的利用率还很低,水稻为0.93%～1.43%,玉米为0.95%～2.18%,大豆仅为0.58%～0.86%。

当然,我们应该相信科学的力量。随着作物高光效育种、品质育种以及基因工程育种的发展,科学家完全有可能把光能利用率普遍提高到1.5%～2.0%以上,这样,农作物的单产自然就会成倍地增长了。

在通常情况下,如果单季稻在生长季节对太阳辐射能总量按稻田光能利用率5%计算,那么,每亩干谷最高产量可达1250千克。在长江下游和华南广大稻区,如果水稻对光能利用率提高到1%,那么,单季稻亩产干谷可达700千克;如果光能利用率提高到3.1%,亩产干谷可达到1400千克;如果进一步提高到4.6%,亩产干谷就可达到2800千克。若以广州地区太阳辐射能平均值来推算,全年三季稻连作,每亩稻田最高产量可达到3807千克。

这是多么诱人的前景啊!科学家正在奋力拼搏,相信一定会实现这个目标。

☞ 关键词: 光能利用率　水稻亩产量

223

为什么一些作物在同一块
地上连作会减产

我们知道,水稻、甘蔗、麦类、大豆、南瓜、胡萝卜、烟草等作物,在同一块地上连年种植,是不会出现生长发育不良和减产的。但是,番茄、茄子、西瓜、豌豆、蚕豆、花生、木薯以及无花果等作物,在同一块地上连作,就往往会生长不良,或者发生病害而减产。

为什么会出现这种情况呢?

同一种作物在同一块地上连作造成减产的原因是多种多样的,目前已知的有下列几个原因:

连作会使土壤中养分缺乏。土壤中的氮、磷、钾、钙、镁等各种养分和微量元素的含量是有限的,而同一种作物对土壤各种养分的需求是比较固定的,因此在同一块地上连作同一种作物,就必然会使这种作物所必需的养分逐渐在土壤中减少,以至消失,造成这种作物的生长发育不良。例如,芋头在同一块地上连作,土壤中的石灰质含量就会减少一半,从而使芋头减产。

积累在土壤中的前作根系分泌物,影响后作生长。一般作物在生长过程中,除由根系的呼吸作用放出二氧化碳外,还分泌出各种如酒石酸、肉桂酸、柠檬酸等有机酸和各种酶类。前作留在土壤中的这些物质,对第二作的根系有毒害作用,从而使作物生长发育不良而减产。

前作遗留物的影响。有人做过这样的试验,将同一种作物的根、茎、叶、花的浸出液,分别浇灌同一种作物的幼苗,结果对幼苗是有影响的。因此前作遗留在土壤中的根、茎、叶、花等的残体,也和根系分泌物一样,会影响第二作的生长发育。这一情况,在桃树和豌豆的连作中比较明显。

病毒和微生物的影响。前作患病收获后,一些致病的病原菌会留存在土壤里,第二作幼苗就会得病,如番茄、茄子、豌豆和花生的青枯病等。其中花生青枯病最为显著,同一块地上连作花生,必然出现青枯病,严重的会全部死亡。

上述原因有的是单个起减产作用,有的是多个综合作用。因此,这些作物在减产时首先要弄清楚原因,然后采取相应的措施。

目前解决连作减产的措施,最有效的办法是:改连作为轮作;增施肥料;喷施药剂,以毒杀土壤中残留的病原菌;果林则采用换土或给土壤消毒。

关键词:连作 轮作

需要高温的植物,温度高
为什么反而长不好

俗话说:"人热得喊冤枉,庄稼长得越兴旺。"就是说,天气热得人受不了,然而庄稼却因为温度高,而长得又快又好。实际情况是这样吗?

一般来讲,天气温暖能促进植物生长;但气温过分高了,则会影响植物生长。例如秋熟作物中的水稻、棉花、玉米等,它们需要相对高的温度才能长得好。但是当气温达到45℃或更高一些时,不但长不好,相反还要遭受危害,通常称为热害。

这是因为,植物也是一个有生命的活体,由许多细胞组成的。从种子发芽到发育成一个植物体,这中间要经过许多变化,在进行变化的过程中,需要一类叫做酶的物质来帮忙。

酶的种类很多。一般说,一种酶只能帮助一种变化,如有一种叫淀粉酶的,它就是专门帮助植物体制造营养物。

当温度太高的时候,酶就会变得不活泼,甚至失去它的功能。那么,酶在多高温度时才会失去功能呢?不同的酶对温度要求不尽相同,有的在较高的温度下就失去功能,有的要在更高一些的温度下才失去功能。当酶失去功能后,植物体内的许多活动过程都被打乱了,甚至无法进行生命活动,即使勉强能进行一些活动,各种变化也都受到很大的影响,这样植物就不能很好生长,以至于死亡。

另一方面,温度高了,酶失去了功能,即使具备了足够的阳光、水、空气等,植物也不能制造物质。它只能靠原有的一点积累去维持消耗,当消耗到一定程度时,也可能因养分不足而衰亡。

还有，干和热往往是连在一起的。温度过高，水分大量蒸发，又得不到应有的补充，植物就会因为失去大量水分而死亡。所以，需要高温的植物，其生长过程中并不是越热生长越好，而是需要一个合适的温度。

怎样的温度最合适呢？由于植物的原产地和生活习性的不同，各种植物所需要的适合温度也各不相同。生长在寒带的植物，抵抗寒冷的能力比较强，它们生长所需要的温度比较低些；而生长在热带的植物，耐寒力差些，就需要在比较高的温度下才能生长。一般来说，植物生长的适宜温度在 15～25℃为好。当然，秋熟作物在整个生长期要在 25℃ 以上，过低或过高对需要高温的秋熟作物都是不利的。

关键词：热害　酶

籼米、粳米、糯米有什么不同

人们根据米煮熟以后的黏性，把米分为黏的和不黏的两类，把黏的称为粳米，不黏的称为籼米。后来又把一种最黏的米叫做糯米。现在已经弄清楚这种黏性差别的来源——主要是三种米的淀粉状况不同而造成的。

糙米是稻谷的胚乳部分，并带着一个小小的胚。加工后的白米只留下胚乳部分，胚乳细胞里面有淀粉，淀粉是许多葡萄糖分子组成的。这种淀粉的成分有两种：一种叫直链淀粉，大约由 500 个葡萄糖分子组成，连接起来排列成直线状；一种叫支链淀粉，大约由 1000 个以上的葡萄糖分子组成，排列成分枝状。米里的支链淀粉成分高的，煮熟后黏性大。相反，米的直链淀粉成分高的，煮熟后黏性小。拿糯米来说，就有 80% 以上或几乎全部是支链淀粉，直链淀粉成分极少，只占 1% 左右。籼米只有直链淀粉。粳米的直链淀粉成分比籼米要少。

由于三种米的淀粉性质不同，它们的物理性质也不同。最明显的区别是对碘的染色反应，直链淀粉能够和碘复合，而支链淀粉则不同碘复合。最简单的测试方法是把米粒切断，在断面上沾少许"碘—碘化钾"溶液，看它的显色反应：糯米显出棕红色，而籼米或粳米显出紫蓝色。如果用米粉的浸出液来试也一样。

米的透明度也不一样，籼米和粳米是半透明的，而糯米不透光，看上去呈乳白色，像蜡一样。有一种糯米叫"阴糯"，也像粳米或籼米，半透明，但一经烘干就变成乳白色不透明。因此，国外把不透明的糯米称为"蜡质"米，把半透明的籼米和粳米称为"非蜡质"米。

从米粒的形状看，籼米和粳米有区别，而籼米、粳米同糯米没有多大区别。籼米是狭长的，一般是扁平的；粳米则短阔些，浑圆些；而糯米的形状，有的像籼米，有的像粳米。

以上三种米除了支链淀粉和直链淀粉成分不同以外，糯米比籼米和粳米含有较多的糊精、可溶性淀粉和麦芽糖。糯米煮后很黏，在食用上有独特的用处，如做团子、饼、粽子、粢饭，煮甜粥，酿酒等。籼米就不适宜做这些食品。

籼米、粳米和糯米的吸水性和淀粉糊化的温度和时间也不一样，籼米的吸水性最大，粳米次之，糯米最小。因此，煮饭的时候，籼米加水要多些，粳米要少些，糯米更少。煮饭的涨性也是籼米最大,粳米小,糯米最小。

淀粉加热糊化时,籼米需要的温度最高,粳米次之,糯米最低;所需的时间是籼米最长,粳米次之,糯米最短,所以煮粥时,糯米最快,籼米最慢。

关键词:籼米　粳米　糯米

玉米和大豆间种为什么能增产

玉米和大豆种在一起,按道理说来,大家都争夺地里的养料,可是说也奇怪,它们却很合得来。原来玉米和大豆这两种植物都各有它们的脾气。

玉米是个高个子,喜欢阳光,根系扎在土里比较浅,主要是吸收利用上层土壤里的养料,生长期中需要氮肥比较多。而大豆则不同,与玉米比较是个小弟弟,稍能耐阴,但根系在土壤里扎得比玉米深,能够吸收利用下层土壤里的养料,需要氮肥不多,却需要多量的磷、钾肥。因此玉米和大豆种植在一起,不但不互相争夺养料,反而很合得来,这样既利用了土地,又利用了阳光。

玉米和大豆种在一起,由于枝叶茂密,覆盖了地面,这样能抑制杂草的生长,减少土壤水分的蒸发,提高抗旱能力。大豆根上有根瘤菌寄生,能吸收空气中的氮气,制造成氮肥,这些氮肥一部分被大豆吸收了,另外一部分可以供给玉米的需要,因此,这两种作物种在一起都能长得茂盛,比单独种一种作物的产量要高得多哩!

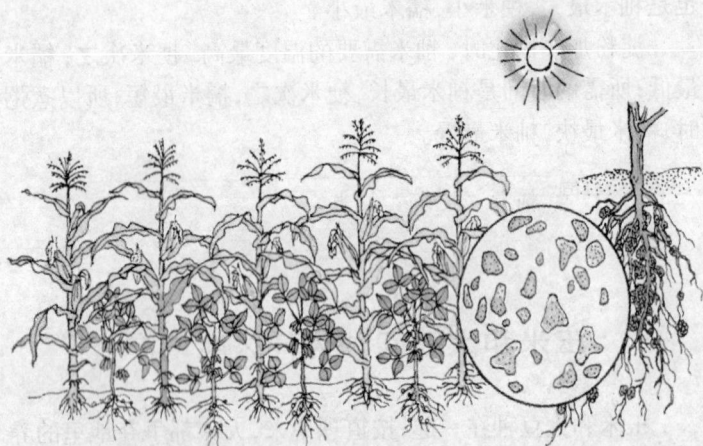

　　如果要把它们种在一起,需要注意的是:因为玉米从地里吸收的肥料比大豆多,因此,在肥沃的土地上可多栽些玉米;反过来,在瘦地上则要多种些大豆。进行间种时,一般是玉米采用宽窄行相间种植的方法,在宽行内种上几行大豆;或者玉米采用宽行窄株的种植方法,在两行玉米之间种上一行大豆,这样能得到充足的阳光,空气也比较流通。更要注意的是:玉米和玉米之间的距离不能太近,以免影响大豆的生长发育。间种的品种也必须适合,通常大豆与玉米间种时,玉米最好选用矮秆的品种,大豆最好选用茎蔓直立、结荚比较集中的品种,以免遮光过多。大豆的成熟期和玉米不要相差太远,以免影响后茬作物的种植。

　　👉 关键词: 玉米　大豆　间种

230

同一个玉米棒上为什么会有
不同颜色的籽粒

在采收玉米的时候，你有时发现同一个玉米棒上常常有几种不同颜色的籽粒，白的、黄的、红的，非常美丽，有的人叫它"飞花玉米"，这是什么原因呢？

原来玉米的故乡是在很远很远的中美洲，由于它产量高，不怕旱涝，能在山坡上种植，所以世界各地都有栽培。由于各地的气候、土壤、水分等外界条件各不相同，栽培方法也不一样，时间一久，就形成了很多个品种，如硬粒玉米、甜玉米、粉质玉米、蜡质玉米、有稃玉米等等。它们各有各的特点：甜玉米的籽粒里含有丰富的糖分，适宜于嫩时食用；硬粒玉米产量很高，但是它含有很多硬质淀粉，所以适宜于磨粉吃；有稃玉米的每一籽粒外面都有几层干膜片包住。每一个品种的玉米又有好几种颜色，各个品种各种颜色的玉米之间都是可以杂交的。

玉米是异花传粉的植物，靠风来传粉，风可以把秆顶的雄花花粉撒落在雌花的柱头上，也可以把花粉吹到别株的雌花上。

在自然情况下，各种玉米的花粉随着风在空中飘荡，所以很容易相互之间进行杂交，结出各种颜色的籽粒来。例如在黄玉米的附近种植白玉米，在交接的地方特别容易产生"飞花玉米"。

在玉米开花时，你还可以做一个有趣的试验：把白色玉米雄花上的花粉收集起来，撒到红色玉米苞顶上露出的雌花的花柱上，这样，结出的玉米棒上，就混杂有白、红两种颜色的籽粒了。

关键词：玉米　异花传粉

为什么有的玉米棒子
会缺粒和"秃顶"

采收玉米的时候，我们把它的"外套"脱下来，去掉顶上一束"须"，就见玉米棒上满是排列整齐的籽粒。但是往往也发现有的玉米棒子顶上光秃秃的，有的玉米棒上只是零零星星地散生着一些籽粒，像个癞痢头。

为什么会产生这种现象呢？要弄清楚这个问题，让我们先了解一下玉米籽粒是怎样产生的。

玉米是一种异花传粉的作物，要靠长在秆顶的雄花的花粉落到雌花的柱头上，才能结实。平时，这花粉的"运输"工作是由风来担任的。

有时很不巧，当玉米正在开花的时候，遇到了不良的气候条件，如遇上大风，花粉常常被吹得很远，不能很好地落在雌穗的花柱上；有时，如果连日阴雨绵绵，雄穗不能正常开花撒粉，即使能撒粉，但花粉常常因吸水膨胀而破裂或粘结成块，失去活力；有时，在高温而又干旱的情况下，雄穗开花撒粉较早，而雌穗

则开花延迟,造成雌雄开花脱节的现象。在以上这些情况下,雌穗很难得到充分的花粉来完成受精作用,所以就形成"秃顶"和缺粒等现象。

要克服这个现象,使玉米棒子长得又大又壮,可以在玉米开花时,帮助它们运输花粉——进行人工辅助授粉。人工授粉的方法很简便,一般用采粉器采集花粉,然后用授粉器或毛笔、刷子,将花粉撒在或刷在雌花的花柱上。

☞ 关键词: 玉米 传粉不良 人工授粉

在同一地块里,
为什么玉米比小麦容易获得高产

在农业生产中,人们发现,在同一块地里种植玉米,往往比种植小麦容易获得高产。

同一块地里的土壤、肥力等自然状况基本上是一致的,为什么玉米比小麦容易获得高产呢? 这主要与玉米和小麦自身的生物学特性有关。

植物生理学家根据植物的生物学特性,把它们分成两类:一类是小麦、水稻、大麦等植物,称为C_3植物;另一类是玉米、高粱等植物,称为C_4植物。C_3植物是指该植物在进行光合作用时固定二氧化碳形成的第一个产物为三碳糖,而C_4植物在进行光合作用固定二氧化碳时,通过一种酶形成第一个产物为四碳糖。由此可见,C_3植物和C_4植物在固定二氧化碳时,光合作用的第一个产物不同。正因为这个缘故,导致了小麦和玉米一些不同的生理活动特点。

玉米与小麦相比,更有独到的特点。首先,玉米的叶片结构比较特殊。玉米的叶片结构呈花环状,叶内的绿色细胞围绕运送水分和养料的"公路"——维管束,呈放射状排列;而维管束则是两层同心圆环,内层是含有叶绿体的薄壁细胞,像"鞘"一样围在"公路"的周围,外层是多层叶肉细胞,含有大量的叶绿体。内层和外层都含有叶绿体,这样就有助于光合作用产生有机物质。

其次,玉米维管束鞘中的叶绿体比叶片叶肉细胞的叶绿体大,光合作用后能很快积累起淀粉。加上具有运输功能的鞘细胞与叶肉细胞间又有大量的"通道",可将光合作用产生的有机物及时进行转移,这样C_4植物比C_3植物的光合效率要高。因此,玉米比小麦更能积累较多的有机物。

再次,玉米等作物的生理活动也较为独特。植物和人一样,也要进行呼吸作用。但是,植物的呼吸作用分为光呼吸与暗呼吸。光呼吸是相对暗呼吸而言的,它指植物在光照条件下,吸收氧气,氧化有机物,释放二氧化碳和能量的过程。暗呼吸与光呼吸不同的是,不需要光。据测定,玉米光呼吸效率比小麦低。这样,玉米氧化自身体内的有机物比小麦要少,相对来讲玉米积累有机物就多了。玉米还有一个特点,就是它光呼吸释放的二氧化碳能被叶肉细胞再利用,所以玉米形成有机物比小麦又多了一些。

总之,玉米比小麦有着较高的光合效率和较低的光呼吸效率,这就导致了玉米积累有机物相对多一些,其产量自然要比小麦高了。

玉米等 C_4 植物具有光合效率高、光呼吸效率低等优点,给科学家有益的启示。有人提出,将部分 C_3 型叶绿体转化为 C_4 型,也就是说通过生物技术使小麦、水稻等植物的叶绿体发生变化,这样小麦、水稻等 C_3 植物的产量将会同玉米并驾齐驱,获得高产。

关键词: 玉米　小麦　C_3 植物　C_4 植物

为什么高粱既抗旱又抗涝

高粱是一种抗旱本领很强的作物,所以人们称它为"植物界的骆驼"。

高粱能耐旱,是由于它对水分的利用有开源节流的本领。它水分吸收得多,损耗得少。所以它能够在干旱的季节里保持体内的水分平衡。

植物吸收水分主要靠根。高粱的根系很发达,有初生根、次生根和支持根,而且分布广,在土壤中扎得深,使它能在较大的范围内接触到水分。高粱根细胞的吸水本领也很强,即使在干旱时土壤里水分比较缺乏的情况下,它也能顺利地吸收水分。

植物损耗水分主要通过茎和叶子的蒸腾作用。高粱叶子的面积较小，叶面光滑而且有蜡质覆盖；气孔数目比较少，茎秆外面由厚壁细胞组成，而且也附有蜡质粉状物。这些特点，使得高粱能够减少水分的损耗。

高粱原产热带，抗热本领高，在干旱季节，它能暂时转入"休眠"状态，停止生长，等到获得水分时再恢复生长。这就增强了高粱的抗旱力。

另外，高粱还具有一定的抗涝能力。一般来说，涝灾主要不是因为多水（植物的根系浸在水里也能很好地生长），而是在于缺氧。由于土壤积水过多，排除了土壤中的空气，使得根系得不到足够的氧气而死亡。高粱的根系对缺氧所造成的危害具有一定的抵抗能力。此外，高粱茎秆高，又比较坚硬，水分不易透

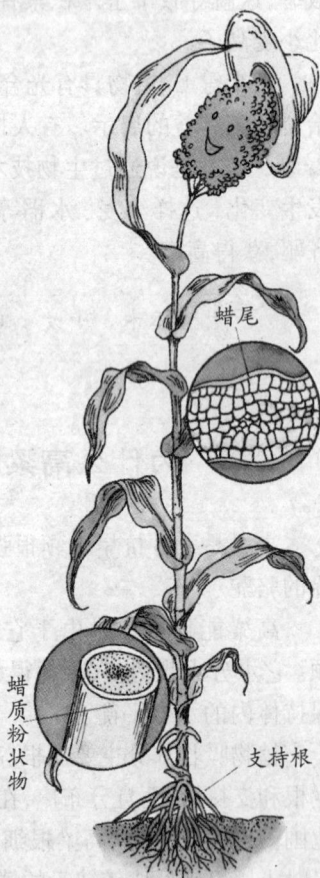

蜡尾

蜡质粉状物

支持根

入体内,也是它能抗涝的原因之一。当然,浸水过深过久,特别是混有泥沙的水,它也是要受害的。

☞ 关键词: **高粱　抗逆性**

为什么棉花会落蕾落铃

棉花上结的蕾铃往往很多,但是到最后真正能吐絮的却并不多,大部分都在未成熟时脱落了。这是棉花的一个最大的弱点。在生产实践中,棉花蕾铃的脱落率一般在60%以上,高的达70%～80%,甚至有90%的。棉花在开花后4～8天的幼铃最容易脱落,所以在盛花期后几天中是棉花脱铃最多的时期。在一般情况下,从一株棉花看,上、中、下三部分果枝上的棉铃中,上部脱落较多;以一根果枝来说,靠近主茎的第一果节脱落最少,越向外侧,脱落越多。

蕾铃脱落的原因,除了病虫为害和机械损伤以外,更主要的是棉花本身生理上的原因。对于这,至今在国际上还是个悬而未决的问题,科学工作者们正在努力研究。根据现在生产实践和科学研究的结果来看,棉花蕾铃大量脱落的主要原因是有机养料的运输分配不当。棉花从现蕾到开花、结桃、吐絮,需要很多有机养料。有机养料不足,长不好花蕾,有的没有开花就脱落了;有的开了花,没有受好精,也结不了桃;有的结了桃,也保不住。阳光对棉花生长的影响也很大,人们注意到,在棉田边上的棉花,往往棉株茎干壮健,果实比较多,脱落比较少,可是深入到棉田里面,情况就两样了,结铃数少,脱落就多。从放射性同位素追踪的研究,知道阳光对棉叶同化产物运输的方向是有影响的。深入棉田里面,大部分棉叶被遮住了光,遮光的叶,不仅不能输出养料,相反地,还要吸收其他叶片输入的养料,因此,养料的输出变为养料的输入,就减少了向蕾铃的输送,这就导致蕾铃的脱落。其他如养料分配不当,棉花营养生长和生殖生长产生不协调,也对蕾铃脱落有很大影响。

针对这些原因,我们必须注意合理密植,及时整枝;要防止肥水等农业措施不当,造成棉株徒长;也要控制棉田过早封行,造成中、下部棉叶相互遮光。这些都能使棉叶的同化产物运输分配发生变化,影响蕾铃脱落的增减。

当然,田间全面管理都很重要,必须因地制宜地综合运用,例如,施肥要匀,在基肥不足、追肥用量不多的情况下,追肥应当集中使用于棉株生长的初期;而在基肥充足、追肥用量也多的情况下,前期追肥用量宜少,大部分追肥应在初花期

后分次施用;另外在棉株生长后期也应适当追施氮肥,争取多结秋桃。只有这样,才能使棉株内的养料充足,运输分配得当,减少蕾铃脱落,取得丰收。

☞ 关键词: 棉花　落蕾　落铃

为什么要给棉花整枝

棉花整枝对增产有很大作用。这是因为,整枝以后,首先调整了棉株内部的营养状况,减少了养料的无益消耗,使棉铃能得到更充分的养料,满足它生长发育的需要,从而可以减少蕾铃脱落和提早成熟。其次,整枝之后,改善了棉田的通风透光条件,棉田小气候也得到改善,提高温度,降低湿度,使下部花蕾得到充足的阳光,提高结铃率,并能抑制病虫活动,减少烂铃。

棉花的整枝技术,有打叶枝、打顶、打边心、打老叶病叶和空枝、抹赘芽等。但由于棉株的生长情况不同,整枝的时期和方法也应有所不同,不能千篇一律,应根据每株棉花的生长情况等,灵活应用。

打叶枝:棉花的叶枝(也叫营养枝或雄枝)不直接开花结铃,但是消耗养料多,致使果枝推迟开花结铃,而且叶枝生长迅速,会造成过分荫蔽,光照不足,常导致植株徒长,增加蕾铃脱落,因此,要把叶枝摘去。摘叶枝一般在棉株现蕾后,能够辨别清楚果枝和叶枝的时候进行。

打顶:在棉株长到一定时期后,将棉株主茎的顶芽摘去,这叫做打顶。打顶的目的，主要是防止结铃后期主茎顶芽无限制地向上生长，消耗养料，使养料能集中供给蕾铃发育，这样就可以减少蕾铃脱落，增加结铃和提早收花。这是棉花整枝技术中最重要的一项。一般来说，打顶时间最好在当地早霜期以前75天左右进行。一般在大暑(7月下旬)到立秋(8月上旬)之间分批进行比较适合。

打边心：果枝的顶梢叫边心。打边心就是将果枝的顶梢摘去。打边心的作用主要是阻止果枝的顶芽向旁边继续生长，调节棉株内部营养，改善通风透光，从而可以减少蕾铃脱落，增加产量。打边心一般应该分批进行，以早打、轻打为宜。打边心的时间，应选择在果枝上有一定数量的果节时进行。一般中下部的果枝留 3～4 个花蕾，上部留 2～3 个花蕾就行了。并应以棉株的果枝互不交叉和棉田不发生严重荫蔽为原则。

打老叶、病叶和空枝：在棉株密度较大，生长茂盛，发生郁闭、有碍通风透光时，在开花期，可适当打去主茎下部的老叶、病叶，使棉田透光通风良好，降低湿度，减少烂铃。到吐絮期，如果棉株仍有郁闭现象，还可继续打主茎下部的老叶，并剪去蕾铃完全脱落的空果枝，以减少荫蔽。

抹赘芽：打顶过早时，棉株主茎甚至果枝各节，常常生出许多小叶枝芽。这些芽一般不能结果，既消耗养分，又容易造成荫蔽，影响棉花蕾铃的发育，所以叫做"赘芽"，应当随见随摘。

试验证明，经过整枝的棉花，落蕾现象可减少 18% 左右，落铃可减少 7% 左右。

关键词：棉花　整枝

240

为什么番薯会越藏越甜

大家都有这样的经验,番薯越藏越甜。

原来,番薯的块根里含有很多淀粉(平均为20%),淀粉转变成为糖,番薯就有甜味了。在生长期间,温度比较高,薯块只积累淀粉,糖分很少,而且由于水分比较多,所以这时挖个薯块来吃,甜味较淡。贮藏以后,由于温度渐渐降低,薯块里的物质随之发生变化,淀粉天天减少,糖分天天增多,又由于水分减少了,所以番薯就越藏越甜了。

当然,藏得太久也不好,因为薯块会腐烂的。

一般贮藏番薯的方法,是在地下挖一个坛子形的窖来贮藏,天热时打开窖口出气,天冷时盖住窖口保暖,可以保证薯块到第二年下种时还是新鲜完整的。

> ☞ 关键词: 番薯　淀粉　糖分

为什么会有僵番薯

我们吃煮熟了的番薯时,有时会发生一些不愉快的事情。例如,薯皮一剥,大块大块地掉下来,好好的一只番薯,剩下没多少,而且吃起来还有苦味。也有的整只番薯蒸不烂,仍旧是硬邦邦的,皮剥不掉,也不能吃。这些番薯,就是我们俗称的僵番薯。

前一种僵番薯,是一种病菌在作怪,名字叫黑斑病,也有

叫黑疤病，是从国外传入的。薯块受害后，初为黑色的小斑，逐渐发展成圆形或不规则的大黑斑，蒸煮不烂，并有特殊的苦味，不能食用，牲畜吃了会中毒。严重时使整只番薯全部烂掉。

后一种僵番薯，是由于受渍害或水浸后造成的，也叫硬番薯，或"硬心"。番薯块根浸了水以后，为了不让水侵入，薯块组织中的不溶性原果胶质增加，细胞膜会加厚。一旦脱离水以后，这种不溶性果胶质并不因之减少，而且增厚的细胞膜也不变薄，终于成为一层挡水的"墙"，即使水煮，也产生拒水的现象，结果成了僵番薯。

这两种僵番薯，既不能食用，更不能做种，严重影响品质。如果在贮藏的时候混有这种僵番薯，那真是害群之马，自己烂了不算，还会使周围的好番薯也一起烂掉，造成很大的损失。因此在贮藏之前，我们必须逐个逐个地严格挑选，将这种僵番薯清除出去。

关键词：番薯　黑斑病

242

为什么说马铃薯的薯块是茎
而番薯的薯块是根

你可曾注意过，从泥土里挖出来的马铃薯的薯块是地下的茎形成的,而番薯的薯块却是由根形成的。

怎么知道这种区别的呢?挖马铃薯的时候,你仔细地看看就明白了：马铃薯薯块是生在一种在地下横走的茎的顶端的。横走茎长到一定的时候,顶端就膨大起来,形成了薯块;因为样子变得粗厚了,往往容易骗过人的眼睛。不信的话,你拿一块马铃薯薯块仔细检查一下，就会发现它的表皮上有许多小孔,孔里有芽,孔边上有一道像眉毛般的痕迹,孔和这道痕迹很像眼睛,因此植物学上称为芽眼。如果把各个芽眼用线条连起来,就会发现芽眼在薯块上是按螺旋次序排列的。芽眼里的芽,可以抽出枝叶来。那眉毛般的痕迹又是叶子(鳞片形叶)留下的残痕。这些突出的特征,就是一般植物茎的特征。

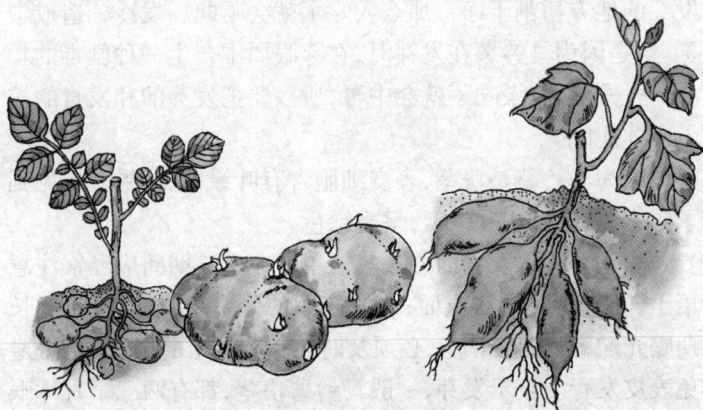

我们再看一下番薯,番薯的薯块虽也能长芽,但是芽的位置很乱,没有一定的排列顺序,又没有像马铃薯薯块那种叶子的痕迹,这些都是根的特点。挖番薯的时候你仔细看看,可以看出番薯的薯块是由主根上长出的侧根和不定根膨大而形成的,所以叫做块根。

☞ 关键词:马铃薯　番薯　块茎　块根

发了芽的马铃薯为什么不宜吃

马铃薯贮藏在菜窖里,常常会发绿变青,时间长了还会长出嫩芽来。平常,在地里培土培得不够高,或者地窖里漏进阳光,也会使马铃薯发绿变青。

别的东西发了芽不要紧,还可以吃。拿黄豆来说,人们还特意叫它发芽,变成黄豆芽吃呢。然而,如果不把马铃薯发青、发芽的地方切割干净,那么人吃了就会呕吐、发冷,造成中毒。这是因为马铃薯在发芽时,在芽眼周围产生一种剧毒的物质——龙葵素,人吃了就会中毒,所以要把发芽的和发青的挖干净才能吃。

因为马铃薯是块茎,表皮细胞含有叶绿素,如果表皮见到了阳光,就会形成叶绿素,呈现绿色。

防止马铃薯发青的方法较简单,在生长期间应经常注意培土,不让薯块裸露土面;作为食用的薯块收回来后,不宜长期曝光贮藏,经晾干后,必须及时转移到黑暗的场所,就可避免表皮发青。至于发芽,一般马铃薯块茎,都有两三个月休眠期,即采收后两三个月里不会发芽,所以,一般食用的马铃薯最好在采收后两三个月内吃完;如果留种用的薯块,为防止它发芽,可用植物生长刺激剂α萘乙酸甲酯来处理,效果非常显著,因为α萘乙酸甲酯对马铃薯的发芽有抑制作用。

关键词:马铃薯　龙葵素

粮食贮藏不好为什么会发热霉烂

　　贮藏中的粮食和种子,在一定时期内,是有生命的,像人一样,是会呼吸的。在呼吸活动进行的时候,吸入空气中的氧,氧化分解粮粒内部的营养物质,产生二氧化碳、水和热能,积聚在粮粒的间隙中。由于粮粒本身的导热性能很差,热量很难传导到粮堆外面散发,慢慢地越积越多,到热量与水分达到微生物适宜繁殖的阶段(一般是温度在20℃以上,相对湿度达80%左右时),微生物就能开始活动,分解和吸收粮食营养物质。这时候,粮食就会发生高温,以致变质霉烂。

　　造成粮食发霉变质的主要原因,是粮食的含水量和粮堆内的温度。一般粮食含水量在13%以上,粮堆温度超过15℃时,粮粒的呼吸活动逐步增剧,散布到粮粒表面和粮粒间的水汽和热量显著增加,就会引起发霉变质。如果干燥的粮食,即使在气温上升的高温季节,也不会发热霉烂。有时粮食含水量虽然高到17%～18%,而粮堆温度保持在15℃以下时,粮粒的呼吸活动还是非常缓慢,也不致引起发霉变质。

　　其次,粮食里的秕粒、破损粒、泥块、皮壳等,含水量一般比完好的粮粒高,附着的微生物也多,容易引起粮食的发霉变质。还有一些粮食的害虫,由于消化分解粮食的生理活动,会增加粮粒间的水汽和热量,也是导致粮食发霉变质的一个因素。

要使粮食和种子等在贮藏期间不发热霉烂,首先要注意它们的贮藏,在入库前必须晒干扬净,要尽可能干燥,清除害虫和杂质。凡是干燥清洁的粮食,应该贮藏在密闭冷凉的地方,潮湿多杂质的粮食,应当贮存在通风而便于翻晒或烘干处理的场所。

☞关键词:粮食贮藏

为什么发霉或发芽的花生不能吃

在梅雨季节,我们常常会发现许多花生上长了一层灰绿色的霉。长了霉的花生究竟能不能吃呢?一般来说,长了霉的花生不能吃。

为什么不能吃呢?

我们看到的霉,就是霉菌在花生上大量繁殖后形成的肉眼可见的菌落。花生含有丰富的蛋白质、脂肪和碳水化合物,正是霉菌生长的良好培养基,在适宜的温、湿度条件下,很容易被霉菌侵染。而霉菌为了生长繁殖,就要大量消耗花生所含有的有机物质,因此,发了霉的花生从它的营养和食用价值来讲,比正常的花生要低得多。另外,有些霉菌还会分泌出有毒的代谢产物,如果被这种有毒的菌种感染,也就会污染上毒素。

目前发现，有许多霉菌能产生有毒物质——霉菌毒素。世界上现在研究最多的是黄曲霉素。它是黄曲霉的代谢产物。黄曲霉在温度为 30～38℃、相对湿度为 85% 时，就会在花生上大量繁殖，其中，有的菌株就会产生这种毒素。黄曲霉素对绝大多数动物表现出很强的急性毒性，而且具有明显的致癌作用，对人畜的健康威胁很大。1960 年英国英格兰南部及东部地区有 10 万只火鸡吃了发霉花生粉后，很快都死了。事后，从这些发了霉的花生粉中分离出一支霉菌，就是黄曲霉，正是它产生的黄曲霉素造成了 10 万只火鸡的死亡。后来，有人用含黄曲霉素的饲料喂养猴子，发现可以诱发肝癌。也有人调查过非洲某些地区原发性肝癌的发病率很高，这与当地居民长期食用发霉的花生有关。因此，发了霉的花生及其制品很可能被黄曲霉素污染，如果食用，就会直接危害人的健康。

同样，花生发了芽以后，它的营养成分会迅速降低。同时，发芽过程中水分含量增高，更易引起霉菌的污染。

为了防止花生发霉和发芽，我们收

获花生后要及时将它们干燥到安全水分以下，贮藏在干燥冷凉的地方，避免霉菌感染。

☞ 关键词：花生　黄曲霉素

油菜开花时放蜂有什么好处

冬去春来，历尽严寒考验的油菜，已经一片黄花，预示着丰收即将到来。然而有时并未如人所愿，油菜开花虽多，却不都能结实，一般结实的只占开花数的 40% ~ 70% ，产量很低，这是什么道理呢？

经过研究，认为油菜之所以开花多、结果少，与温度、湿度、光照、病虫害等方面有着密切的关系。又认为要提高油菜单位面积产量，除改进耕作措施，加强田间管理外，在油菜开花时，利用放蜂给油菜传粉是一项有效的增产措施。因为油菜是异花传粉作物，如果单靠自然传粉，结实率是有限的，最好的办法是请昆虫来帮忙。就昆虫而言，蜜蜂是效率最高、效果最好的传粉昆虫。由于油菜花的蜜腺能分泌十分香甜的蜜汁，特别在早春，蜜蜂的"口粮"往往不足，因此，它们对油菜花格外感兴趣，也十分乐意为油菜帮忙。

据试验，经过蜜蜂传粉的油菜，结角时间比没有经过蜜蜂传粉的提早 4 ~ 6 天，菜籽千粒重提高 1 克，种子出油率可提高 4.6% ~ 10% ，种子发芽率可提高到 95% 。从以上的试验数据中不难看出，经过蜜蜂传粉的油菜不仅能增加产量，而且还能提高菜籽的品质。

另外,利用放蜂还可以弥补油菜花后期养分不足的缺陷,因为油菜是无限花序的植物,花的开放,都依照一定的顺序进行,开花期比较长。一般情况下,先开的花,营养充足,结实率高;后期开的花,营养较差,往往由于花粉不足,不能充分受精,结实率较低。但是,通过蜜蜂传粉后,绝大部分的花便可以充分受精结角了。

可能有人会认为,一般的昆虫不也是能够做一些传粉工作,又何必非要用蜜蜂呢?野生昆虫由于身体结构和生活习性关系,大多是三三两两、自由散漫地活动,传粉的效果很差。况且野生昆虫中还有一部分为害虫。只有蜜蜂,它们都是成群结队,有组织有纪律地进行活动的,其数量比野生昆虫多得多,更重要的是,蜜蜂全身长着绒毛,便于粘附花粉粒。而且它们的采集性专一,最适合传粉工作。因此,利用蜜蜂传粉,是不用投资便能获得增产的一条捷径。

☞ 关键词: 油菜 蜜蜂 传粉

为什么油瓜到晚上才开花

油瓜是生长在我国南方森林里的一种野生藤本植物,我国科学工作者很早就开始对它进行开发利用研究。经化验,它是一种无毒而且可供食用的油料植物。由于它和西瓜、南瓜同样是葫芦科植物,但它的种子含油非常丰富,人们给它取名"油瓜";又因它的油色清黄,味似猪油,又有人称它为"猪油果"、"油渣果"。油瓜的果实虽与西瓜、南瓜大小差不多,但是

它的种子却比南瓜、西瓜的种子要大 60～100 倍,有鸭蛋那么大,它开花结果以后仍然继续生长,是一种多年生的常绿木质藤本植物。

油瓜种植一二年内就开花结果,雌雄异株,一年开花两次,即春花和秋花,一棵雌株可结 30～50 个像小西瓜那样大的果实,每个果实有 6～8 个如鸭蛋般大的种子。种仁的含油量高达 70%～80%,一般 12～18 个果实就可以榨油 0.5 千克,是一种很好的油料植物。因为它从野生变家生的时间还不长,在高产栽培方面的技术还没有完全解决,目前仍处在引种试种阶段。

油瓜和一般栽培瓜类一样,都是靠昆虫传粉受精的,可是它与众不同,偏要在晚上才开花,开花的过程也很特别,每到晚上 7～10 点钟,花蕾渐渐地松、裂,而后花瓣突然在一瞬间弹裂张开,花冠裂片边缘的丝状体也立即撒开垂下,到第二天白天,其他瓜类正在开花的时候它却凋谢了。那么,昆虫怎样替它传授花粉呢?

我们知道,自然界的昆虫是各式各样的,大多数是在白天活动，也有不少昆虫是白天休息，晚上才出来活动的，如蛾类大部分是在晚上活动。油瓜原来是野生在南方茂密森林中的一种藤本植物，它的花大而洁白和在晚上才开花，这是长期来对环境适应的结果。现在虽已被我们引种栽培，但因引种时间还短，仍然保持了其自然的特性，到晚上才开花，由夜蛾来为它传播花粉，繁殖后代。

关键词：油瓜　虫媒花

为什么油棕称为"世界油王"

　　当你踏上我国南方宝岛——海南岛的时候，就可以沿着公路两旁看到一排排高大的树，叶子很像椰子树但不结椰子果，而是在其叶腋间结着一垒垒由拇指般大果实组成的果穗，这就是油棕树。

　　这种植物原产于非洲西海岸，喜高温多湿的环境，是一种热带植物，它被引入我国海南岛栽培已经近 40 年的历史，现在云南、广西等省区也有种植。

　　油棕的油用途是很大的，它的果实含有两种油：由果实外皮榨出的油叫棕油，可以作食用油脂和人造奶油，在工业上可作机器的润滑油、内燃机燃料、肥皂、蜡烛以及罐头工业薄铁片的防腐剂；由种仁榨出的油叫棕仁油，它是良好的食用油，又可制高级人造奶油以及高级肥皂、药剂、化妆品等。

　　油棕之所以称为世界油王，并不是由于它的用途广和经济价值大，而是它的单位面积产油量高。椰子算是世界上产

外果皮
中果皮
种仁

油量高的植物吧，但它只有种
仁含有油分，而油棕除种仁含
有油分外,它的中果皮也含有油分,中果皮含的油分还比种仁
含油分略高（中果皮的含油量为 45% ~ 50%，种仁的含油量
为 45%）。

　　仅以油棕每亩产棕油(即果皮榨出的油,种仁的油不计算
在内)计算,比椰子高 2 ~ 3 倍,比花生高 7 ~ 8 倍,比大豆高 9
倍,比棉籽高几十倍,真不愧为"世界油王"。

☞ 关键词：油棕

为什么向日葵会有秕籽

向日葵顶上那朵大花盘,是由近千朵小花组成的。每朵小花结一颗籽(实际上是果实),所以在成熟后,花盘上密密麻麻的,满是灰白相间的颗粒,但是这些小颗粒中,常常会有秕籽。

原来,向日葵是一种异花受粉的作物,必须靠蜜蜂等昆虫或微风来传粉。

有时很不巧,当向日葵开花的时候,遇上阴雨连绵的天气,昆虫很少在花间出没,结果没法授粉,就不能结籽。向日葵秕籽,大都是这样造成的。另外,如果播种过晚,开花很迟,由于自然条件的影响,也会因受粉不完全,籽粒结得不饱满。

如果想得到好收成,就要在向日葵开花时,帮助它运输"花粉"——进行人工授粉。

向日葵花盘上的千百朵小花并不是在一天里同时开放的,是花盘边缘上的先开,跟着里面的再开,中央的最迟,所以往往中央的秕籽最多。所以,人工授粉不是一次就可以完成,要做好多次,大约每隔四五天做一次,一直到中央的小花开完为止。

人工授粉的方法很简单,早晨向日葵开花时,将靠近的两个花盘面对面地合在一起,轻轻擦几下,这样,两个花盘上的花粉就互相传播了。或者你戴一只工作用的纱布手套,在每个花盘上摩擦几下,这样,手套上沾上的花粉就能传到另一个花盘上。或者用一种扑子来代替手套,也能得到很好的效果。

关键词: 向日葵 人工授粉 秕籽

为什么甘蔗老头甜

常言道:"甘蔗老头甜,越老越新鲜。"

的确,甘蔗的上半截没有下半截甜,特别是梢头,简直就淡而无味。

当甘蔗还是幼苗的时候,生命活动的主要部分是根和叶,根吸收水和养分,输入叶子,叶子吸收了二氧化碳,连同根部送来的水和养分,在阳光下,制造成自身所需要的养料。这种幼苗时期的甘蔗,如果你取来尝尝,梢头和老头都没有什么甜味。但是随着甘蔗的成长,它的内部活动不仅旺盛而且复杂起来了。甘蔗在它成长过程中,需要剥几次叶子。剥叶子的作用,除了更加速甘蔗向上发展以外,主要是使甘蔗的茎秆直接受阳光的照射,因为甘蔗的茎秆,是制造糖分的一个重要部分。

一切植物,都有这样一个特征,就是它制造出来的养料,除了供自身成长的消耗以外,多余的就贮藏起来,贮藏的地方多半是在根部,而贮藏起来的多半是糖分或淀粉。

甘蔗也一样,它制造出来的养料,除供自身成长消耗外,有一部分就化成糖分积贮在根部。由于甘蔗茎秆制造成的养料绝大部分是糖,所以积贮的糖分更加浓。

此外,因为甘蔗叶子的蒸腾作用,需要大量的水分,所以甘蔗梢头总是保持着充足的水分,供叶子消耗,这些水分总是越近梢头越多,而水分的多少,也影响着糖分的单位含量。换句话说,水分含得越多,就越把甜味冲淡了。

这就是"甘蔗老头甜"的道理。

但是,如果甘蔗在地里长到 10 月以后,情况就会有改变,梢部同样很甜。所以,在广东等甘蔗产区,有"10月糖到梢"的说法。

关键词: 甘蔗　糖分

果树的收成为什么有大小年

对果树熟悉的人,差不多都知道果树有一个古怪的脾气,那就是当它跨进结果盛期之后,就会出现隔年结果的现象:一年大量结果,另一年产量却显著降低。这种现象在一些主要果树上,如苹果、梨等,表现得更明显,因此人们给它一个专门名字,叫做"果树的大小年"。

果树为什么有大小年呢?

果树结果的多少,首先,是看它前一年花芽多不多。如果在秋天,果树形成的花芽很多,那么第二年开花结果也多,收成就好;如果头年果树形成的花芽很少, 那么第二年结果就少,产量降低。

果树所以一年产量高,一年产量低,主要原因是营养问题上的矛盾:因为在大年里, 由于结果多,养料首先供应正在生长的果实,而枝条却得不到足够的营养物质,不能满足花芽发育的需要, 果树就不能形成很多花芽, 于是第二年就成了小年,结果不多了,产量不高了。但在小年,果树因为结果少,所以积累起来的营养物质比消耗掉的要多, 叶子制造出来的物质,能充分供花芽发育时的需要,所以,在小年的秋季,花芽又会大批出现,过一年就能结大批果实,成为大年。这样年复一年,果树就出现了大小年的现象。

可是小树却不同,因为小树结果少,它每年除了结果用去一些养分以外,还有足够的营养物质来形成花芽,因而不仅很少有大小年,而且随着树冠长大,结出的果实能一年比一年地增多。

为了缩短果树大小年的差距,对果树进行科学的和适时的施肥,并且在花、果多的年份及时地进行疏花和疏果,可以收到明显的效果。

☞关键词:果树大小年

果树为什么要修剪

山沟里的野生果树是从来不修剪的。但是,生长在果园里的果树,不修剪不仅产量很低,而且树冠结构紊乱,管理也极不方便。所以在果园里,果树每年要进行修剪,有些管理精细的果园,甚至一年还剪好几次哩!

果树所以要修剪,首先,是因为果树的发枝能力很强。像桃、苹果等果树的一个芽,一年可以长几次枝条。因此,如果不进行修剪,让它自然生长,树冠很快会密不通风,连阳光也透不进去。果树得不到足够光照,就不能形成很多花芽,产量必然很低。修剪可以解决果树发枝和光照的矛盾。

第二,各类果树各有各的结果特性。梨和苹果是以短果枝结果为主;水蜜桃却以筷子粗的长果枝结果为最好;苹果幼树多腋花芽结果,而成年树却转变为顶花芽结果,等等。为了使果树高产,我们就必须有目的地培养这类理想的结果枝条,利用修剪技术,去粗存精,将能结果的枝条多留一些,而无用的枝条则多剪去一些。

第三,有了花芽,有了结果枝条,如果果树没有坚强的骨骼,大枝都很细弱,即使结果枝条很多,也担不住多少果实,最后仍旧达不到最高产量。因此,还必须根据不同树种的生长特点,从小就要有目的地培养丰产树形,以便在一定范围内,果树能挑起最大产量的重担,而且使寿命延长。这也要靠剪枝去培养。

第四,果树还有一个大小年的现象,结过果的枝条,往往第二年结果很少,要休息一年,甚至两年。为使果树在高产基础上年年保持稳产,其中重要的条件,就是枝条的合理分工,使每年形成一定比例的结果枝和生长枝,内外长短配合好。在这一方面修剪技术也起着很大的作用。

此外,修剪还可以把树上的一些病虫枝剪去,减少病虫为害。

☞ 关键词:果树修剪

为什么果树要经过嫁接

水稻、小麦、番茄、辣椒和棉花等,都是用种子播种的。可是苹果、梨、桃子等果树,用种子繁殖出苗木后,都要经过嫁接,才能成为优良品种。这是什么道理呢?

据说很久以前,古人繁殖果树,起初用的也是播种法,他们将好吃的果子中的种子留下繁殖，心想种出来的果树，也像瓜一样能保留原有的优良品质；然而令人失望，得到的结果恰恰相反，这种果树结出来的果实总是与原来的不一样，几乎是种十株十个样，种百株百个样，而且品质多数变坏了。人们在当时虽找不出这是什么原因，但教训多了，以后也就慢慢地放弃了直接用种子繁殖的方法，改用了嫁接法繁殖。

今天，我们能够吃到多种多样的好水果，如温州蜜橘、莱阳梨、肥城桃等，它们在长期繁殖过程中没有发生变异，这都是嫁接法的功劳。

到了近代，随着科学的发展，这个谜终于被揭开了。原来，果树和瓜类不同，它们自花结实率极低，多数需要异花传粉后才能结果。在自然情况下，果树的种子本身就不是纯种，而是接受了另一品种花粉后的杂交种，因而长成的果树当然不会和原来的一样了；至于品质变坏，那是由于母株受了野生树花粉影响的结果。嫁接法的情况就不同了，它用的是老品种上的枝条或芽，是无性繁殖，没有经过杂交过程，因而后代不会发生变化。

靠接　　芽接　　切接

然而,嫁接法的好处还不止这一点,它还能使果树提早结果,加强适应性和抗性。例如,嫁接在矮化砧木上的苹果,1～2年就结果。同样的梨树,北方地区用秋子梨做砧木,抗寒力提高,南方用杜梨做砧木,耐湿抗涝能力加强;广东潮汕地区将蕉柑、枡柑接在耐涝性强的红柠檬砧木上,能在水稻田里栽培;我国西北地区将苹果接在兰州秋子上,可使日烧病减轻,等等。由于嫁接法繁殖果树优点多,所以现在已成为繁殖果树最普遍的一种方法了。

☞ 关键词: 嫁接

为什么落叶果树会有一年两次开花

大家熟悉的杨桃、番石榴、番荔枝、蒲桃等热带常绿果树,一年可开几次花。但是桃、李、梅、杏等落叶果树,每年只开一次花,一般是春天先开花后出叶,春夏结果,秋季落叶,冬季休眠。但有些年份,它们也会打破常规,在秋季或冬季再开一次花,出现一年两次开花的现象。

为什么桃、李、梅、杏、苹果等落叶果树会出现一年开两次花呢?这些果树的花芽和叶芽都是隔年形成的。在正常的气候条件下,果树在春天开花出叶的同时,形成次年的花芽和叶芽,为明年的开花结果打下了基础。如果当年由于管理不当,或者受食叶昆虫为害,或者由于天气干旱等原因,造成果树叶子提早落叶(非正常落叶期),使部分应该在当年开放的花芽和叶芽继续休眠,而落叶后的气温还很高,果树的生命活动还很旺盛，又使休眠的花芽和叶芽重新于当年开放，因而出现了一年中两次开花的现象。

还有，有些果树当年形成的花芽和叶芽，经过一段落叶休眠后，如遇冬季天气突然回暖（小阳春），部分花芽和叶芽提早于当年开放，也会引起第二次开花现象。但提早开放的花朵数量不会很多，时间也不会很长。这种由于冬季回暖造成的第二次开花，对明年果树的正常开花是有一定影响的。

对大多数果树来说，必须加强管理，避免第二次开花，以达到连年稳产的效果。但我们掌握了果树的生长发育规律，可以利用果树两次开花的特性，促使每年结两次果，增

加当年的产量。现在对葡萄等果树，就采用了两次开花结果的生产方式。

关键词：落叶果树　一年两花

为什么矮化果树产量高

一些老的果园，果树高大，树冠广阔，互相连接，林下十分阴凉。但是，你很难在树冠以下的枝条上看到果子。你要采摘果子，不是爬树就是用梯子，或者要用长钩子才能摘到。这些果园都是疏植果园，一般每亩种植果树 20～30 株，产量较低，如一亩管理得好的荔枝园，亩产荔枝 600～900 千克，而一般的都在 500 千克以下。

近年来采用嫁接、圈枝、打顶等方法，使果树矮化，这除了使果树提早开花结果以外，还提高了果树的种植密度，从而提高了单位面积产量。

为什么矮化果树的单位面积产量比大果树的单位面积产量高呢？这是因为，大果树树高冠大，一棵树占有 2～3 棵矮果树的土地面积。从圆球体表面积计算，2～3 棵矮化果树的树冠面积，比一棵大果树的树冠面积要大。因此，矮化果树能提高光能的利用率，从而提高单位面积产量。同样，密植矮化果树的根系，其吸收养分的范围也大于稀植果树的根系，这就提高了土地的利用率，能吸收更多的养分。另外，大果树的树干高、枝条长、分枝少、阴枝多，水分和养分的运输距离长、消耗大，而矮化果树的树干矮、枝条短、分枝多、阴枝少，水分和养分的运输距离短、消耗少，这也是矮化果树单位面积产量比稀植果树产量高的原因。

总的来说，矮化果树具有营养面积大，光能利用率高，积累多消耗少，管理和收获方便，提早开花结果等优点。

关键词：矮化果树
光能利用率

为什么植物的果实在成熟前
硬、青、酸、涩，成熟后软、红、甜、香

许多植物的果实，在成熟前和成熟后，像变戏法似的发生着变化：成熟前硬、青、酸、涩；成熟后软、红、甜、香。这是为什么呢？

原来，果实的硬度，主要决定于细胞之间的结合力。但是，这种结合力是受果胶影响的。在未成熟的果实中，果胶不溶于水，把果肉细胞紧紧地粘结在一起，因此果实较硬。随着果实的逐渐成熟，果实内果胶酶的活性增加，原果胶被转化为能溶于水的果胶，同时果肉细胞中的胶层果胶钙也被分解，这样细胞的粘结力减弱，细胞相互分离，所以成熟的果实吃起来就会感到松软。而此时，如果果肉细胞之间仍保持一定的粘结力，那么，果肉硬度就相应地增大，吃起来也就会觉得清脆爽口。

果实在成熟前大多呈绿色，即我们所说的青。但到成熟时，果实就变成黄色、红色或橙色了。我们知道，植物体内含有叶绿素、类胡萝卜素和花青素等色素。香蕉、苹果、柑橘等果实在幼嫩时期，果实内叶绿素含量高，果实都是绿色；当果实成熟时，果实内一种叫叶绿素酶的物质会不断增多，并不断分解叶绿素，使叶绿素逐渐消失。这时候，潜伏在果实内的类胡萝卜素和花青素则逐渐显现出来。类胡萝卜素呈黄色、橙黄色或橙红色，花青素呈红色，所以果实就变得黄里透红了。

果实未成熟时，果肉细胞的液泡中积累了很多有机酸，因而具有酸味。当然，不同的果实含有机酸也是不同的，例如，柑橘含有柠檬酸、苹果含有苹果酸、葡萄含有酒石酸。随着果实

的成熟,果实内有机酸的含量会逐渐下降,有的转化为糖,有的参与呼吸生成二氧化碳和水,有的则被一些离子中和,这样,果实酸味下降,甜味就增加了。

还有,未成熟的果实中贮有许多淀粉。在果实成熟过程中,随着呼吸作用的增强,淀粉转化成了糖。因而,成熟的水果就特别甜。

未成熟的果实有涩味,因为它的细胞液中含有单宁。当单宁被过氧化氢氧化成无涩味的过氧化物,或者凝结成不溶于水的胶状物质时,涩味就消失了。

另外,水果在成熟的过程中还会产生一些特殊的脂类和醛类,而且具有挥发性。因此,我们就会感受到水果的香味。

☞ 关键词: 果实　果胶　色素
　　　　　 有机酸　单宁　糖分

为什么夏季多雨一般瓜果就不太甜

夏天，正是各种瓜果大量上市的季节，有甜而多汁的西瓜，有芳香扑鼻的甜瓜，成为人们的消暑佳品。

可是有时夏季如果阴雨天气多，那么瓜果的味道就不像一般年份那样甜了，可能还有点酸味，这是为什么呢？

一般的瓜果，里面含有 85% ~97% 的水分，除了水分以外，主要就是糖分，所以我们吃起来感到甜。

瓜果里的糖分，是由叶子通过光合作用制造的碳水化合物，贮藏在果实里的。光照充足，贮藏的碳水化合物就多。

如果在果实的成熟时期多阴雨天气，太阳光照到植物的时间相应减少了；光照时间不足，果实里贮存的碳水化合物——糖就少了，甜味当然就不够。

关键词：瓜果　碳水化合物　糖分

怎样培育无籽西瓜

西瓜里总是含有一大堆种子,吃的时候,要把它吐出来。现在,人们已培育出没有籽(实际上是有籽的,不过种子还没有发育)而又多汁甜脆的西瓜。

这是人类认识自然、改造自然的结果。原来在自然界里,除了极大多数需要开花结籽传宗接代的植物以外,也有一些只结果实不结籽的植物。人们对这些不结籽的植物进行了观察研究,发现它们多半是三倍体植物。所谓三倍体,就是它们的体细胞(根、茎、叶等器官的细胞)的染色体数,为性细胞(花粉和卵细胞)的三倍。植物的体细胞的染色体数通常只为性细胞的二倍(性细胞的染色体数称为单倍),所以叫做二倍体植物。只有染色体为偶数倍的植物(如二倍、四倍等)才能产生种子,普通西瓜是二倍体植物,染色体数是 22 个,配成 11 对,所以能传宗接代。无籽西瓜是三倍体植物,它的染色体数是 33 个,当细胞分裂时,染色体分配不平衡,就造成了严重的不孕,结不出种子来,所以果实里绝大部分是无籽的。

有些植物在环境条件剧烈变化下,会发生突变,能使体细胞的染色体加倍,现在人们常用一种生物碱——秋水仙素溶液来处理植物的种子,就能培育出多倍体植物。

为了培育三倍体西瓜,人们首先用 0.01% ~ 0.4% 的秋水仙素溶液浸泡普通西瓜的种子,或者涂抹它的幼芽,来获得四倍体的西瓜植株的种子。然后种四倍体西瓜种子,用普通西瓜作父本,四倍体作母本,进行杂交,这样就获得了三倍体西瓜种子。用三倍体西瓜种子种植,还不会产生出无籽西瓜。因为三倍体植株上雄花的花粉已失去了机能,没有授精的能力,必须把普通二倍体西瓜的花粉授到三倍体植株的雌花上,才能长出无籽西瓜。所以我们在瓜田里看到,三倍体西瓜和二倍体西瓜混种,有利于昆虫传粉。

目前正在研究用组织培养方法来进行无性繁殖,不久的将来,就可大量栽培无籽西瓜了。

👉 关键词:无籽西瓜　秋水仙素　三倍体

怎样鉴别西瓜的生熟

夏天,当你汗流满面、感到嘴干时,吃个西瓜,那清甜的汁水,是那么鲜美解渴。西瓜真可说是夏季最受人们欢迎的瓜果了。可有时候,当你满心欢喜地捧来一只西瓜,切开一看,不觉眉头皱了起来,只见一腔瘪瘪的小白瓜子,瓜肉淡而无味,活像一只冬瓜,真是大为扫兴!

其实,西瓜同其他瓜果一

样，都有一个生长、发育到成熟的过程，在什么时候采摘最适宜，要根据人们的需要而定。譬如，我们熟悉的丝瓜，食用部分就是它那幼嫩的子房，丝瓜花谢后只要经过两个多星期，细长的嫩瓜果肉厚实、多汁，是很美味的蔬菜。如果等它熟透了，成了里面布满丝瓜筋和黑瓜子的老瓜，还怎么能拿来做菜呢？对于西瓜来说，就与丝瓜相反，我们需要的是植物学上称为成熟的果实。西瓜花落后，子房随种子的成熟而渐渐膨大起来，根部吸收的水分和矿物质，叶子进行光合作用制造的糖分，源源不断地向西瓜这个"仓库"运去。大约经过 40～60 天时间(有的品种还要更长些)，瓜才成熟。成熟的西瓜瓜皮上的茸毛没有了，溜光透亮，果梗旁边的卷须渐渐枯萎，瓜脐向里凹陷，西瓜与土地接触的那一面已变成黄色，这样的瓜八成是熟瓜。西瓜摘下来后，用手指弹弹，听瓜发出来的声音也可判断瓜的生熟，声音沉闷的是熟瓜，声音像敲木鱼般的是生瓜。此外，如果把一只西瓜放到水里，瓜往上浮，那十拿九稳是熟瓜了。这时的西瓜，种子充分成熟，瓜肉组织里充满了水分和大量的糖分，内部的生理变化通过外部形态表现了出来。你了解了这些规律，判别西瓜的生熟就不困难了。

关键词：西瓜

为什么西瓜种子在果实内不会发芽

夏天，是西瓜成熟的季节，满载西瓜的车船从产地源源不断地运入城市。有趣的是，在长途运输中，西瓜即使滚瓜烂熟，种子也决不会在瓜内发芽。而其他植物,如采收后的油菜,油菜籽在荚角里遇有适宜的温度和湿度,便会发芽后破荚而出。这是为什么?

原来,西瓜果实的浆汁中,含有大量抑制种子生长的酚类物质,如咖啡酸、阿魏酸等。它们能促使植物体内的吲哚乙酸酶含量增加,并催化合成大量的吲哚乙酸。吲哚乙酸是一种植物生长激素,主要是促进植物细胞的分裂和细胞伸长、增加。但它的作用与浓度的大小有密切关系,在低浓度时 (一般在 $1 \times 10^{-6} \sim 100 \times 10^{-6}$) 会促进生长,高浓度时 (一般在 $100 \times 10^{-6} \sim 150 \times 10^{-6}$) 则抑制生长,甚至杀死植物。同时,咖啡酸和阿魏酸还会干扰植物体内能量的转化、ATP 的生成,使种子在萌发时得不到必需的能量供应,而处于被抑制状态。只有当西瓜籽离开了浆汁包裹的瓜瓤,用水冲洗后,消除了抑制种子发芽的物质,种子才有可能正常地萌发。在西瓜播种前,瓜农

通常将种子用冷水浸 4～5 小时，搓去表面黏液，这样便可提高种子的发芽率。

除了西瓜以外，绝大多数瓜果类以及番茄等种子也有这种特性。

为什么吃菠萝时最好先蘸盐水

菠萝又名凤梨，是一种多年生的草本植物，叶子呈剑状，密生，边缘常有利刺，是著名的热带水果。它原产美洲的巴西，以后逐渐传到美洲中部和南部。我国从 17 世纪开始引种栽培。

成熟的菠萝，果肉多黄色，汁多，富含营养，具有一种特别的香甜风味。但是，人们在吃这种香甜的水果时，却喜欢把切成小块的果肉先蘸蘸盐水，这是为什么呢？

菠萝的果肉除了含有丰富的糖分和维生素 C 以外，还含有不少苹果酸、柠檬酸等有机酸。在成熟的菠萝果肉里有机酸含量较少，糖分含量较多，鲜食香甜可口；但在未成熟的菠萝果肉里，有机酸含量较多，糖分含量较少，味道较酸。当你吃过没有蘸盐水的菠萝果肉后，口腔和嘴角就有一种麻木刺痛的感觉，这是因为菠萝果肉里还含有一种"菠萝酶"，这种酶能够分解蛋白质，对于我们口腔黏膜和嘴唇的幼嫩表皮有刺激作用。食盐能抑制菠萝酶的活动，因此，当我们吃鲜菠萝的时候，先蘸蘸盐水，就可以抑制菠萝酶对我们口腔黏膜和嘴唇的刺

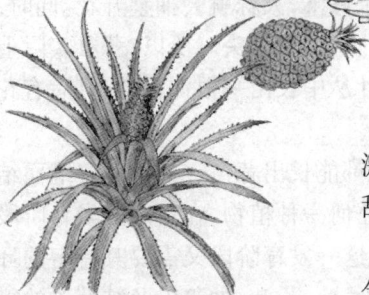

激,同时也就感到菠萝更加香甜了。

菠萝酶是一种蛋白酶,有分解蛋白质的作用,因此,吃了菠萝后有增进食欲的作用。但是,过多的菠萝酶对人体又会产生一种副作用,会引起肠胃病。因此,在吃菠萝时应该注意方法和适量,这样才能真正品出菠萝的美味来。

菠萝也是制造罐头食品的好原料。它的果皮、果心等,还可用来制造菠萝汁、菠萝酒、菠萝醋和提制柠檬酸、菠萝蛋白酶等。

☞ 关键词:菠萝　盐水　菠萝酶

为什么华南的大蒜很少长蒜薹

每年春夏之际,农贸市场上有一种细长嫩绿的蒜薹上市。蒜薹做菜,青翠鲜香,美味可口,被视为餐桌上的佳品。

蒜薹是大蒜某一生长期的产物。大蒜繁殖时，由于种子退化，常用蒜瓣来繁殖。每个蒜瓣的中心有一个小孔，内生幼芽，扁而狭长的绿叶就从这个小孔钻出。大蒜生长初期，幼嫩的叶子就是我们吃的蒜苗。当大蒜的营养体长到一定阶段，蒜苗得到充分的生长，在一定环境条件下，大蒜就会抽薹开花。同时，大蒜的地下部分也会不断膨大，结成蒜头。所以，蒜薹实际上是大蒜的花序柄，即在大蒜叶丛中长出一根伸长的、日后有花蕾着生其上的花柄。

　　种在地里的大蒜瓣是否都能长出蒜苗、抽出蒜薹继而结出蒜头呢？那不一定。因为任何一种植物，在一定的发育阶段中形成某一器官和形态，而这一发育阶段又需要其特定的环境条件。不同的大蒜品种，其发芽、长叶、抽薹以及结蒜头的能力不一样，所需的生长环境和发育条件也都有差别。蒜瓣在稍暖和的气候条件下是很容易发芽生长的，但要抽薹开花就没

那么容易了。首先,大蒜的地下生长点在萌动时一定要经过一个低温阶段。只有经过一段时间的低温刺激,生长点才能形成蒜薹幼芽。随后,要有稍高的温度和充足的阳光。这样,大蒜的叶子就可以制造出充分的营养物质,输送给地下部分储藏起来,以供抽薹时用。在具备了这两个必要的条件后,大蒜才可能抽薹、开花。

在华南地区,一年中最冷的是 1~2 月份,月平均温度大多在 10℃ 以下,但累计天数都不长,一般不超过 10 天。在南方的自然条件下,大蒜一般很难有机会通过那个关键的、可以促进抽薹开花的低温阶段,因而也就很少能长出可作蔬菜的蒜薹。

☞ 关键词: **大蒜　蒜薹　低温处理**

霜降后的青菜为什么比较甜

严冬降临大地,怕冷的燕子早就飞到南方去了,兔子把身上毛长厚,蛇钻到地里躲起来,人穿上了绒衣、棉衣。

霜降后,青菜、萝卜之类都会变甜,这也是它们对付严冬的一种办法。

青菜、萝卜里含有淀粉。淀粉并不甜,并且不太容易溶解于水。到了冬天,青菜、萝卜中的淀粉在体内淀粉酶的作用下,水解而变成麦芽糖,麦芽糖再经过麦芽糖酶的作用,变成葡萄糖。葡萄糖是甜的,并且很容易溶解在水里。霜降后,青菜、萝卜变甜,就是因为淀粉变成了葡萄糖的缘故。

这场变化,为什么使它们能够度过严冬呢?

原来,水里一旦溶解了一些别的东西后,就不太容易冻结成冰了。要证明这事儿并不难:严寒的冬天,你在一个盘子里装了水,在另一个盘子里装些糖水,放到院子里去。没一会儿,你可以看到那个没放糖的盘子里出现冰块了,而有糖的盘子里照样还是一盘清水,不会结冰。

所以,当淀粉变成葡萄糖,溶解在水中后,水就不易冻结。这样,青菜、萝卜的细胞就不致冻坏,而可以安度严冬。

☞关键词:青菜　萝卜　霜降　葡萄糖

为什么有的瓠瓜、黄瓜会发苦

瓠瓜(一般叫做夜开花)烧肉是我国南方初夏的美味佳肴,但有时会碰到瓠瓜发苦,连肉也苦得不堪食用。在北方,人们喜欢吃肉脆汁多的黄瓜,生吃别有风味,可是有时吃到尾端,却苦得使人舌头发麻。瓠瓜、黄瓜为什么会发苦?种瓜的人往往猜测是瓜藤被脚踩伤了;有的人却认为种瓜时施肥过多了,各人的说法不一。

瓠瓜、黄瓜都是葫芦科植物,这类植物的祖先"野生种"含有苦味物质——葡萄苷。在长期的选择培育中,把含有苦味物质的野生种,逐渐培育成了不含苦味物质的栽培品种,成为现在的酥软质嫩的瓠瓜和肉脆味甘的黄瓜。但是,在生物界中,往往有个别的植株表现出"祖先"的性状,就出现了"苦瓠瓜"或"苦黄瓜"的植株,这株苦植株结的瓜就都是"苦瓠瓜"或"苦

黄瓜"了,这种情况叫"返祖现象"。也就是说,它们的苦味是祖先遗传下来的。

我们可以做一个试验。把"返祖现象"植株的苦味瓜种子留下来,第二年种下去,长出的瓠瓜或黄瓜仍带苦味。如果把苦味瓜的花粉授在不带苦味瓜的雌蕊上,或者把不带苦味瓜的花粉,授在苦味瓜的雌蕊上,它们各自结的种子,第二年播种后,长出的瓠瓜或黄瓜都带苦味。从这个试验可知,瓠瓜、黄瓜带苦味是遗传的,而且由一对显性基因所控制。

知道了出现苦味瓜的主要原因,就可采取措施加以预防。首先要把有苦味的瓠瓜和黄瓜品种淘汰,这项工作应该在选留种时开始进行。其次,改进栽培管理,合理施肥、灌溉,促进植株正常生长,也是防止发生苦味瓜的必要措施。

☞ 关键词：瓠瓜　黄瓜　葡萄苷　返祖现象

为什么韭菜割了以后还能再生长

韭菜是我国特有的蔬菜。

韭菜的最大特点就是一年可以收割好几次，所以供应的时间很长，春、夏、秋、冬四季几乎都可以吃到韭菜。

韭菜是一种多年生的草本植物，它在地下长着不太明显的鳞茎，在鳞茎里贮藏了许多营养物质。就是依靠这些营养物质，使韭菜割掉以后能很快地再生长。

韭菜并且有一个特有的优点：叶子生长得特别快。当把它的叶割去以后，新的叶子就会很快地再生长。

韭菜在北方多半是春天或夏天播种，春播在 4～5 月下种，到 7～8 月就可以定植；夏播在 7 月下种，要到第二年 4 月定植。南方多半是秋播（10 月下种），到第二年秋天定植。

定植后经过半年，即可以收割。但是，为了使地下的鳞茎生长得好一些，常常要等秧苗生长一年以后才开始收割。以后每隔 30～40 天就可以收割一次。如果管理得好，则自春天到秋天可以收割 4～6 次。

在每次收割以后，要把地面耙平，使畦面土壤疏松，并且当新叶长出土面时，就该及时进行施肥和灌溉。这样到 7～8 月间，韭菜就会抽薹开花，还可以吃它鲜嫩的薹。

韭菜种下 3～4 年以后，就有些衰老了，必须将老株挖掉，重新栽植，否则，它的叶子就不会发得很旺盛，产量就大大降低了。

关键词：韭菜　再生

276

为什么洋葱干了还会发芽

人们常爱说这句歇后语："屋檐下的洋葱头——皮焦肉烂心不死。"洋葱头，确实具有很强的生命力。

你拿起一个洋葱头仔细瞧瞧，可以发现它穿的"衣服"实在太多啦，一层紧挨着一层，又是"衬衫"，又是"外套"。

洋葱头这奇怪的构造，是与它的"出身"分不开的。

洋葱头的故乡是又干又热的沙漠。在那里，水比黄金还宝贵。为了能够在这样干旱的气候中生存下去，洋葱头非常珍惜自己获得的一点点水分和营养物质，用一层又一层的"衣服"——鳞片紧紧包裹起来，不使水分轻易地从它的身体里逃走。

现在，虽然人们把洋葱头请到自己的田园里"居住"，可以有充分的水让它"喝"，但是，洋葱头的"老脾气"仍然没改。

鳞片

芽

茎

侧芽

277

洋葱头保存水分和营养物质的本领是惊人的，那薄而紧密的多层的鳞片，足以使它在一年以内不致干枯，甚至贮藏在热的炉灶旁边也是一样。

所以，人们常常把洋葱头晒干了贮藏起来。到了第二年，洋葱头照样还能发芽生根，重新开始新的生活。然而，如果真的全部干透了，那是发不出芽的。

关键词：洋葱　鳞片

为什么胡萝卜富含营养

胡萝卜是一种栽培历史悠久的蔬菜，它在欧洲已栽培2000多年了，古代罗马人和希腊人对它都很熟悉，在瑞士曾发现过它的化石。在13世纪时，胡萝卜由小亚细亚传入我国，加上它有一个像萝卜那样粗、长的根，这就是"胡萝卜"名称的来历。

胡萝卜主要含有丰富的胡萝卜素,以及大量的糖类、淀粉和一些维生素 B 和维生素 C 等营养物质。特别是胡萝卜素,它经消化后水解,变成加倍的维生素 A,能促进身体发育、角膜营养、骨骼构成、脂肪分解等等。

是不是所有的胡萝卜都富含胡萝卜素呢? 胡萝卜的根有红、黄、白等几种色泽,其中以红、黄两种居多。经分析,胡萝卜根的颜色越浓红,含胡萝卜素越多。每 100 克红色胡萝卜中,胡萝卜素的含量可达 16.8 毫克;每 100 克黄色胡萝卜中,只含 10.5 毫克;而白色胡萝卜中,则缺乏胡萝卜素。同一种胡萝卜,生长在 15~21℃的气温条件下,根的色泽较浓,胡萝卜素的含量就高;如生长在低于 15℃或高于 21℃的气温条件下,根的色泽就淡些,胡萝卜素的含量也低些。土壤干旱或湿度过大,或者氮肥用量过多,都会使胡萝卜根的颜色变淡,胡萝卜素含量降低。

许多豆类和蔬菜经煮熟后,它们所含的蛋白质和维生素 C 就会凝固或破坏,供人体吸收的营养已不多。胡萝卜素则不然,它不溶于水,对热的影响很小,经炒、煮、蒸、晒后,胡萝卜素仅有少量被破坏。所以,胡萝卜生、熟食用都适宜,尤其是煮熟后,就比其他蔬菜的营养价值高得多了。

关键词: 胡萝卜 胡萝卜素

为什么大蒜有抑菌作用

提起大蒜头,人人都熟悉。雪白的鳞茎,有的被紫皮,有的被白皮。烧鱼时放两瓣大蒜头，既能除腥，又能增加鱼的香味。酱油中放一点蒜泥，可以防止酱油霉变"起花"。春夏之际，青翠的蒜薹还是人们爱吃的蔬菜呢。

大蒜头除了作蔬菜外，也是人们向疾病作斗争的良药。在古埃及、古希腊时代，人们就用大蒜防止瘟疫、治疗肠道病。俗话说"病从口入"，如果嘴巴里嚼烂一瓣蒜，就能消灭口腔中的病菌。大蒜还可防治农作物病虫害，将大蒜头捣烂加水，喷洒在棉花上可以杀死棉铃虫。

大蒜能杀菌、防治作物病虫害是因为它含有一种叫大蒜辣素的挥发油，简称"蒜素"。这种物质具有极强的杀灭各种真菌、细菌、病毒的能力。科学家曾做过一个试验：将大蒜捣烂，用吸管吸取蒜汁，滴入培养了许多白喉杆菌的培养皿里。过一会儿在显微镜下观察，凡蒜汁流淌过的地方，白喉杆菌都死光了。蒜素的杀菌威力非常强大，几乎是青霉素的 100 倍。在第二次世界大战期间，前苏联医生用大蒜制剂拯救了无数反法西斯战士的生命。

大蒜还含有许多微量元素锗和硒，对防止心脑血管疾病和癌症有很多好处。经常吃大蒜的人不大会患冠心病，因为大蒜中的硒能保护心脏、降低胆固醇、治疗高血压。锗能提高人体中巨噬细胞的消化能力，巨噬细胞不但能吞吃有害病菌，还能把癌细胞一个个吃掉，起到抗癌、防癌的作用。正因为大蒜对人体有这么多好处，所以国际上十分风行大蒜食品，如大蒜面包、大蒜果酱、大蒜冰淇淋、大蒜蛋糕、大蒜酒等。大蒜虽有那么多好处，但它那股辛辣的"臭味"，使许多人避而远之。其实，蒜臭并不可怕，只要嚼几片茶叶、吃几个大枣就可以解除掉。蔬菜育种家为了克服大蒜的蒜臭缺点，正在培育无蒜臭的大蒜,而且已取得了成功。

关键词: 大蒜　蒜素

什么是转基因蔬菜

在我们的餐桌上,蔬菜种类实在是太多了,如青菜、菠菜、芹菜、萝卜……而且,口味各异,年年如此,没有什么变化。这是生物遗传的结果。

我们知道,生物的遗传性状是由它体内的基因所决定的。基因包含在细胞核的染色体里。染色体由脱氧核糖核酸(又名 DNA)和蛋白质两种物质组成。而基因就是脱氧核糖核酸分子长链上具有遗传能力的片断,它里面储藏着大量的遗传信息。现在,随着科学技术的发展,人们已经能够通过一定的手段,将生物的基因——DNA 片断进行裁剪,导入到另一种生物中,并得以表达,这就是转基因技术。人们利用转基因技术培育成的蔬菜新品种,被称为转基因蔬菜。

当初,人们利用转基因技术只是为了改变植物的性状和提高它的品质,如增强植物抗病、抗虫、抗除草剂的能力以及提高植物可食部分的营养成分等。后来发展到利用转基因植物作为中介工具,合成人们所需要的有工业和临床价值的外源蛋白,并逐渐形成一种被称为"分子农业"的新型农业方式。也就是说,利用转基因技术,以植物作为"生产车间"生产出人用疫苗或功能蛋白,再通过大田栽培的方式获得来源广、成本低的廉价植物疫苗。这样,人提高免疫能力由过去的打针、吃药变成了食用蔬菜。

目前世界上一些国家的科学家正致力于这方面的研究，并取得了很大成功。美国细胞生物学家利用土壤农杆菌把霍乱毒素的无毒性 B 链基因转入苜蓿细胞中，通过培养育成秧苗，移入田间，生产出霍乱疫苗。人长期食用这种苜蓿后，可获得对致命性霍乱的有效免疫。乙型肝炎(HB)是一种肠道传染病，至今人类还没有一种有效的治疗方法，只能通过注射乙肝疫苗来防治，但疫苗的价格居高不下，使病人难以承受。令人欣喜的是，科学家已经在转基因烟草中成功地表达出乙肝表面抗原疫苗，现正在用莴苣等做试验，打算制作"乙肝疫苗色拉"，预期在 2000 年前达到临床试验阶段。美国华盛顿大学还利用萝卜等生产出了转基因食用疫苗。我国也开始了食用疫苗的研究与开发。相信在不久的将来，你餐桌上出现的不仅是一盘普通的蔬菜，而且还是含有食用疫苗的"工程菜"。

☞关键词：转基因技术　转基因蔬菜　分子农业

为什么无土也能种植蔬菜

俗话说："万物土中生。"它的意思是说，世界上的一切，都是依靠着土，才能够生长。我们每天不能缺少的食物和衣着等等，大都来自植物，这些东西是直接从土壤里生长出来的。植物的生长，需要一定的水分、养分、空气、光照和适当的温度，只要满足这些条件，植物就会正常生长。植物扎根在土壤里，主要是吸收土壤里的水分和各种营养物质，假使我们不在土壤中，而用含有各种营养物质的水溶液来种蔬菜，行不行呢？

在19世纪，科学家曾使用水溶液（水培法）进行过植物的生理学实验，经过近70年时间，1929年美国加利福尼亚大学教授格里克用营养水溶液种出了一株7.5米高的番茄，收果实14千克，首创了无土栽培蔬菜的先例。目前美国已有一些家庭自己生产蔬菜，其中绝大部分都是应用无土栽培技术生产的。日本、法国、加拿大等国家也都有一定面积的无土栽培蔬菜。我国近几年来也用无土栽培法栽培蔬菜，不少城市的郊区已应用无土培育蔬菜秧苗。

由于世界各国广泛地进行无土栽培蔬菜，创造了不少栽培方式，但总括起来有水培、砂培、砾培和营养膜培养等。营养水溶

液的配方也有上百种之多，主要是根据各种蔬菜对养分的需要配制的，一般常用的也只是少数几种，其中之一是：硫酸铵8～10份，过磷酸钙5～6份，硫酸钾2～3份，硫酸镁2～3份，按上述化肥的重量总和，加水500倍，可配成营养液，并将营养液酸碱度(pH)调整为5.5～6就行了。如果有条件的话，再加上硫酸锌、硫酸锰、硫酸铜、硼酸等微量元素，约占上述化肥总分量的0.1%。最简单的无土栽培方法就是在一个容器中铺上15～20厘米厚的沙和砾石，种上蔬菜秧苗，定期浇灌营养水溶液，就能使蔬菜生长旺盛。

随着科学技术的发展，如今无土栽培蔬菜可在密闭的栽培室里进行，自动控制温(温度)、光(光照)、水(营养水溶液)、气(二氧化碳)等，从而实现了蔬菜生产的工厂化、自动化。

☞ 关键词：无土栽培

为什么杂草年年除而又年年生

我们无论走到哪里，在山上、田间、路边、野外，到处都可以见到杂草。杂草是农民最讨厌的，因为田里有了杂草，庄稼就长不好，影响农作物收成。所以农民要千方百计地除去田里的杂草，除来除去，除了多少年还是除不尽，杂草仍旧年年不断地长出来。

为什么田里的杂草总是除不尽，年年除而又年年生呢？

因为杂草的繁殖力很强，种类也非常多，已经知道的杂草约有3万种，在地球上分布很广泛，到处都有。它们一般都能产生大量的种子,而且有的一年之间能繁殖两三代,数量是很惊人的。有些杂草的根、根茎、块茎等也是主要的繁殖器官,往往我们把地面的草除去了,不多久,地下的根茎上很快又长出了新草。有时我们连地下的根茎都挖掉除尽,来一个斩草除根吧,可是还有大量的种子遗落在土地里,不久又会长出大量的杂草。你看,杂草的繁殖力多么旺盛!

杂草还有顽强的生命力,能耐旱、耐涝、耐寒、耐盐碱、耐贫瘠,所以地球上到处都有它们的踪迹。在土壤肥沃的农田里,杂草生长就更旺盛了。我们在有些管理不够好的农田里,往往可以看到杂草比庄稼还长得旺盛。

杂草不但种子数量多,生命力特别强,而且传播的方式也多种多样,使得杂草无法除尽。有些杂草的种子在土中或水里能维持好几年的寿命,甚至有的几十年后还能发芽,例如,稗草种子在水田里可存活 5 ~ 10 年,马齿苋——也叫猪草,它的种子在土里近百年还有发芽的能力。有很多杂草的种子虽然被鸟兽吃了,但通过鸟兽的粪便落到地上,照样能发芽。很多

285

杂草的种子很小很轻，给风一吹，飘向四方，到处安家繁殖。有些种子有粘附的能力，能粘附在动物身上或人的衣服上传播到别处去。

杂草有这样顽强的生命力和惊人的繁殖力，所以，农田杂草尽管年年采取各种方式防治，但还是不能除尽。因此，人们还要继续努力研究消除杂草的方法。

☞ 关键词：杂草　繁殖力　生命力

为什么除草剂能辨别杂草

杂草是农业生产的大敌。据估计，全世界粮食生产中，由于杂草与粮食作物争肥、争水、争光等原因，每年造成粮食减产 10% 左右。这样，杂草的"劲敌"——除草剂，便在科学家的手中"逢势而生"了。

目前除草剂的种类很多，但按它的作用方式来划分，可分为灭生性和选择性两大类。灭生性除草剂如氯酸钠、砷酸化合物等，它的灭草威力大，但其弱点是"良莠不分""一刀切"，将接触药液的作物统统置于死地，所以多数人对它敬而远之。这类除草剂不能在农田里使用，只能用于除草开荒和道路灭草。

选择性除草剂，就像人长了眼睛似的，它能有选择地杀死杂草，而对作物却秋毫无犯。它的除草形式是多种多样的，有的对杂草原生质有毒，能阻碍细胞的分裂；有的引发杂草出现畸形生长；有的抑制杂草体内细胞呼吸酶的活动；有的造成杂草体内营养物质的迅速分解；有的则抑制杂草的光合作用或代谢作用。例如常用的除草剂西马津,它会抑制杂草的代谢作用,使杂草枯萎而死。棉田常用的敌草隆和变草隆除草剂,能抑制杂草的光合作用。"二四滴"类除草剂能有选择地杀除双子叶杂草,而不易杀死单子叶杂草和伤害禾谷类作物,这是利用了双子叶植物和单子叶植物在形态上的巨大差异。水稻和稗草虽属同一类植物,但敌稗能杀死稻田中的稗草而不伤害水稻,这是因为水稻体内有一种水解酶,能将敌稗水解为无毒物质,而稗草没有这种酶,因而就"遇刺身亡"。

在农业生产中应用最多的是选择性除草剂,它好像孙悟空一样长着火眼金睛,能准确地辨别杂草和庄稼。这主要是由于杂草和庄稼在形态上、生理上以及发育时期等方面存在着不同差异,这些差异对药剂会产生不同的抵抗力,因而得到不同的灭杀效果。当然,不同的农作物还需选择不同的除草剂。

近年来诞生了一种广谱除草剂叫草甘磷,它只杀死杂草,不伤害庄稼,这又是怎么回事呢?这是科技工作者运用高新技术改造作物的成果。他们通过一系列的培养,将抗草甘磷的EPSP合成酶基因引入到烟草中,使烟草具有抗草甘磷的能力。用草甘磷喷洒烟草,便出现了惊人的奇迹:杂草被杀死了,但烟草却安然无恙,苗壮生长。

另外,科技工作者还把抗草甘磷的EPSP合成酶基因转入到矮牵牛植物的细胞里,抗除草剂基因也得到高效表达。因而,这项技术成为粮食作物中引进选择性除草剂耐受性策略的基本方法。

现在,农业科技工作者已获得了抗特定除草剂的一些转基因蔬菜、油菜、大豆、棉花等,使除草剂能真正地辨别杂草,将杂草杀灭。

☞关键词：除草剂　选择性除草剂　广谱除草剂

为什么"二四滴"、"二四五涕"
既是植物生长刺激素又是除草剂

植物的生长和发育，除了受着外界的水、肥、温度和光线等条件的影响以外，还受着植物体内另一种物质的影响，这类奇特的物质，科学家称它为"植物生长刺激素"。可惜，植物体内的生长刺激素含量非常少，据分析，在 700 万个玉米幼苗的顶端，总共只含有 1/1000 克。别看它含量微乎其微，然而对植物的生长却有着刺激作用，有了它，庄稼可以长得快一些。为此，科学家们就想办法用人工合成的方法，制取这一类植物生长刺激素。经过不断的试验，终于找到了好几百种这样的化合物，如"二四滴"、"二四五涕"、萘乙酸、赤霉素等。

不管植物生长刺激素的种类如何多，它们都有一个共同的脾气，即浓度低时能刺激植物生长，中等浓度时有抑制生长的作用，浓度高时可杀死植物。例如用浓度为 1×10^{-6} 的"二四滴"喷洒向日葵，能够使它长得很快，但是将浓度改为 1×10^{-3} 时，喷洒后的向日葵，立即枯萎变黄了。

当低浓度的"二四滴"或"二四五涕"进入植物体时，它干扰植物新陈代谢机能，扰乱了植物正常的生理转化过程，导致了有害物质的积累。这时，植物与这些有害物质展开了激烈的斗争，最后把它们分解，排出体外。植物在进行这种本能的保护时,就加速了自身的新陈代谢,从而得到迅速的生长和发育。

但是,当"二四滴"或"二四五涕"的剂量浓度提高到 1×10^{-4} 以上时,它就失去上面所说的刺激生长的作用,正常代谢活动受到冲击,强烈地扰乱了植物的生理转化过程。在这种情况下,植物虽然也在本能地同大量有害的物质作斗争,但是过多地消耗了体内的养分,大大降低了新陈代谢强度,造成生理失调,生长发育受到抑制。当剂量再提高,新陈代谢进一步遭到破坏时,植物就会死去。

"二四滴"和"二四五涕"对植物的这种刺激、抑制以至杀死的作用,随植物的形态不同而反应不一样,如双子叶植物反应最敏感,单子叶植物反应却不大。因此,这两种刺激素对单子叶植物没有多大危害。有经验的农民就是利用它们这种微妙的差异,用高浓度的"二四滴"、"二四五涕"在种植单子叶作物的农田里消灭双子叶杂草。

实践证明,植物生长刺激素在农业生产上的应用,正越来越显示出它的"才干",由于它用量少,用法简单,可以大量制造,因此已成为提高粮食产量的重要措施之一。

> 关键词：植物生长刺激素
> "二四滴""二四五涕"

为什么除虫菊的花能杀虫

夏天,在临睡前,也许你常常在床前点上盘蚊香。蚊香的气味,对于人来说,不仅不会有不愉快的感觉,甚至还感到点

香哩。可是蚊子"闻"了就像吸了毒气似的，立刻会全身麻痹，从空中摔下去。

你知道蚊香是用什么造的吗？

在蚊香里，有碎木屑、滑石粉、绿颜料，不过，它们都是"配角"，"主角"是除虫菊粉。蚊香能够杀死蚊子，全是除虫菊粉的功劳。

除虫菊与菊花都属于菊科植物。常见的除虫菊有两种：一种开红花，一种开白花。我国北方一般在8月间播种，次年4月定植，到第三年5月开始开花，6月最盛，一直开到8月。每亩除虫菊可收花15～50千克左右。一般是在花开六成时采收。除虫菊粉，是把除

虫菊的花朵在刚开放的时候采下,晒干后制成的。

为什么人们光是用除虫菊的花来造蚊香, 而不用它的叶子、茎和根来造呢?

原来,除虫菊能够杀虫,是因为它含有毒性很强的除虫菊酯——一种无色黏稠的油状液体。除虫菊的花是天然的除虫菊酯的仓库,含量约 0.8% ~ 1.5%。但在除虫菊的叶子、茎里,除虫菊酯就少得多了,含量仅为花的 1/9。至于根部,除虫菊酯含量差不多等于 0。所以叶子、茎没有多大的杀虫效力。

当你把蚊香点着时, 除虫菊酯受热挥发了, 跑到空气中去。这样,蚊子一遇上它就倒楣了。

除虫菊粉不光是用来制造蚊香。在农业上,它是一种十分重要的植物性农药,对防治棉蚜、菜蚜等具有特效。

近几年来人们还发现了一种"增效作用"。据试验,如果往除虫菊中加入适量的提炼芝麻油的副产品——芝麻素,可以大大增强除虫菊的杀虫效果。这种芝麻素便被称为"增效剂",使这种古老的杀虫药发挥更大的作用。

除虫菊对于人、畜无害,因此,在农村常常用它来给猪圈、牛栏、鸡舍消毒。

关键词: 除虫菊　除虫菊酯

为什么能以菌治虫

细菌,谁听到了都会害怕,这是要使人生病的微生物。细菌的种类很多, 并不是所有的细菌都对人有害, 有些对人无害,有些还对人有益。细菌是一种生物,它们也要生长、繁殖,当它们依附和寄生在其他生物体上的时候,它们既吸取了寄主的营养来养活自己,同时又分泌一些毒素,当它们大量繁殖的时候,积聚的毒素对寄主就发生了毒害,所以,细菌不但会引起人生病,还能引起动物和植物生病。

细菌有一个奇特的脾气,它不是没有选择地寄生在任何生物体上,而是有选择性的。有些细菌不大会寄生在人体上,而寄生在适合它寄生的其他生物体上。从科学研究中发现,昆虫每代的死亡率在 80% ~ 99% 之间。它们的死亡,很大的原因是由于细菌的感染。目前发现,大约有 100 多种细菌,能使一些昆虫生病死去。因此,科学家就想利用对昆虫有害的细菌来消灭害虫。

例如,苏芸金杆菌就有很高的灭虫效果。这种杆菌是一个芽孢杆菌的大家族,至少有 17 个变种,如杀螟杆菌、青虫菌等,它们在自己的代谢过程中,能产生一种对昆虫有害的毒素,其中主要的叫做晶体毒素,是一种毒性很强的蛋白质结晶。当昆虫吃了附有苏芸金杆菌的食物后,这些杆菌的芽孢立即在昆虫的消化道里繁殖,同时产生大量的毒素,使昆虫的肠道麻痹,几小时后,昆虫就会停止进食,虫体也蜷缩起来;杆菌很快地从消化道侵入到"血腔",引起败血症,昆虫也就死去了。从感染到死亡,一般约两三天左右。苏芸金杆菌可以防治约 400 种害虫,对鳞翅目的害虫有致命的威胁,如菜青虫、松毛虫、玉米螟、三化螟、黏虫、刺蛾等等,防治的效果达到 80%,而且对家蚕和蓖麻蚕同样有毒害,所以,使用苏芸金杆菌剂治虫时,要注意不能污染桑树和蓖麻。用苏芸金杆菌制成的农药,是一种灰白色或淡黄色的可湿性粉剂,使用很方便。

被细菌杀死的害虫,虫体里都有大量的细菌,能够继续感染健康的害虫,有些农民将这些死虫收集起来研碎,用水调匀后,再喷洒在有虫害的地方,同样也有防治的作用。

关键词: **苏芸金杆菌 以菌治虫**

为什么能以虫治虫

每当初夏时分,棉田里有些叶子上密密麻麻地布满了蚜虫,如果你在这些叶子上做好记号,过了一段时间后再去查看,这些叶子上原来密布的蚜虫几乎完全没有了,只剩下一些死去的残体,有的残体上还留有小洞洞,这是怎么回事呢?

这是蚜虫被它的天敌昆虫——小茧蜂等寄生或被瓢虫、食蚜蝇等捕食的结果。

在生物界里,生物间相互制约的现象是普遍存在的,每种昆虫都可能有自己的天敌,如果我们能够利用某些害虫的天敌昆虫来对付这些害虫,就能达到防治的目的,这种方法称作生物防治,也就是一般所说的"以虫治虫"。

天敌昆虫对付害虫的办法,一是捕食,二是寄生,能大量地消灭害虫。像以"双刀"著称的螳螂,它是昆虫界的数学专家,能在0.5秒的一瞬间计算出飞过它眼前害虫的速度、方向和距离,一下子就捉住吃掉。一只大草蛉成虫的一生,平均捕食棉蚜2200多只,最多时一天可捕食270多只。除棉蚜外,棉铃虫、玉米螟等的卵也是大草蛉爱吃的佳品。小茧蜂有一套"钻肚皮"的本领,它看到菜青虫以后,用尖锐的产卵管迅速刺进虫体产卵,菜青虫开始没有什么反应,可是不久,体内寄生的卵孵化,小茧蜂出世的时候,菜青虫也就完蛋了。金小蜂是越冬红铃虫的死对头,它把产卵管刺进红铃虫的茧内产卵,孵化出来的金小蜂幼虫就吸食红铃虫幼虫的体液发育长大,最后破茧而出。赤眼蜂也很厉害,它能把产卵管插入到三化螟虫、稻苞虫、玉米螟、棉铃虫、菜青虫等的卵里产卵,很快孵化为幼虫,就吃寄主卵内的营养发育长大。最近发现,赤眼蜂这些寄生蜂所以能找到适合它们产卵的寄主卵,除了它们本身有很敏感的"嗅迹效应"以外,还因为害虫的蛾子产卵时留下一种有气味的名叫"利它素"的物质,能够招引它们。

以虫治虫的生物防治方法,其特点是不会污染环境,而且一经引进天敌昆虫后,这些天敌昆虫不断地孳生繁殖,对害虫起着抑制的作用。一般害虫对杀虫剂都有抗药性,而对天敌昆虫则无法对抗,所以,在害虫的综合防治中,以虫治虫是一个重要的组成部分。

关键词:**生物防治** **以虫治虫**
天敌

为什么能用昆虫激素杀虫

昆虫好像是魔术师,它的一生会变好多花样,由卵变成幼虫,由幼虫变成蛹,再由蛹变成虫,虫又产卵……它的各个发育阶段,都由它身体里分泌的激素来控制的。昆虫激素可分成两大类,即昆虫的内激素和昆虫的外激素。

昆虫的内激素就是昆虫体内分泌的一种物质,能促使昆虫生长、发育,或者促使昆虫的性成熟,增强其繁殖后代的能力。蜕皮激素和保幼激素就是昆虫的两种内激素。蜕皮激素的作用是使昆虫从幼虫经蜕皮后长成蛹,蛹再蜕皮就长成具有生殖能力的成虫。保幼激素的作用是保持昆虫幼年期的特征,同时对卵巢的发育也起抑制作用。昆虫生长到某个阶段必然会分泌出某种激素,或者停止某种激素的分泌,以保持昆虫的正常生长和发育。因此,蜕皮激素和保幼激素的分泌是随着昆虫的生长而增减。如果用人工方法把蜕皮激素或保幼激素过多地注入昆虫体内 (例如,给某种农作物的叶子喷洒内激素,让害虫啮食入体内),昆虫体内由于有了过多的内激素,就使昆虫生长不正常,或者昆虫一直停留在幼虫期,或者昆虫过早蜕皮,变成一种小而无生殖能力的成虫,失去繁殖能力,就能达到防治害虫的目的。

昆虫的外激素是什么呢? 许多动物为了维持它们种族的生存繁殖,使用各种手段进行个体间的相互联系。这种情形在昆虫中也不例外。

在自然界中,为什么小小的雌雄昆虫能够彼此找到配偶? 人们观察到: 有些昆虫是利用物理方法取得联系的, 如声音,蟋蟀雄虫唧唧鸣叫声能招引方圆 10 米内的雌虫,蚂蚁会发出超声波等等。有些昆虫利用化学方法取得联系,即昆虫释放有微量气味的物质来保持雌雄间的通信联系。例如,雌虫会释放一种特殊物质引诱雄虫,在交配期间雌虫腹部有一种腺体,能释放这种特殊物质引诱雄虫前来赴会;雄虫则借助于触角上的感受器来察觉这种特殊物质,从而辨认雌虫的所在方位。这就是雄虫如何找到雌虫进行交配,而雌虫又是用什么方法和雄虫保持联系的秘密。我们把昆虫产生和放出来的、能引诱和激起同种异性个体赴会,并进行交配的化学物质(昆虫外激素),统称为昆虫性信息素。对这种化学气味物质的研究,不仅了解到昆虫的生理和行为特点,并可用它来人为地控制昆虫的行为,用于防治害虫。

目前已能用化学方法提纯或合成几种昆虫的性信息素,诱捕消灭大量的同种异性昆虫;或者向空中施放大量性信息素,使昆虫迷失方向,破坏雌雄昆虫之间的性信息联系,使雌雄虫不能交配繁殖,达到防治害虫的效果。

关键词: 昆虫激素　蜕皮激素
　　　　昆虫保幼激素　昆虫性信息素

为什么利用不同的气味
能诱杀不同的害虫

人们在防治害虫的过程中,了解到昆虫都有一种根据气味寻找食物的本领,这种本领主要依靠灵敏的嗅觉和趋化的本能。

　　昆虫所以能辨别气味，就是因为它们有灵敏的嗅觉器官。它们的嗅觉器官不是鼻子，而是嗅觉孔和嗅觉毛，多数长在触角和下颚须上。昆虫凭着这种嗅觉器官，不仅能敏感地闻到不同的气味，而且都有趋向它们自己最喜爱的气味的习性。蝗虫专吃禾本科庄稼，瓢虫喜吃茄科植物，桃蛀象和象鼻虫喜欢吸食桃汁。好多种蛾子夜间都按照自己喜欢的气味去找寻食物。昆虫这种趋向气味的习性叫做趋化性。

　　我们认识了昆虫的趋化性，就可以利用不同的气味来诱杀不同的害虫。许多为害植物的昆虫，大都是它们的幼虫，专吃植物的根、茎、叶、果。幼虫虽没有翅膀，不能像成虫那样远距离飞翔，但是昆虫总是把卵产在自己爱吃的那种植物上，使幼虫出生后就有爱吃的食物。如菜粉蝶闻到蔬菜芥子油分解时的气味，就能找到菜叶，把卵产在菜叶上。根据这个特点，如果我们把芥子油喷洒在杂草上，菜粉蝶闻到气味把卵产在杂草上，那么，孵化出来的幼虫吃不到菜叶都得饿死。田里的地老虎和黏虫以及甘蓝夜蛾，有趋糖蜜味的习性，在成虫羽化期，我们可放几碗糖浆到田头去诱杀，以减少它们产卵的机会。

　　果园里有些害虫如梨小食心虫，它的幼虫蛀食到果心，对梨子造成很大的损失，梨小食心虫有趋向甜酸味的习性，我们可以用一些小罐盛放糖醋液，前期挂在桃树下，后期挂在梨树下，夜挂早收，蛾子就会飞入罐内淹死。我们还可以根据每天诱杀的蛾子多少用来做测报，适时采取有效的防治措施。

☞ 关键词：气味诱杀　趋化性

为什么农田里的害虫除不尽

世界上有 100 多万种昆虫，其中有一些是人们所喜爱的益虫，如家蚕、蜜蜂等。这些益虫，人们总是想方设法要饲养好，让它们吐更多的丝，酿更多的蜜。但大多数的昆虫对人类有害，我们只要观察一下，就会发现有的害虫在吃菜的叶子，有的吸取水稻、麦子的汁液，有的则蛀空树木的茎干，有的则钻进果实里吃果肉或种子，还有的吸人、畜的血液，传播疾病等等。这些害虫不但影响农作物的产量及质量，还危害人、畜的健康，是我们的大敌。目前防治害虫的普遍方法是打药治虫，但为什么我们年年打药治虫，还年年有虫害呢? 主要有以下几方面的原因：

一、害虫种类很多。以农作物害虫为例，不但各种庄稼有种类不同的害虫，而且同一种庄稼有多种害虫。例如，水稻的一生中就有十几种害虫，打一种农药往往只能防治少数的几种害虫，而不能防治所有的害虫。

二、害虫有很强的繁殖力。有的害虫一年能繁殖几代，有的能繁殖十几代，甚至几十代。害虫在适宜的环境条件下，一个雌虫能生产几百到上千个后代。因此，虽然打药后幸存的害虫数量不多，但经过一段时间繁殖后，害虫数量又迅速上升。

三、害虫具有抗各种不良环境的能力，而且还有抗药性。害虫的一生，有的经过卵、幼虫、蛹、成虫，有的经过卵、若虫、成虫的变态，现在常用的杀虫药剂一般只能打死活动着的幼虫、若虫和成虫，对表面上不吃不动的卵和蛹则效果不理想。而对成虫、若虫或幼虫，药剂的防治效果一般只能达到90%。

幸存下来的 10% 的害虫，它们繁殖的后代对杀虫药剂能产生适应性，也就是抗药性。例如，为害水稻的稻飞虱、稻叶蝉，每亩原来用 75 克马拉硫磷的农药防治效果达 95% 左右，而几年连续用药之后每亩用 100 克同样的农药，其效果只有

稻叶蝉　稻飞虱

澳洲瓢虫　黑青小蜂

50% 左右。而且在用农药防治年代越久和用药水平越高的地区，害虫表现的抗药性就越明显。

有的成虫、虫卵、若虫或幼虫，在 -15℃ 左右冻不死；有的幼虫、若虫几个月不吃东西也饿不死，这表明它们的耐寒耐饥力很强，所以能安全度过冬天。

四、有一些农业害虫具有很强的迁飞能力。每年春夏季，北方水稻等作物生长茂盛，食料丰富，害虫从南向北迁入为害；每年秋末冬初，气温下降，农作物收获后，一些害虫又从北向南回迁到南方为害。

五、打药治虫常常会杀伤很多害虫的天敌。害虫的天敌，则是我们人类的朋友。天敌的种类很多，如青蛙、蜘蛛、寄生蜂、寄生蝇、瓢虫、线虫等等，在打药时虽然杀了害虫，但也杀伤了大量的天敌。而天敌的繁殖力又大大低于害虫，如果没有掌握天敌的发生情况和天敌对药剂的反应，用药不当，反而会引起虫害的更大发生。

由于以上种种原因，虽然年年打药治虫，还年年有虫害发生。打药治虫只不过是在害虫为害之前用药控制害虫为害的程度，不使农作物受到损害而已。

☞ 关键词：害虫　繁殖力　抗药性

为什么种子、苗木
要经过检疫才能使用

当你拿了一包植物种子，准备通过邮局寄给远方的同学或亲友时，邮局工作人员要你先请动植物检疫机关检疫。只有经过检疫，没有发现危险性病虫害，给你一张检疫证书后，才能邮寄。

也许你会说："我寄一点种子，为什么还要经过检疫？"

事实上，种子、苗木要不要检疫，不在于数量的多少，主要是要看这些种子、苗木是不是带有危险性病虫害。因为病菌、害虫的生长繁殖力很强，传播速度快。如果放松了对少数种子、苗木的检疫，往往会造成农业生产上的巨大损失。因此，邮寄植物种子、苗木，不论数量多少，都必须经过检疫。

植物检疫，简单地说，就是不让某些为害农作物的病菌、害虫或杂草，随着种子、苗木的邮寄、调运等途径，从一地传到另一地去。为了防止危险性病害、虫害、杂草的传播和蔓延，国家规定对国内邮寄、调运的种子、苗木都要进行检疫，借以消灭为害农作物的病虫害，保护农业生产安全。至于对进出国境的种子、苗木以及其产品，更有明确的规定，都必须加强检疫，以便杜绝危险性病虫害的传播。

在历史上，由于贸易运输而使危险性病虫害或杂草广泛传播，造成巨大损失的例子是很多的。例如，1860年，法国从美国引入了葡萄苗木，却带进了葡萄根瘤蚜，几乎毁灭了法国的葡萄园；1873年，英国的葡萄露菌病传入法国，使法国葡萄酿酒业几乎全部停产。又如，棉花的主要害虫——红铃虫，最初从印度传入埃及，使埃及某些年代的皮棉损失达80%以上。1908年前，红铃虫又随着棉花种子从美国传入我国，严重地为害我国棉花的生长，造成很大损失。抗日战争时期，番薯黑斑病由日本传入我国，现在已蔓延到许多省市。要控制和消灭这些病虫，该消耗多少人力和物力？由此可见，植物检疫是一项非常重要的工作。

关键词：检疫

为什么醋能对植物生长起"保健"作用

植物在生长过程中，不仅需要空气、水分、阳光和温度等基本条件，还要在适当的时候给它施一些肥料，以促进它健康成长。而醋是一种调味品,它对植物生长是风马牛不相及的,但有人用醋溶液喷施植物却获得了意想不到的效果。例如,将200×10^{-6}的醋溶液喷施在西瓜叶片上,西瓜长得又多又大,而且甜度也有所提高;在水稻抽穗扬花期,用150×10^{-6}的醋溶液喷施水稻叶面,水稻结实率提高,千粒重增加;对盆栽花卉喷施醋溶液,可改善花卉长势,增加花朵,而且花色更加艳丽。

为什么醋能促进植物生长呢?这就要从植物的呼吸作用谈起。

植物和动物一样,每时每刻都在不断地进行呼吸。不同的是,动物有专门的呼吸器官,如鼻腔、气管、肺等,并且组成完整的呼吸系统;而植物没有专门的呼吸系统,每个活细胞都能单独地进行呼吸。植物的呼吸作用主要在细胞内的线粒体中进行。线粒体内含有一系列酶,在它们的参与下,共同完成呼吸过程。

植物的呼吸作用对它的生长至关重要。它在酶的催化下,把光合作用积累起来的有机物质逐步氧化分解成简单物质(即二氧化碳和水),同时放出能量,供给植物进行各种生命活动。例如,根系对水、肥的吸收和运转,体内各种物质的合成和分解,植物叶片气孔的开闭调节,生长、开花、受精、结实等,都要靠呼吸作用不断提供能量。但凡事都要有个度,呼吸作用过于旺盛,消耗有机物质太多,光合产物积累就会减少,这样就不利于植物的生长和结实。根据植物生理学家研究,如果呼吸作用被抑制 20% ~ 30%,那么,它的光合作用效率便可提高10% ~ 20%。而喷施醋溶液,可适当抑制植物体细胞呼吸过程中乙醇酸氧化酶的生物活性。由于植物体内的物质消耗受阻,而光合作用仍照常进行,这样植物体内的有机物质积累增多,所以植物的长势就会变好,产量也就增加了。

关键词:醋　植物呼吸

为什么音乐能促进植物生长

人们通常用"对牛弹琴"来比喻讲话不看对象。但是在养牛场或养鸡场里经常播放动听的音乐,却可刺激乳牛多产奶、母鸡多生蛋,这已是不争的事实。可见,"对牛弹琴"是一项增产措施。

牛是高等动物,它具有听觉和完整的神经系统,对牛弹琴多产奶是可以理解的。那么,音乐能否刺激植物生长呢?

印度有一位科学家,他经常在花园里拉拉小提琴,或者放几张交响乐唱片,日子久了,他发现园中的花木长得格外地旺盛。后来他正式做起试验:在一块 1 亩左右的稻田里,每天播放 25 分钟交响乐。一个月以后,他发现,这块田里的水稻平均株高超过 30 厘米,比同样一块面积但没有听音乐的水稻要长得更加茂盛苗壮。

音乐的"知音"何止是水稻,每天早晨给黑藻播放 25 分钟音乐,不消 10 天,黑藻也能繁殖得"子孙满堂"。含羞草每天早晨"欣赏" 25 分钟古典歌曲后,好像心情更加舒畅似的,生长速度显著加快。灌木受音乐刺激后,也会变得枝繁叶茂。据观察,烟草、凤仙花、金盏菊等都对音乐有"灵感"。

音乐能促进植物生长是由于声波的刺激作用。我们知道,

植物的叶片表面分布着许许多多的气孔。气孔是植物与外界环境进行气体交换和蒸腾水分的"窗口"。当音乐播放后，音乐的旋律经空气传播会产生有节奏的声波，这声波振动刺激植物叶片表面的气孔，可增大气孔开放度。气孔增大后，植物增加吸收了光合作用的原料——二氧化碳，使光合作用更加活跃，合成的有机物质不断增加；同时，植物的呼吸作用也得到增强，为植物的生长提供了更多的能量，这样植物便显得生机勃勃了。

当然植物对音乐也有选择，一般来说，声音尖脆、振动频率快，刺激效果就比较好。在国外，有些国家就采用高频率的超声波(每秒钟振动在 2 万次以上，超过人的听觉范围)，来刺激马铃薯、甘蓝、麦类、蔬菜、苹果以及其他树木，都获得显著的增产效果。但是，植物对超声波并不是多多益善。实践证明：少量超声波可以刺激细胞分裂；中量会抑制细胞分裂；大量就会引起细胞死亡。

音乐能促进植物生长,使科学家受到了启迪:如果摸索出各种植物在不同生长时期对音乐的爱好,再创造出适合它们需要的各种乐曲,不就能进一步提高农业生产的效率吗?

☞ 关键词: 音乐促长　细胞分裂

为什么有些植物也需要"午睡"

每天午餐以后,稍作休息,便可消除疲劳,下午工作或学习时精力更加充沛。这是人们主动的代谢抑制性调节行为,对人体健康有积极的意义。

植物是否也需要"午睡"?许多科学家研究发现,如果外界的光、温度、水分条件良好,大多数植物从早到晚光合作用的日变化,只是一种单峰形曲线,即上午从低到高,下午因光线及气温降低,光合作用速率由高变低。也就是说,在一般情况下,植物没有"午睡"的习惯。

然而小麦、大豆等植物,当空气和土壤干旱或气温过高时,叶子会快速失水,引起气孔的保护性关闭,减少水分的消耗;同时由于二氧化碳供应少了,使光合速率降低,出现了光合作用的"午睡"现象。这时,它们的光合作用的日变化曲线呈双峰形:上午光合速率由低到高,中午因强光高温及水分不足,气孔关闭,光合作用降到最低值;下午逐渐有些回升,随后又因光线不足及气温下降而降低。

目前人们对植物的"午睡"原因有多种说法,但比较一致的看法是,主要是由于水分不足而引起的。有人在中午时对小麦喷水,发现可减轻或消除"午睡"现象,有利于光合作用的进行和产量的提高。

由此看来,植物的"午睡"与人的午睡在形式上相似,但性质与效果却不同。植物光合作用的"午睡"现象,是环境因素胁迫下的一种被动的适应调节,其结果减少了有机物的合成,与植物的生长发育和人们期望得到的高产是矛盾的。

☞ 关键词: 光合作用

为什么抗旱剂能提高植物的抗旱能力

植物在生长期间,久旱不雨,在太阳炙烤下会表现出对水分的渴求。这时,水对植物来说真是"救命恩人"啊!

灌溉,是解除作物旱情的一种主要手段。不过,它要受机械和水源的影响,事不由己。为了解决这个矛盾,科学家研究出了一些具有抗旱作用的塑料——"高吸水性能塑料"和"灌溉塑料",又被人们称为"抗旱剂"。

塑料怎么会变成抗旱剂的呢?

据试验,高吸水性能塑料的吸水效果非常显著,它的吸水量可达自身重量的 5300 倍,即 1 千克粉末状塑料,可吸收 5 吨多重的水。

我们知道,海绵会吸水。高吸水性能塑料虽像海绵那样能吸水,但它的吸水原理与海绵有着本质区别。海绵是靠毛细管作用来吸收水分的,而高吸水性能塑料则依靠渗透压及高分子电解质同水分子之间的亲和力来吸水。

高吸水性能塑料不仅能贪婪地吸水,而且具有"水库"般的贮水作用。原来,当固体高吸水性能塑料吸水后,它立即会凝成胶状,即使给它一定的挤压,也不会将水分挤出。但它却能缓慢地释放吸附的水分,以便与环境中的水保持平衡,而且很少受温度的影响。

高吸水性能塑料的这种特性,很适合于用作土壤的抗旱剂。它在土壤多水时,能吸收大量的水分贮存起来;当土壤缺水时,又能释放出水。这对于干旱地区合理利用水资源、促进农牧业发展具有重要的意义。我国科技人员研制成功的高吸水性能塑料,在新疆地区通过小区和4500亩大田试验,抗旱效果良好,经济效益非常显著。

有趣的是,科学家还研制出一类奇妙的"灌溉塑料",目前也已投入实际应用。灌溉塑料主要有两个品种:一种叫"艾格罗苏克塑料",可溶于水;另一种叫"厄洛塞尔塑料",则不溶于水。艾格罗苏克塑料看上去就像一颗颗药丸子,如果将它与沙土混合处理,就能创造出一种既可以保持水分、盐分,又能提供作物所需营养物质和抗病物质的土壤。

厄洛塞尔塑料的成品,犹如白糖颗粒,使用十分方便,只要在下种时把它与作物种子搅拌在一起就行了。千万别小看它,1千克灌溉塑料,竟可处理1吨土壤哩!

植物抗旱剂虽然是一个刚刚开始研究的课题,但对广大农民来说,已经是盼望已久的一项既省工又省力的重要增产措施了。

☞ 关键词: 抗旱剂

为什么计算机能帮助农业增产

随着高新技术在农业生产中的运用，"传统农业"正朝着"精确农业"的方向发展。特别是计算机和其他先进技术的配合使用，不仅能够自动监测土壤的墒情、肥力以及生长环境中的气温、湿度和风速等，而且，还能预测病虫害的发生，并随时发出警报。农民有了这些可靠的数据，便能适时适量地灌水、施肥，在病虫害刚刚出现时就采取措施扑灭，从而为农业生产的高产稳产奠定了基础。

大家知道，植物遇到干旱就要进行灌溉。如何及时进行灌溉，用多少水既满足农作物需要又不造成浪费，人们往往难以把握。如果把土壤的含水量、作物生长状况等有关数据输入计算机，这个难题便迎刃而解了。俄罗斯费尔平原的一些农民，就用计算机来控制灌溉系统，计算机能科学地选择最佳灌溉方案，使每块地都得到所需要的水量。美国佛罗里达州一家公司，采用一种计算机管理系统，能用埋在地下的传感器，按时计算出作物所需的水和肥料的精确数量，这样既满足了作物对水分和肥料的生长需要，又节约了 30% 的灌溉费用和 50% 的肥料费用。另外，还可根据计算机提供的数据，来决定施肥的种类，从而有效地促进了农作物的增产增收。

病虫害是农业生产的大敌。以往，农民用药灭虫往往会出现盲目性。为此，日本科学家近几年运用计算机提供的数据来防治病虫害。他们将害虫的虫口密度、生长繁殖状况、分布区域等有关数据输入计算机，由计算机计算出施药的最佳时间、数量和次数，收到了事半功倍的效果。实践证明，用这种方法防治稻瘟病、稻飞虱等病虫害,其效果令人十分满意。美国利用计算机防治苹果园的虫害,所用的杀虫剂比原来减少32.9%,每年施药次数由 12 次减少到 5 次,每亩农田可节省开支 30 美元,既提高了经济效益,又保护了生态环境。

正确地预报天气变化状况,也是保证农业增产的一项重要措施。法国农业部电脑管理系统既能随时准确地提供年、月温度变化的曲线图解等资料,又可统计出降水变化率和无霜期保护率,并绘制出整个法国农业气象季节图集用于指导农业生产。

在农业生产中,由于计算机在各个环节通力协作,大大减轻了从事农业生产的劳动强度,按科学化来满足植物"所求",既降低了生产成本,又提高了农作物产量。展望未来,计算机将给农业生产带来一场史无前例的革命。

☞ 关键词:计算机 精确农业

为什么要发展生态农业

在我国浙江、江苏、广东等地农村,人们挖塘填基,塘中养鱼,基上栽桑,桑下种草,以桑养蚕,用蚕粪、牧草喂鱼,塘泥肥桑,形成了一个合理、高效、稳定的人工生态农业系统。这种人工生态农业系统,人们称它为"桑基鱼塘"。

在这里,"桑基鱼塘"构成了一个奇妙的生物食物链:桑树是生产者,蚕是一级消费者,鱼是二级消费者,鱼塘中的微生物则是分解者。在这一食物链中,物质周而复始,循环不断,废物也得到全面利用。现在"桑基鱼塘"的生态模式,已被联合国粮农组织誉为"最佳人工生态系统"。

不久前,浙江温岭县围塘开发了近千亩"果基鱼塘"。在已经围好的海涂上,每隔10米左右纵横挖塘,挖出的土方堆于塘基上。塘中养鱼,塘基上种柑橘、柚类等水果,果树底下种植牧草和绿肥。生态学家认为,"果基鱼塘"具有许多优势:塘基土层深厚、土质肥沃、含盐量低,有利于果树的生长;塘里养鱼可积肥;排灌方便,旱涝保收;塘基空旷,通风透气,可利用"边际效应"进行密植,提高单位面积产量;在果园中套种牧草和绿肥,可以解决饲料和肥料的来源,同时还起到防止水土流失、加固塘基的作用。

在国外,菲律宾马雅农场也是生态学理论的成功应用典范,受到联合国和其他国家的赞誉。马雅农场是一座现代化的生态农场。这个农场种植的水稻、蔬菜、果树成为将太阳能转化为有机物质的生产者,饲养的猪、牛、鸡、鸭则是以稻秆、树叶、蔬菜为饲料的"消费者",而家畜家禽的粪便和肉类加工的废料在沼气池中转化为沼气,作为照明、开动机器的能源;沼气池中的废渣用来繁殖水藻,又可饲养家禽、家畜。这种按生态学原理构成的合理比例,组成了合理的产业结构模式。

生态农业既改善了生产生活环境,又开辟了能源,使环境污染、能源浪费、土地资源的破坏降低到最低限度,从而获得了经济、生态、社会三个效益的高度统一。所以说,它是一种久兴不衰的现代农业模式,在未来农业中将占主要地位。

☞ 关键词: 生态农业

为什么要发展三色农业

说起农业，自然地想到绿油油的庄稼、金黄色的油菜花、滚圆的西瓜、一串串的葡萄、草原上成群的牛羊……这是传统的绿色农业，也叫"露天农业"。

可是，近几年地球上人口增长越来越快，加上连年不断的暴雨、洪水、狂风、干旱等自然灾害的侵袭，仅靠原有的耕地养活 50 亿人口越来越困难了。而且，随着现代工业的发展，环境受到了严重污染，又影响了农产品的质量。人们在发展绿色农业的同时，不得不动脑筋去开拓新的食物来源，这样就诞生了白色农业和蓝色农业。

白色农业，其实就是新兴的微生物工业型农业。我们知道，自然界里有很多肉眼看不见的微小生命体——微生物，通常只有在显微镜下才能看清它们的真实面貌。尽管它们个儿小，本领却很大，我们平时吃的甜酒酿、酸奶、面包、啤酒、酱油、醋等都是它们的杰作。从事白色农业的工作人员，穿上洁白的工作服，在清洁的环境中利用农林产品、水产品、畜产品以及它们的副产品如秸秆、甘蔗渣、谷壳、玉米芯、木屑等，通过微生物发酵而加工成既安全、卫生，又具色香味的食品、饲料、药品、肥料、生物农药等，以提高农产品的利用率。有的微生物本身就含有丰富的蛋白质，让它们在工厂里快速生长、繁殖，可源源不断地给我们提供食物。据测算，一个年产 10 万吨的单细胞蛋白质工厂，就相当于 180 万亩耕地生产的大豆；即使不能吃的石油，也可以通过微生物工厂生产出供人食用的蛋白质。由于这种工厂不受气候、时间限制，一年四季都能生产,所以它比绿色农业更具优越性。

蓝色农业以蔚蓝色的海水为象征,所以又称为"海洋水生农业"。海洋占地球总面积的 3/4,那里蕴藏着 50 多万种动植物资源,但现在已发现利用的动植物资源还不到 200 种,因此海洋是具有开发潜力的大农场和大牧场。现在世界各国政府都在制定开发海洋的计划,利用高新技术控制海洋生物的生长、繁殖,让海洋为我们人类提供更多的食品、饲料、药品和工业原料。

21 世纪,将是三色农业——绿色农业、白色农业和蓝色农业并驾齐驱的时代。尤其是白色农业和蓝色农业,将成为人类的第二大粮仓。

关键词: 露天农业　绿色农业
白色农业　蓝色农业

为什么免耕的土地也能获得高产

自古以来,我国农村在作物播种前都要将农田翻耕一遍,其目的是为了防治杂草和疏松土壤。

但是,近年世界上不少国家却风行少耕或免耕的新耕作方式,被称为"免耕技术"。

过去农业生产讲究精耕细作,这无疑是一种优良的传统耕作方法。然而,这种方法也有不少缺点。首先,耕作对于劳动力的要求很高,尤其是在播种季节,需要投入大量劳动力。由于大多数农作物的最适播种期都很短,这样既要精耕细作,又要及时播种，往往很难两全其美，结果常常延误农时。其次，土壤翻耕后虽然变得疏松，但是也增加了遭受侵蚀的机会。据测定，在略有坡度的土地中，翻耕比起免耕来，土壤流失竟要增加上百倍。由此不难看出，对于地形起伏、排水性能较好的田地，免耕的好处就更加明显了。再说，植物残茬覆盖的田畦比起光秃秃的土壤，其水分流失和蒸发都比较少，这对作物生长是非常有利的。

目前免耕技术越来越受到人们的重视，美国曾用免耕技术大面积播种玉米获得了丰收。具体操作步骤：先在未播种的农田里喷洒除草剂，杀死正在生长的杂草，并抑制土壤中未发芽的杂草种子的萌发。接着，播种机开沟施肥。然后，飞机播下种子，并将种子覆盖起来。这样，农田里除了播种机开掘的一条 5 ~ 8 厘米宽的土带以外，其余土壤都原封不动，一般在收获前不需要其他作业。免耕技术比起常规耕作方法，其效率可提高 3 倍以上。

美国的一些农场主，在进行免耕技术的同时，还与实施"精确农业"相结合，增产尤为明显。

所谓"精确农业"，就是将传统农业与电脑、卫星、通信、遥感、机械化等高新技术相结合，科学而精确地播种、灌溉、施肥、喷药、收获，这样既减少了浪费，又提高了农作物的产量。

值得指出的是，这种新型农业模式在美国、日本、以色列等国迅速兴起。特别是在美国，一些农场主已在拖拉机上安装了电脑和接收器，接收处理卫星的遥测信息，精确地确定施肥量、浇水量，并计算收获量。

近年，我国南方播种小麦也广泛推广免耕技术。晚稻收割后，将小麦直接播在农田里，既省力，又获高产，深受广大农民的欢迎。

当然，免耕技术也不宜连续应用，因为病、虫、鼠害往往会因作物残茬的掩护而增加为害程度。还有透气性状不好的土壤，长期不翻耕，也会影响作物的生长。所以，免耕与翻耕应该交替进行。

☞ 关键词：**免耕技术　精确农业　增产**

为什么要寻找作物的野生亲属

大概在 1 万年以前，人类开始从野生植物上采集种子，进行播种栽培，生产粮食。从此世界上开始有了农业。农业诞生以后，原来聚居在荒野中的植物，便朝着不同的方向前进了。

一方面，一些未被人们栽培的野生植物，仍然在荒野中生长，它们不仅要经受严寒、酷暑、干旱、水涝的磨练，还要抵御病虫的侵害。在适应自然的长期选择中，它们渐渐地练就了一套过硬的本领，在恶劣的环境中幸

存了下来。

　　另一方面,那些被人们栽培的野生植物,走的是另一条道路,它们按照人们的意愿,逐步被改造,经过年复一年的选择和培育,它们的果子变大,品质变优,产量变高,成了今天的农作物。但是,在优越的栽培条件下,它们变得愈来愈单纯,因此也就愈来愈脆弱。它们的"自卫"和繁殖能力必须在人类的帮助下才能完成,一旦发生自然灾害就无法抵挡。

　　两种方向两种结果。现在的农作物正是由于太单调,常常弄到不可收拾的地步。要解决这些难题,最好的办法还是要到它们的老家——起源地区去,从它们的野生亲属中寻找救星。例如,1974～1977年印度尼西亚的水稻因病毒感染发病和受叶蝉危害,损失300万吨,等于900万人的一年的粮食。后来人们从印度3个野生植株中找到了有抗性的遗传成分,问题终于迎刃而解。再如,黄矮病是大麦的毁灭性病害,过去无法对付,现在从埃塞俄比亚野生大麦单株中找到了抗病植株,仅美国加利福尼亚州一地,每年可以挽回1.6亿美元的损失。有人估计,利用野生植物的种质进行育种,每年提高作物生产率,价值达10亿美元。

　　近年来,从作物的野生亲缘种中找到了许多好材料。在巴西发现的野生"奇迹橡胶树",产胶量可比栽培橡胶树高10倍。在我国东北找到的野生山葡萄,能耐-50℃低温。在墨西哥发现的野生多年生玉米,是一种有很大利用潜力的材料。野生亲缘种中好东西多得很呢,有待人们去发掘。今天看来是一棵区区小草,明日也许就变成无价之宝。

　　关键词: **野生植物**

为什么黑色食品深受人们欢迎

我国民间传说：天上玉皇大帝的公主，不甘天堂寂寞，私自下嫁人间。玉帝大怒，把公主抓去投入天牢，让她终日挨饿。公主有个儿子叫目莲，十分懂事、孝顺，每天将白米饭、美味佳肴送给母亲，却被看守吃掉了。眼看母亲逐渐消瘦、衰弱，目莲心急如焚，后来他将一种树叶榨出的汁液浸米，煮出的白米饭变成了乌黑的饭，送至牢中，看守再也不敢偷吃了；而公主吃了这种饭，不但维持了生命，而且身体逐渐康复，红光满面。目莲的孝心感动了玉帝，最后释放了公主，让他们母子团聚。这种使白米饭变黑的树，就叫"乌饭树"。

在我国，乌饭树分布很广，在丘陵、山地的树林里到处可见。我国民间煮乌饭吃已有上千年的历史，至今江苏、

浙江、安徽、贵州、湖南等地的农家在四月初八佛祖生日那天仍有煮乌饭吃的习俗,湖南侗族人民还把这天称为黑饭节。

像乌饭树一样呈黑色的食品,还有黑米、黑芝麻、黑木耳、黑豆、黑鱼、乌骨鸡、黑莓等。这种食品统称为"黑色食品"。黑色食品含有天然黑色素,它与白色食品相比,往往含有较高的营养成分,例如黑米,它和白米虽然都含有多种氨基酸,但是黑米中的赖氨酸、苯丙氨酸和组氨酸比普通白米多 1~3 倍。黑色食品还含有较多的铁、钙、磷等矿物质营养,B 族维生素的含量也较高。

还有,黑色食品具有医疗、保健作用。乌饭树的叶和果实的黑色素中含有多种花色甙,它对疏通人体血液循环有明显功效,可防治心脏、眼睛等血管疾病。黑芝麻中含有丰富的不饱和脂肪酸、卵磷脂,有滋补、健脑、软化血管的功效。黑木耳在古代称为"树鸡",它含有丰富的蛋白质,被称为"素中之荤",而且它还含有一种能抑制血液凝固的物质,对防治心脑血管疾病也很有帮助,是很好的抗衰老食品。

正因为"黑色食品"既是食品,又有很好的保健、治疗作用,所以越来越受到人们的欢迎。

关键词:黑色食品

现代化的设施农业是怎么回事

传统农业在很大程度上受到环境条件的限制,如温度、雨量、土壤以及病虫害等,都会影响农作物的生长和收获。随着现代城市向周边地区不断扩展,城郊可耕地的范围逐渐缩小,发展新型的都市化农业成为现代农业的一个重要方面。设施农业就是一种适合现代城市发展需求的新型农业模式。

设施农业其实由来已久,最早的是 2000 多年前的秦汉暖窖种瓜,后来又发展到防雨棚、地膜覆盖、塑料大棚、日光温室等。而现在,设施农业已发展为先进的玻璃温室,由计算机对植物生长的各种条件和各个阶段进行全自动控制,其代表就是植物工厂的诞生。

现代化的设施农业最引人注目的,当然就是那一排排又宽又大的玻璃温室。别看它外观方方正正,毫无特殊之处,其实却有许多重要的装置和设施。例如,宽大的天窗往往有两层玻璃或塑料,可以根据不同植物的需要,通过开闭侧转来调节室内的温度、湿度和换气量;同时,温室内还装有保温帘和遮光装置,控制热量和光照。温室内外装有多种传感器,如日照传感器、气温传感器、湿度传感器等,全部与计算机控制器相联,并由后者作出调整。温室内还装有二氧化碳发生器,可为植物生长补充足够的二氧化碳。

无土栽培技术是设施农业的又一大特色。无土栽培摒弃了传统的土壤耕作方法,它将植物生长发育所需的养分,以营养液的形式来提供。无土栽培虽然没有土,但也需要一定的基质来支撑,这种基质可以是水,也可以是无菌的砂砾、泥炭或海绵等,这样就避免了传统农业生产过程中除草、喷药、松土等繁重的劳动过程。在植物工厂里,施肥、调节水分等过程全部由计算机控制,同时还可增大栽培密度,所以产量高,产品无污染。

走进工厂化的植物温室,只见各种喷淋装置和排列整齐的贴地管道,在每株植物的根部还装有管道的细小滴头,通过滴灌向植物提供水分、养料等,这样既能精确控制营养液,又无大田种植的药肥浪费现象。不少植物采取立体栽培的方式,由下而上,生产的蔬菜、水果大小形状几乎一模一样,而且是真正洁净无污染的绿色食品,不必去皮即可食用,营养还特别丰富呢!

现代化设施农业的发展给人们带来了新的"口福":青绿油亮的黄瓜,看上去像涂了一层蜡,吃起来鲜嫩无比;光洁红艳的番茄,大的三四个有1千克重,小的却如樱桃,特别可爱;还有甜瓜、辣椒、西瓜……这些新一代的生产蔬菜瓜果的工厂,其实离我们的生活并不遥远,仅在上海,就有10来个,它们不仅生产优质的农产品供应市场,还是人们节假日观光休闲的好去处呢!

关键词:设施农业　玻璃温室

为什么有些植物能嫁接成活

有些植物能扦插成活,是从植物自然生存的状态中得到启示的。同样,有些植物能嫁接成活,也是人们从植物自然生存的状态中,通过观察而得到启示的。

在茂密的森林里,树木花草天天被风吹拂着,枝条随风摇曳,在生长比较稠密的情况下,枝条经常相互碰撞、摩擦,有时会发现有两株靠得很近的树木或花草的枝条,竟然合二为一了,并且它们能继续生长下去。

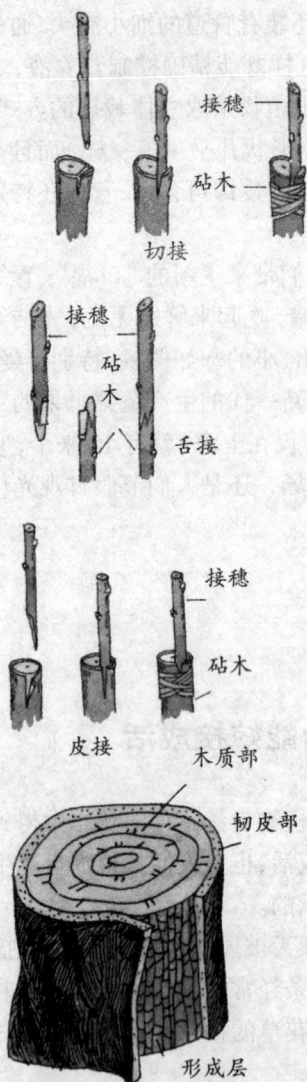

接穗

砧木

切接

接穗

砧木

舌接

接穗

砧木

皮接

木质部

韧皮部

形成层

人们通过仔细观察，发现合二为一的两株植物，不仅仅表皮连在一起，而且两根枝条的形成层也连在一起。因为形成层组织里有分裂能力很强的细胞，这些细胞在风和日丽的适当环境条件下，能迅速分裂繁殖，细胞间就能相互连接融合起来，并继续分化成输导组织。当两棵植株的输导组织相互连接时，它们就合二为一了。这时候即使把两株植物中的一株在连接处下方剪断，那么，已接上去的这一段能继续依靠另一株从根吸收来的养料生长发育，同时也能把叶子光合作用制造的养料输送给另一株的茎和根，成为相互依存的状态。

除了天然的靠接法外，随着人们的实践，又发展了多种嫁接方法，如切接法、劈接法、舌接法、皮接法、芽接法、根接法等等。

嫁接能不能成活，关键在于砧木和接穗间有没有亲和

320

力。一般血缘关系愈近，亲和力愈强，愈易成活。如同种间、同品种间进行嫁接，较易成活。另外，还需注意嫁接时的季节，如落叶树要进行枝接，在春季枝条发芽前最适当。常绿树在发芽后的生长旺盛期最适当。因为这时候细胞分裂频繁，只要接穗和砧木两者的形成层相互对准，接口光滑，接触紧密，接口处包扎好，防止雨水侵入，加强养护，嫁接成活率就较高。

嫁接有许多优点，例如，在果树生产上为了保持优良品种，提早结果，提高抗病虫害能力，提高耐湿抗涝、抗寒等能力，大多采用嫁接繁殖。现在，嫁接法已成为繁殖果树最普遍的一种方法了。其他如蔬菜、花卉及观赏的花木，都可利用嫁接法来提高产量、保持优良品质和抵抗不良环境。

关键词：嫁接

为什么有些植物能扦插成活

很久以前，当人们走进茂密的森林里，无意之中发现一些断枝残叶中，有极少一部分的枝条或叶子，在温暖、湿润、荫蔽的树阴下，居然会在接触土壤的那部分生了根，发了芽，并生长发育成一株新的树或草。

这个自然现象启发了人们，能不能用人工的方法有意识地剪些枝条或叶片，扦插在泥土中繁殖植物的后代呢？通过人们的实践，居然成功了。这就是人们从自然现象的启发中，获得植物扦插繁殖的方法。

为什么有些植物能扦插成活呢？ 这是因为在植物的根、

茎、叶器官内的形成层和射髓组织里,有许多分裂能力很强的细胞,这些细胞在环境条件适宜的情况下,能迅速分裂繁殖,形成根或芽的"原始体",并逐渐发育成长,成为新的根和芽。

但不是所有植物都能扦插成活,要根据植物的种类或品种而定。例如,杨、柳等最易扦插成活,而香樟、广玉兰、柿等就不能扦插成活。因为香樟枝条中含有樟脑油,挥发性较快,易使枝条枯萎,而且在节上的形成层和射髓组织没有分裂能力很强的细胞,不能形成根或芽的"原始体",所以不能扦插成活。

至于扦插的技术,通过长期的实践,人们从中积累了许多丰富的经验。如必须在枝条的茎节下二三毫米的地方剪断,剪口愈光滑愈好,必要时用锋利的刀削光切口,把枝条插入土内,不久就在节上长出新根,逐渐长成新的植株。又如适宜用叶子扦插的虾蟆海棠有一个特性,它的叶子的叶脉能生出不定芽和不定根,在剪下叶片时,可在叶背的主脉和侧脉的交叉部位切开一些伤口,通过精心管理,不久就会在切口部分发芽发根,长成新的植株。此外,如甘薯、泡桐等,甚至用根扦插入土也能发芽长成新的植株,这是因为这些植物能在根上发生不定芽的缘故。

关键词: 扦插　形成层

为什么黄麻北移产量会增高

黄麻,茎高 2 ~ 5 米,韧皮纤维发达,可剥取用来编织麻袋。它原产地在亚洲东南部的热带和亚热带地区,以巴基斯坦所产的黄麻最著名。我国南方也有种植。不难看出，种麻人要求黄麻纤维多，如果它长得高，茎的长度增加，那么就增加了纤维的产量。后来人们发现一个规律，把黄麻移植到温带种植，它的茎能长得更高，而且不会开花，一股劲往上长。这对于提高黄麻产量大有用处。为什么黄麻北移不开花而只长茎呢？原来黄麻是热带植物，由于长期的适应结果，它习惯于过短日照的生活，即每日日照时间不超过 12 小时，就能顺利完成各个发育阶段，开花结实；如果日照时间超过 12 小时，它就会猛长而不开花结实。

那么，北方温带地区种黄麻好不好呢？人们根据黄麻的生长特性，大胆地把黄麻逐渐北移，种植到比巴基斯坦的纬度更高的地方去。在我国，湖南、湖北，甚至山东地区都有种植。果然，黄麻在这些地区，在日照长于 12 小时的

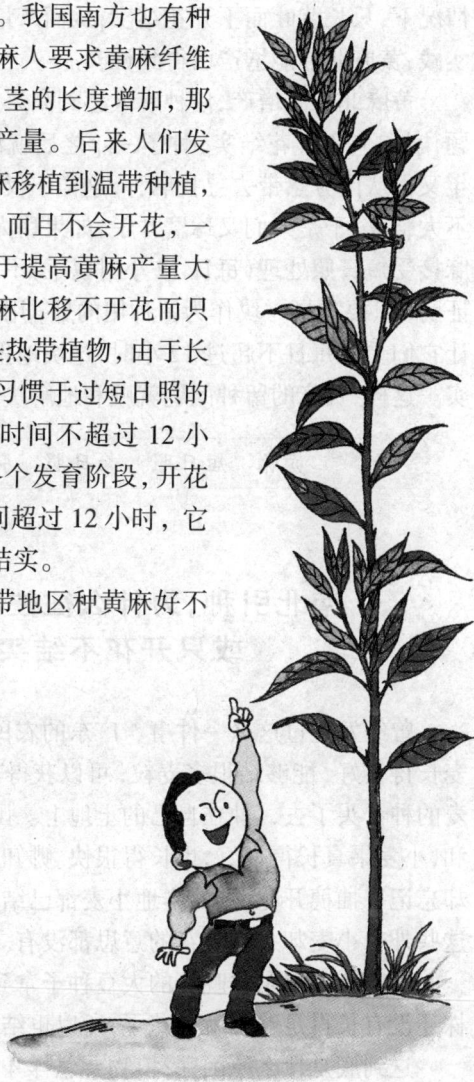

情况下,只长茎叶而不开花结实,从而产量提高了好多。通过实践,黄麻北移能增产已得到证实。

黄麻北移能增产,使种麻人感到高兴。但是也带来一个问题,就是它不开花结实,种了一年之后就没法再繁殖了,下一年又得从南方热带去寻找麻种,这样不仅耗费人力,财力上也不太合算。于是人们又琢磨开了,如果用人工方法使北方的黄麻接受短日照处理(每日 12 小时以下)不就行了吗?经过试验证明,只要选择一块作为留种用的地,用人工方法适当遮光,让它们受光每日不超过 12 小时,这块地里的黄麻便能开花结实。这样,黄麻的留种问题就顺利地解决了。

☞ 关键词:黄麻　短日照　长日照　引种

南北引种,为什么往往不开花
或只开花不结实

曾经发生过这么一件事。广东的农民看到河南有一种小麦长得很好,能够结很多麦粒,可以获得丰收,于是把这种小麦的种子买了去,种在自己的土地上。因为广东天气比较暖和,小麦果真长得很好,也长得很快。哪知这些小麦只管生长,却忘记了抽穗开花。别的本地小麦都已结实并开始收割了,而这些外来小麦却一点开花的意思都没有。

也曾有人把东北晚熟的大豆种子拿到南京去种,可是豆株还没有长得足够大就开花了,所以也结不出果实来。

这到底是什么原因呢?植物要怎样才能开花结实呢?原来

植物要开花结实,必须通过发育的每一个阶段。

我们把植物的发芽、抽枝、长叶和个体长大叫做"生长";把孕蕾、开花、结实等经过叫做"发育"。植物能不能发育,要看环境条件是不是合适。

经过进一步研究,发现植物从种子发芽到开花结实的生长发育过程是分阶段来进行的,而在完成每一阶段时都需要适当的外界条件,没有合适的外界条件,这个阶段的发育就不能进行而长期停顿在那里。如冬小麦等一二年生的作物,至少要完成两个发育阶段,才能开花结实。小麦在发育的初期,除了需要水分和空气等以外,还需要一定的温度才能完成第一个发育阶段,通常叫做"春化阶段"。冬小麦是冬性植物,它通过春化阶段,需要在 0~3℃ 的温度下生活 30~40 天。如果冬小麦生长期内没有这么一段低温的时间,那么,它便不能通过春化阶段;要是缺少了春化阶段这一环,也就不能开花结果。冬小麦在第二阶段也就是通常所说的"光照阶段"的特殊要求,是白昼较长的光照条件,栽植地区有了这些条件,冬小麦才能顺利地完成这两个发育阶段,才能在初夏开花结实。河南的冬小麦第一个发育阶段的要求是河南寒冷的春天,而不是广东较暖和的气候,因此,河南的冬小麦种在广东得不到低温,满足不了春化阶段的需要。完不成第一个发育阶段,所以也就不开花结实了。

东北的晚熟大豆是春天转暖以后才播种的,它的第一个发育阶段不需要特别低的温度,但是,它的第二个发育阶段却需要白昼较短的光照。大家都知道,夏天比冬天日长而夜短,并且越是北方白天也越长。东北晚熟的大豆,通常是过了盛夏,在秋季光照较短的情况下才完成第二个阶段的;但是移到南京去播种时,那里夏天的白昼比东北短,因此大豆很快就度过第二阶段,等不到植株长成就开花了。

所以说,有些植物并不是随便种在哪一个地区、随便在哪一时期都能完成它的发育、开花、结实的。我们了解了光照和温度对植物发育生长影响的道理,就能为植物的引种、调种提供依据,不致发生意外的损失。

☞ 关键词: 引种　春化阶段　光照阶段

为什么把植物种子带到太空中去遨游

自从世界上第一颗人造卫星遨游太空以后,伴随着诞生了一门新的科学——空间生命科学。

起初,科学家仅是利用卫星进行植物生长发育和遗传变异的研究,其目的是为了探索空间条件下植物生长发育的规律,以解决宇航员的食品供应及生存安全。

1980 年,美国科学家将西红柿种子作太空搭载试验,种植后增产 30% ~ 60% ,表现出地面达不到的异常优势,引起了各国科学家的浓厚兴趣。

我国的太空育种一直处于领先地位。从 1987 年到 1996 年,我国共有 8 颗返回式卫星搭载了植物种子,已将 51 种植物、3000 多个农作物品种的种子送上太空,获得了许多变异品种,并从中筛选出了数百个早熟、丰产、优质、抗病的新品种。江西省将搭载的"农垦 58"水稻种子进行试种,不仅穗长、粒大,亩产达 600 千克,有的高达 750 千克,而且蛋白质含量增加 8%～20%，生长期平均缩短 10 天。小麦经太空搭载处理后，具有了抗赤霉病的特性，而且蛋白质含量比原来提高9%，产量增长 8%。红小豆每百粒重达 24.7 克，比原来增加69.2%。青椒比对照组增产 120%……

那么，种子在太空为什么会发生变异呢？

科学家们认为，在自然环境中，植物种子发生变异的过程是缓慢的，然而，一旦处于空间微重力环境中，情况就大不相同了。在太空它们要受到各种物理辐射的作用，所以遗传性能必然受到强烈影响。植物种子被宇宙射线中的高能重粒子（HZE）击中后，会出现更多的多重染色体畸变。微重力对植物种子也具有一定的诱变作用，它使其他诱变因素的敏感性增大，并抑制脱氧核糖核酸的损伤修复，最终加剧了染色体损伤。同时，卫星等航天器发射及着陆时产生的强烈震动和冲力，也会促使植物遗传性能发生变异。

实践证明，通过太空遨游而培育成的作物新品种，既能提高农作物的产量，改良农作物的品质，缩短农作物的生育期，又能找到一些常规育种不易见到的变异。

还有，太空育种另一个特点是，育种时间短，只需花一年左右时间即可培育一个新品种。而采用常规育种的方法，则花费时间较长，要经过五六代甚至更多代数的连续选育，才能将优良性状稳定下来，如水稻、小麦等自花授粉作物，要育成一个优良品种，少则八九年，多则十几年。至于花木、果树类，它们生活周期长，采用杂交育种所需要的年数就更多了。

有人算了一笔账：如果一颗卫星搭载 300～400 千克的种子，经过地面选育，推广到 1 亿亩土地上种植，按亩产增加15% 的保守数字估计，亩产可增加 40 千克，总产量可增加 40

亿千克,收益 90 多亿元,足够 2000 万人吃一年。这无疑是一种有巨大经济效益和社会效益的事业啊!

☞关键词: 太空育种　高能重粒子(HZE)
　　　　　微重力　变异

什么是人工种子

种子,是农作物取得丰收的根本依据。如果有了优良种子,加上适宜的栽培条件,可以说,作物丰收已成定局。

在农业生产上,种子有三种类型:一是由作物胚珠发育成的,如豆类、棉花、油菜等种子;二是作为播种材料的果实,如稻、麦、玉米等的籽实,实际上是颖果;三是根茎类作物的营养器官,如山芋的根、马铃薯的块茎、甘蔗的茎节等。

人工种子不是上面所说的那些种子,而是人们利用组织培养方法,将植物的茎或叶等器官诱导产生胚状体或芽,再在它外面包上一层胶体,使它具有种子的功能而直接用于播种的"种子"。

例如,芹菜人工种子。首先,把杂种芹菜幼苗的嫩茎切成小片,在无菌条件下接种在培养基上,诱导形成淡黄色的愈伤组织。接着,把愈伤组织转移到另一种培养基上培养,细胞开始分化,逐渐形成大量的绿色元宝形的胚状体,也叫"体细胞胚"。然后,在胚状体外包以胶囊,这样就做成了一粒胶丸种子。为了提高人工种子的活力,改善它的生活环境,还在凝胶中加入有用微生物、除草剂或其他农药等,使它具备了一些天然种子所没有的优点。由于凝胶遇热易融化粘在一起,所以在胶丸外面还要包上一层"种皮"。当人工种子播到土里后,这层"外衣"便会通过生物的降解作用而自动脱落。

在生产人工种子的公司里,一株杂种芹菜,可以得到几百万个胚状体。每个胚状体就相当于一粒杂种种子。

生产人工种子,是一项高新生物技术,也是育种技术的一次大突破。它有许多优点,如胚状体繁殖快,数量多,比试管繁育更能降低成本和节省劳力;因为胚状体是无性繁殖产生的,所以,它的后代具有固定的杂种优势,等等。

关键词:人工种子 胚状体

为什么杂交种会有优势

大约在1500多年前,人们就开始将母马和公驴杂交,结果母马生下来的"小宝贝"既不是马,又不是驴,而是一个杂种,取名叫骡。它既具有马的灵敏、有劲、善跑的优点,又具有驴的抗病、耐粗饲料的特点。所以骡子比马和驴优越很多,也就是说,它表现了杂种的优势。

以后,根据长期的实践和研究,发现杂种优越是生物界的普遍现象。不仅动物有,植物当中也有,只要我们把两种不同类型的动物或植物品种通过杂交,获得的杂种往往比它的父母亲要优越得多。在农作物方面,杂种往往表现出生长苗壮、抗灾力强、适应性广、产量高、品质好等特征。譬如目前已经大面积推广的玉米和高粱杂交种,一般都比普通品种增产30%

~50%以上，甚至成倍增产。所以有人称玉米和高粱杂交种为庄稼中的"骡子"。其实，何止玉米、高粱中有"骡子"，棉花中的海陆杂交种也是很不错的，它是由产量高、早熟的陆地棉，与品质好、绒长的海岛棉进行杂交得到的。它的杂种优势很明显，产量不仅显著地超过了海岛棉，甚至还可比陆地棉高，而绒长却达到或超过海岛棉的标准。目前正在研究如何产生和利用这些"庄稼骡子"的问题，使粮食生产来一个飞跃。

母马 公驴 × 骡

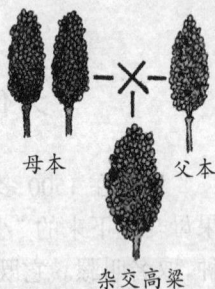

母本 父本 杂交高粱

杂交种为什么会有优势？现在通常的解释是：任何两个不同类型的动、植物品种，它们内部的遗传基础是不同的，通过杂交，就把不同的遗传基础组合在一起，取长补短，使一个亲本带来的弱点，被另一个亲本带来的优点所弥补；同时，不同的遗传基础在杂种体内又会发生相互作用，相互影响，提高了生活力，表现出

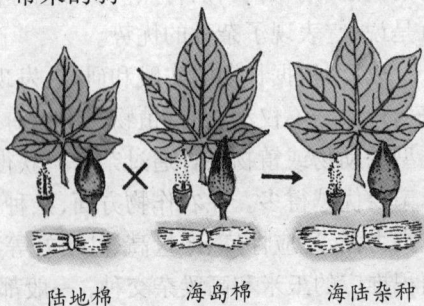

陆地棉 海岛棉 海陆杂种

杂种的优势来。

关键词：杂交种　杂种优势

为什么杂交水稻要"三系"配套

在田头，我们可以见到一种新的水稻，这种品种长得植株高大、茎秆粗壮，生长特别旺盛。当抽穗成熟的时候，它的穗形也特别大，最大的主穗要结400多颗谷粒，这种新的品种就是杂交水稻。

要获得大量的杂交水稻种子却不是容易的事，在育种上要完成"三系"配套，生产上才能推广应用。

什么是"三系"配套呢？

杂交水稻是通过不同稻种相互杂交产生的，而水稻是自花授粉作物，对配制杂交种子不利。要进行两个不同稻种杂交，先要把一个品种的雄蕊进行人工去雄或杀死，然后将另一品种的雄蕊花粉授给去雄的品种，这样才不会出现去雄品种自花授粉的假杂交水稻。可是，如果我们用人工方法在数以万计的水稻花朵上进行去雄授粉的话，工作量极大，实际并不可能解决生产的大量用种。因此，研究培育出一种水稻做母本，这种母本有特殊的个性，它的雄蕊瘦小退化，花药干瘪畸形，靠自己的花粉不能受精结籽。

为了不使母本断绝后代，要给它找两个对象，这两个对象的特点各不相同：第一个对象外表极像母本，但有健全的花粉和发达的柱头，用它的花粉授给母本后，生产出来的是女儿，长得和母亲一模一样，也是雄蕊瘦小退化，花药干瘪畸形，没有生育能力的母本；另一个对象外表与母本截然不同，一般要比母本高大，也有健全的花粉和发达的柱头，用它的花粉授给母本后，生产出来的是儿子，长得比父、母亲都要健壮，这就是我们需要的杂交水稻。一个母本和它的两个对象，人们根据它们各自不同特点，分别起了三个名字：母本叫做不育系，两个对象，一个叫做保持系，另一个叫做恢复系，简称为"三系"。有了"三系"配套，我们就知道在生产上是怎样配制杂交水稻的了：生产上要种一块繁殖田和一块制种田，繁殖田种植不育系和保持系，当它们都开花的时候，保持系花粉借助风力传送给不育系，不育系得到正常花粉结实，产生的后代仍然是不育系，达到繁殖不育系目的。我们可以将繁殖来的不育系种子，保留一部分来年继续繁殖，另一部分则同恢复系制种，当制种田的不育系和恢复系都开花的时候，恢复系的花粉传送给不育系，不育系产生的后代，就是提供大田种植的杂交稻种。由于保持系和恢复系本身的雌雄蕊都正常，各自进行自花授粉，所以各自结出的种子仍然是保持系和恢复系的后代。这是多么科学的安排呀。

☞ 关键词：杂交水稻　不育系
　　　　　保持系　恢复系

为什么杂交水稻要年年制种

　　既然杂交水稻能获得高产，为什么不能像普通水稻那样

恢复系　　　　不育系

杂交第一代优势

自花传粉繁育后代,而要年年进行杂交制种呢?因为杂交水稻是由两个不同遗传特性的品种杂交产生的,由于它们之间遗传特性上的不同,通过杂交产生的杂交水稻,在体内结合了两个品种的不同特性,一方面使不同特性在杂交水稻体内相互补充,取长补短,另一方面使杂交水稻体内产生一定矛盾,因此,杂交水稻能够表现出较优的性状和较强的生活力。例如,我国培育的不育系是温带地区的籼稻品种,它的特点是生育期短、穗型较大,而分蘖较差。找到的恢复系是国外的热带地区籼稻品种,它的特点是生育期长、分蘖较强、穗形较小。这两个具有不同遗传特性的品种杂交,得到的杂交水稻生育期比不育系长,比恢复系短,分蘖力强,穗型特别大,使原来两个品种的特点相互补充。此外,还表现出生长特别旺盛,生长速度快,分蘖早等特点。人们把这些特点叫做杂种优势,利用这种优势便可提高水稻产量。

但是,杂种优势只表现在第一代,不能遗传。如果把杂种一代结的种子留种,杂种第二代的植株就会出现分离现象,有的像不育系,有的像恢复系,也有的像杂种一代,群体生长极不整齐,植株有高有矮,生长期有长有短,分蘖特性有强有弱,穗形有大有小,甚至还会出现不能结种子的不育系水稻。所以杂种一代自身结的种子,只能作为粮食,在生产上没有利用价值。为了利用水稻杂种一代优势,杂交水稻只有年年制种,才能不断提供生产上的需要。

☞ 关键词:杂交水稻　杂种优势　制种

怎样控制植物的性别

多数植物的花是两性花(同一花朵中有雌蕊和雄蕊),如水稻、棉花、油菜、水蜜桃等;而另一些植物是单性花(雌花或雄花),如玉米、黄瓜等。有的同株上有雌花和雄花,称雌雄同株,如龙眼、荔枝、黄瓜和西瓜等;有些植物在同一株上只有雄花或雌花,称雌雄异株,如银杏、番木瓜、大麻、石刁柏等。

植物的不同种类或品种有一定雌、雄花着生位置和数量上的比例,但是,植物性别的表现不像动物那样稳定,如黄瓜是典型的雌、雄同株异花的植物,在温室栽培熏烟的条件下,可以发现雌花(或雄花)过渡到两性花的类型。

植物性别的控制,是指采用人工的方法来改变植物原来的雌雄个体或器官的比例。那么,有什么办法来控制植物的性

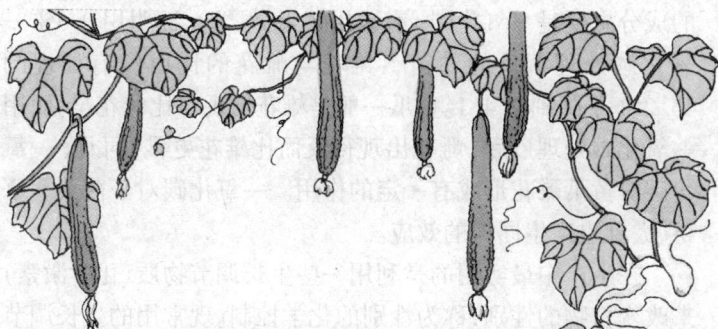

别呢?

我们用黄瓜来做个例子吧。

外界环境条件的改变，可以有效地控制植物的性别。一般来说，较短的日照、较低的温度，有利于黄瓜雌花的形成；而较长的日照、较高的温度有利于雄花的形成。例如，在长江中下游地区，黄瓜一年可种两次，春种黄瓜由于花芽分化时日照较短、温度较低，因而雌花着生较早，数目较多；而夏季种的黄瓜由于处在日照较长、温度较高的季节，花芽分化少，因而雌花着生较晚，数目较少。

熏烟也可以增加植物的雌花，烟中

的成分主要是一氧化碳。有人用黄瓜做试验,证明用 0.3% 一氧化碳处理黄瓜的幼苗, 雄花与雌花的比由没有处理的 45.2:1 下降到 2.4:1。黄瓜一般是雄花出现得比雌花早,而用一氧化碳处理以后, 雌花出现得反而比雄花更早, 可见, 一氧化碳对黄瓜雌花形成有一定的作用。一氧化碳对于菠菜、草莓、大麻也产生同样的效应。

在生产中最实用的是利用一些生长调节物质(化学激素)来改变植物的性别,称为性别的化学控制。现常用的生长调节物质是乙烯利和赤霉素。如用 100 ~ 200ppm 的乙烯利溶液,在黄瓜或南瓜幼苗长出 2 ~ 4 片叶时喷在叶面上,就能使主蔓上 10 ~ 20 节内多开雌花,一般一次即可。为了增加更多的雌花,也可以喷两次,甚至使它只开雌花,不开雄花。反过来,如果要多开雄花,可在黄瓜长出 2 ~ 4 片叶时,用 25 ~ 50ppm 的赤霉素喷洒在叶面上,就会多开雄花。其他的生长调节剂如萘乙酸、马来酰肼、三磺苯甲酸、二氯乙基三甲氯化铵,一定浓度的溶液也有利于雌花的形成。

为什么要研究植物的性别呢?这是因为许多经济植物,不同性别的器官和个体的经济意义不同,如增加雌株和雌花,对于生产果实的作物,可以提早结果,增加结果数,从而提高了产量。例如大麻纤维的拉力以雄株为优,石刁柏(芦笋)雄株的产量比雌株高 25% ~ 35%,但雌株笋粗壮,品质好。研究植物的性别就可以按照人们的需要,定向地控制,获取最大的经济效益。

关键词: **植物性别　性别控制**

什么是单倍体和多倍体

细胞里的细胞核，是细胞进行生命活动的核心。细胞进行分裂时，首先是细胞核分裂。

如果取一些正在进行分裂的细胞，把它泡在醋酸洋红溶液中，洗净后放在显微镜下观察，就可以看到细胞核里有一些物质，被染料染成了深红的颜色。这些容易染色的物质叫做染色质。在分裂细胞里，染色质结集成一条条的染色体。染色体是细胞核里最重要的物质，细胞核分裂时，首先是染色体分成两份，然后才分成两个细胞核。

许多科学家曾经观察了许多种植物的染色体，看到每种植物都有一定条数的染色体。例如，烟草细胞有 48 条染色体；蚕豆细胞有 14 条染色体；水稻细胞有 24 条染色体。

当植物要形成花粉粒时（形成卵细胞时也是这样），花粉母细胞要连续分裂两次，形成四个小孢子。分裂前，母细胞中的染色体要一下子平均分配在四个子细胞里（一般细胞分裂，染色体平均分配在两个细胞里），所以新生成小孢子中的染色体数目，只是通常新生成细胞中染色体数目的一半，因此称这种细胞分裂为减数分裂。例如烟草的小孢子只有 24 条染色体。人们把只有半数染色体的细胞叫做单倍体细胞（也有称它为半倍体细胞的）；把原来的细胞，如花粉母细胞叫做二倍体细胞。

当进行受精时，花粉的精子(生殖细胞)和卵细胞结合，两个细胞合并成一个细胞，新细胞中染色体数目增加一倍，又成了二倍体细胞。所以在植物一生中，细胞核里的染色体数目有一个变动过程。在性细胞中染色体是单倍的,从受精卵起,在漫长的营养体生长过程中,整个植物体的细胞都是二倍体细胞,直到再一次经过减数分裂,形成性细胞为止。

植物细胞培养技术的发展,已经可以使花粉粒不经过受精长成植株,这种植株叫做单倍体植株。单倍体植株长得又矮又细,一副弱不禁风的样子。而从受精卵长成的二倍体植株就显得粗壮结实。

这个现象又启发人们去设想:三倍体、四倍体、八倍体植株(统称多倍体植物)能不能长得更高大、更粗壮?终于找到了一种叫做"秋水仙素"的药物,用它喷洒植物,就能得到多倍体。经秋水仙素处理后,细胞中染色体数目仍按照正常的细胞周期进行加倍。但是细胞核的分裂受到阻碍,这过程正巧和减数分裂的过程相反。所以,核里的染色体数目就成倍增加。这些多倍体植物高大得惊人,例如,多倍体小麦的籽粒比普通的麦粒要大出一倍以上。

那么,为什么农业上还很少种植多倍体植物呢?这是因为多倍体植物的雄性细胞和雌性细胞的染色体难以配对,往往结籽极少,产量不是增加而是减少。但是,多倍体已经在花卉栽培上应用,一些多倍体的花卉,花大、重瓣、梗粗壮硬挺,具有较高的观赏价值。在园艺方面,利用多倍体最成功的例子是培育出既鲜甜多汁,又无籽的无籽西瓜。

☞ 关键词: 单倍体　多倍体

愈伤组织被震散，出现一些单细胞

移入培养溶液中

长出愈伤组织

叶片上切下一小块组织

放在培养基上

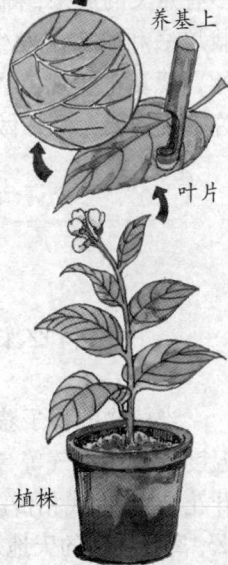

叶片

植株

怎样把单个活细胞
从植物体上分离下来

　　高等植物是由千万个细胞集合而成，这些细胞大都已经分化，各有各的特殊功能，从而使它们具有了相互依靠，不能独立的性质。此外，细胞之间还有果胶等物质，把各个细胞粘连起来成为一整块，要把它们拆散是十分困难的。近代科学的发展，终于找到了一些拆散它们的办法。

　　具体方法是从植株上摘下一张叶片，任意从叶片上切下一小块。把小块叶片放在人工配制的培养基上，使它长出一团细胞，叫做愈伤组织。这些细胞失去了分化细胞的特性,彼此互不依靠,它们是脱分化的细胞。再把它们移入培养液里,加以剧烈振荡,就有一些单细胞从愈伤组织上脱落出来,成为许多单个活细胞。

最近人们又找到了分离单细胞的更好办法,就是应用一种物质"纤维素酶"来分离细胞。大家都知道,植物细胞的外面是细胞壁。细胞壁主要由纤维素所组成,而纤维素酶可以溶化纤维素。将细胞壁溶化掉后,一个个的原生质体就游离到溶液里。单个的原生质体在适合的培养条件下,又能生成新的细胞壁而成为完整的细胞。这样,就可以得到大量离体的单个细胞。

分离单个细胞是很重要的一个技术,它使植物从此可以像微生物那样地进行培养和繁殖。微生物培养和研究中的许多有意义的成果,都可引进到植物研究和培养中来,使植物栽培法和研究法发生一次空前的变革。这些工作仅仅刚开始,要真正实现植物培养的微生物化还有许多问题要克服,许多工作要大家来做哩。

☞ 关键词:分离细胞　愈伤组织　纤维素酶

为什么试管里也能培育出植物

当植物的种子获得所需要的环境条件,如合适的土壤、温度、湿度、空气等,就会长出新株,随后继续生长发育,到时开花结实,世代相传。这一切都脱离不开大自然的"恩赐"。那么,离开广阔的天地,在玻璃试管中能不能培育出植物来呢?

实践证明,是可以的。

早在 20 世纪 50 年代,科学家通过控制培养基及培养条件,在试管里培养胡萝卜的愈伤组织长成了小植株。到目前为止,随着组织培养技术的发展,已有 250 多种植物的器官或组织,甚至体细胞可以离开母体,在试管内的无菌培养基上生长、繁殖,最后形成完整的植株。这些在试管里培育出的小植株不仅有草本植物的烟草、水稻、小麦、茄子、菠萝等,也有木本的小树苗如柑橘、杨树、三叶橡胶、桉树。现在,培育试管小植株已成为人们获得良种的重要手段。

为什么试管里能培育植物呢?

原来,在试管的培养基中有植物生长激素和营养物质。其中,生长激素的作用是主要的。通常用得较多的生长激素是"二四滴"(2,4 – 二氯苯氧乙酸),主要作用是促使细胞分裂。在一定范围内,如果生长激素浓度增高,作用也就增强。当植物器官、组织在生长激素作用下,细胞分裂不断进行,结果就形成一种不规则的细胞团块,叫做"愈伤组织"。然后,愈伤组织在含有细胞分裂素(N_6 – 苄基腺嘌呤)和吲哚乙酸或萘乙酸等的培养基中培养,就能诱导出完整的植株。然而,离体的植物器官或组织,在激素作用下,有些不一定需要通过愈伤组织阶段就可以长出植株来,如用烟草花药培养时,则先形成胚状体,再发育成烟草小植株。试管植株的不断出现,进一步证实了植物细胞的全能性,即植物的细胞在一定条件下,好像受精卵一样,有着潜在发育成植株的能力。

我们看到,一片落地生根叶片落在湿润的泥土上,不久,叶片上就能长出一棵棵小植株;一片秋海棠的叶子放在湿润的泥沙上,几天后,叶子上也能长出小的秋海棠植株。这些都由于它们具有再生成植株的能力，主要是依赖内部自身激素的调节来形成幼小植株的。正是由于植物具有"再生"的特性，所以，一些尽管自身没有贮备足够激素的离体植物器官、组织或细胞，在含有适当生长激素和营养物质的试管培养基中，也可以分化出完整的植株来。

> 关键词：**试管植物　愈伤组织**

为什么单个细胞能长成一株植物

　　一个小小的细胞，只有在显微镜下才能看清楚它的形状。你可曾想过，植物体的任何一个细胞，在离体的人工培养下能生长成一个完整的植物吗？长出的是不是和原来植物一样呢？一个叶片里的许多细胞是不是能长出许许多多植株呢？这是幻想吗？不，这个十分有趣的问题，经过科学家们几十年的努力，终于成为现实。

　　神话里的孙悟空拔下一把毫毛吹一口气就能变成一群猴子的幻想，竟在植物的细胞培养中成为现实。在20世纪50年代就有一位科学家用从胡萝卜根部取出的单个细胞，在培养基中培养出胡萝卜植株，后来我国许多科学家也由一个花粉细胞培育出单倍体植株。目前世界上许许多多的例证，说明植物体上的单个细胞，可以培养成一个与原来完全一样的植株。

　　单个细胞能再长成一个与原来完全一样的完整植株，科学家将这种现象称为细胞的全能性。

为什么植物细胞有这种全能性呢？

一个离开母体的细胞，在适当的培养条件下，能从一个细胞分裂成两个细胞，以后不断地分裂成细胞团，并且发生组织分化，形成根、芽等器官，从而长成一株植物。植物体的每一个细胞都具有与母体植物相同的全套遗传信息，这种信息好像电报密码那样贮存在由脱氧核糖核酸（DNA）组成的遗传物质（基因）上。所以，细胞分化发育的各个时期，在一定的环境下就会按一定的步骤启动着不同的基因，依次合成不同的各种专一性蛋白质，使细胞按着一定的顺序和方式生长发育。什么时候生根，什么时候发芽，什么时候开花，什么时候结实，完全按照这套遗传密码严格地依次表达出来，形成一个完整的、具有一定形态和生理特性的植株，它的性状完全和母体植物一样。

近年来，我国已用胡萝卜、曼陀罗、烟草、小麦、水稻、油菜、甘蔗等植物的体细胞或细胞团和花粉细胞培育成植株，在育种工作上有了一个新的发展。

关键词：细胞全能性　单细胞繁殖

为什么花粉培养也能育种

任何作物的种子一旦发芽生根以后，经一定时间的生长发育，一般都能开花结实。你看，稻浪千重，麦浪翻滚，油菜结角累累，棉花白絮如云，一派丰收景象。

就拿水稻来说，一粒稻谷，在开花受精以前，叫做颖花。这颖花，有外颖、内颖、花药、子房等。花药，就是花粉囊，里面有很多花粉。花粉，因为是雄性细胞，与体细胞相比来说，染色体是单倍性的，即染色体数是体细胞的一半。以水稻来说，体细胞染色体数是24条，那么它的花粉染色体数就是12条。

水稻花药在孕穗时，里面花粉的发育阶段正处在单核靠边期。如果这时

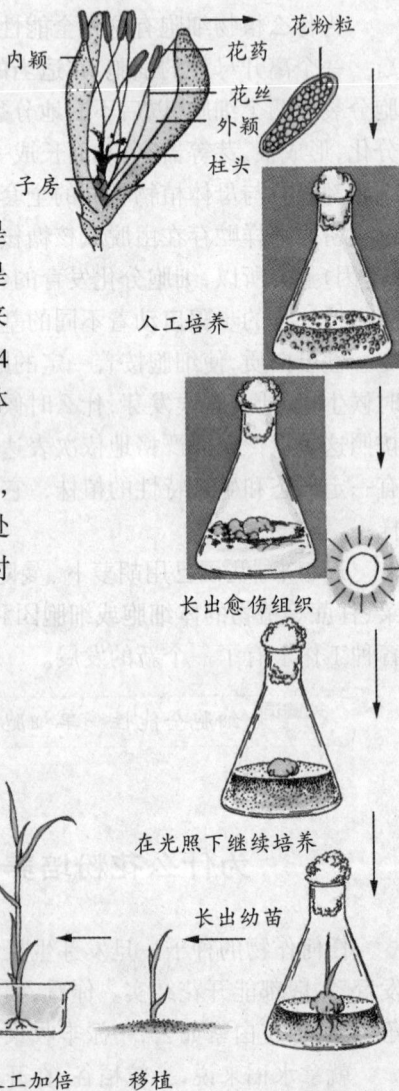

花粉粒

内颖
花药
花丝
外颖
柱头
子房

人工培养

长出愈伤组织

在光照下继续培养

长出幼苗

开花结果　　人工加倍　　移植

344

将水稻花药在无菌条件下取出来，接种在人工合成的脱分化培养基上，在 25～28℃条件下暗室培养，过一段时间后，花药逐渐变成褐色，中间长出一个或几个叫愈伤组织的细胞团。待细胞团长到 1 毫米大小时，转入另一种分化培养基上，仍在 25～28℃的温度和一定的光照下培养，不过 20 来天就分化出水稻苗来，再细心移植，就能长成植株。这种水稻植株，是从花粉培育出来的，所以染色体数仍是单倍性，叫做单倍体植株。这样的植株不能正常开花结实，必须用秋水仙素处理，使单倍体变成二倍体，就能正常结实了。

诱导出的植株，由于不同材料来源和培养条件，恢复成二倍体后，种植田间，我们会发现它们之间也有不同。如植株有高矮，成熟有早迟，籽粒有大小，抗性有强弱等。有差异，就有可能选择，选择符合人们需要的那些植株，先育成株系，最后成为一个群体——新品种，这就是平常所说的花粉培养育种。花粉培养有一个特点，一旦选中的优异单株，基本就能稳定不变，因此能缩短育种年限。

我国的花粉培养育种在世界上居领先地位，烟草、水稻、小麦等作物已用这种方法培养，在生产上推广种植，成效卓著。

关键词：花粉　单倍体育种

为什么体细胞也能杂交

一般豆科植物的根部有很多根瘤，它好像一个自备的氮肥小工厂，能固定空气中的氮。如果小麦、水稻、玉米的根部，

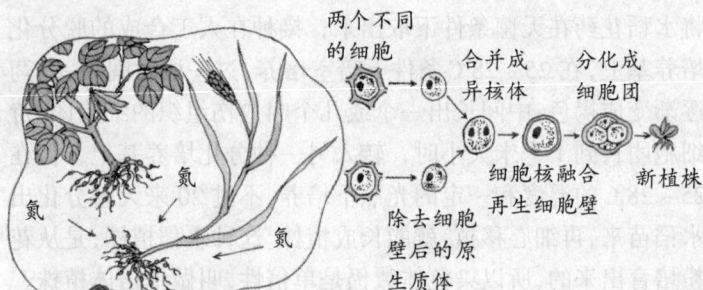

两个不同的细胞 → 合并成异核体 → 分化成细胞团

除去细胞壁后的原生质体 → 细胞核融合再生细胞壁 → 新植株

也有这么一个自备的氮肥小工厂,这该多好啊!可是,每一种植物各有各的遗传特性,如果要把两种植物好的特性融合在一起,就得进行杂交。在农业生产上,往往把一种穗大粒多的小麦和一种抗病性强的小麦杂交,培育出一个优良的小麦品种,但它仍然只具有小麦的特性,根部不会长"瘤"。有人设想,是不是把小麦和大豆进行杂交,来培育根部能长"瘤"的小麦新品种呢?这个想法好是好,可是,它们的亲缘关系太远了,杂交上有很大的困难,不易成功。

好了,现在已经发现植物细胞有全能性,那么可不可以把两种不同的植物细胞放在一起,设法让它们融合为一,再把这个融合为一的杂交细胞培育成一株新的植物呢?经过研究证明,是可以的,而且已有不少成功的例子。

要使两个细胞杂交,得先从植物体上把单个细胞分离下来,并且要保持原有的活性。可是,植物细胞都有细胞壁,它像一堵围墙那样把细胞的原生质体保护起来,如果不把这堵围墙"推倒",两个细胞的原生质体就合不到一起,因此,先要"破壁"。目前是用纤维素酶和果胶素酶等混合液来处理分离下来

346

的体细胞,使细胞壁溶解,原生质体就分离出来了。把两个细胞的原生质体放在一起,用硝酸钠等溶液来处理,它们的细胞质和液泡等就能合并起来,成为一个有两个细胞核的原生质体,叫做异核体。但两个细胞核没有融合为一,还未能实现杂交的目的,得把异核体放到一个适当的培养基上,设法使两个细胞核在同步分裂的情况下融合起来,同时外面再生出新的细胞壁,这才成功地得到一个杂交的体细胞。最后就是把这个杂交体细胞放在适当的培养基上,经过一段时间的精心培养,分化成细胞团形成愈伤组织后,再移换培养基,进一步分化成一株新的植物。

目前的实践,已能将豆科与禾本科、茄科与伞形科等远缘植物种间的原生质体融合,同时还在进一步深入研究,以得到更多的杂交体细胞。体细胞杂交的成功,为育种工作开辟了广阔的前景。

关键词:杂交　体细胞杂交

为什么不同种的植物间授粉
一般不会受精结实

植物的种类五花八门,走到植物园里就可看到各式各样的花草树木开着鲜艳的花朵,走到农村田头就可看到水稻、小麦、棉花和油菜花各有千秋,它们虽然紧挨着甚至同时开花,但它们的花朵和姿态却年年保持着它们各自的特点,不会在后代混杂起来。为什么各种植物开花结实不受别的植物的影响呢?这主要是因为一种植物的花粉,一般不能使别的植物受精结实,所以它们能保持自己的特色,不受干扰。难道花粉也能认识它的对象吗?说来也奇怪,各种植物花粉外壁都携带着它特有的、专门用来认识对象的一类蛋白质,叫做"识别蛋白",这种蛋白质是按照植物所固有的遗传基因产生的,而各种植物的雌蕊柱头的表膜上也有它自己遗传基因所产生的独特的"识别蛋白"。这样,当花粉粒落到柱头上的时候,这两种"识别蛋白"就要相互认识一下,也就是要起"识别反应"。如果这两个"识别蛋白"碰到一起,引起的是"亲和"的反应,那么,花粉粒就能长出花粉管,一直长到子房内胚珠的胚囊里去,使精核能和卵完成受精过程,最后发育成种子。如果引起的是"不亲和"反应的话,那么,花粉在柱头上就不能发芽,或者长出花粉管后也会中途遇到阻碍而停顿下来不能进入胚囊。即使在极少数情况下能够进入胚囊,完成受精过程,甚至形成杂交胚,但一般也要中途死亡,不能形成种子。在一般情况下,不同植物的花粉,由于它们的遗传基础不同,携带的遗传基因不同,所以花粉所产生的"识别蛋白"和别的植物柱头、花柱中的"识别蛋白"发生"不亲和"反应,所以一般不能受精结实。

☞ 关键词: 识别蛋白　识别反应

为什么辐射能育种

　　长期以来,农作物的育种,常常采用杂交、系统选育等方法。近几十年来,随着原子能和平利用的发展,才开始了辐射育种的新方法。

辐射育种就是利用放射线（如 x 射线、γ 射线或中子线等），来照射作物的种子或植株，也可以照射离体组织和细胞，促使它们的内部起变化，这种变化有的能遗传给下一代，因而发生了遗传的变异，再经过人工的选择，就可以培育出新的品种。

放射线对动物、植物都有伤害作用，但是，如果我们使用得当，不仅不会伤害作物，而且还能利用辐射来育种哩。

我们知道，生物有机体是由细胞组成的。在显微镜下，你可以看到每个细胞中都有一个细胞核，当核分裂的时候，在核内可以清楚地看到有一些棒状的小体——染色体；染色体是由蛋白质和核酸组成的，每一生物都有它一定数目的染色体。当生物体吸收高能量的 x 射线、γ 射线或中子线时，引起细胞内染色体的各种变化，但变化太大就引起死亡，变化不太大可能表现为植物遗传性状的改变，也就是发生了变异，这为育种提供了条件。

自然界中，有天然的放射性物质存在，还有宇宙线的照射等等，因此，人和一切动植物平时都受到了放射线的照射，不过剂量很低。一般用伦(伦琴)作单位，表示射线的剂量。譬如人们每天所受到的放射线，只有 $0.004 \sim 0.0016$ 伦，这种照射对人体是毫无害处的。如果剂量高了就不行。拿植物来说，用 100 伦的 x 射线照射小麦的干种子，可以促进小麦的生长；用 600 伦，它的生长就会受到抑制；用 $20000 \sim 30000$ 伦会使一部分麦苗死去，一部分活下来的植株会发生各种变异；用 $50000 \sim 60000$ 伦时，全部都要死掉了，这是一般的情况。不同生理状况的植物，对射线的反应是不一样的，以种子来说，种子的含水量越高,反应也越大;一般生长速度快的,而受力就差些。

从育种的要求来看,作物的变化越多,能育出新品种的希望越大。这里就产生了一个矛盾,剂量低了变异就少,剂量高了死亡又多,所以许多人认为用半致死剂量处理植物比较合适。也就是说,所用的剂量要能使大约半数的植物生存下来,另一半死亡。这样,既能保证有一定量的植株活下来,也有相当多的植株发生变异。一般来说,水稻和小麦的干种子用20000~30000 伦,棉花用 15000 伦左右的射线照射效果较好。

☞ 关键词:辐射育种　放射线

遗传密码是怎么一回事

大家知道,电报中的电码是由四个一组的数字组成的。我国通用的电码是用:0, 1, 2, 3……9 十个阿拉伯数字,取其中四个组成一个汉字。例如 0001 代表"一"字,6153 代表"请"字……这样,常用的汉字都可用电码来代表了。显然,当对方邮电局收到这份电报后,还得查阅电码本,把它翻成汉字,再送给收报人。

奇怪的是生物界的遗传性状,也像打电报那样,靠一种特殊的密码传递而实现的, 人们把这种特殊的密码叫做遗传密码。而且还有一本像电码本那样的遗传密码本,来翻译遗传密码,你说奇不奇?

遗传密码是怎么一回事呢?

现在已经知道,遗传物质是存在于细胞的核酸里的。核酸有两大类,一类是核糖核酸,简称 RNA;另一类叫脱氧核糖核酸,简称 DNA,它分子里的糖比 RNA 分子里的糖少了一个氧原子。从绿色植物到各种动物,包括人类在内,都是以脱氧核糖核酸作为遗传物质的。

无论 RNA 或 DNA,都是由许多核苷酸组成的,一个核苷酸连接着一个核苷酸地排列着,DNA 成两条长链似的向右盘旋成为双螺旋结构,好像一条脆麻花那样。在 DNA 的核苷酸里含有四种不同碱基:腺嘌呤(简称 A)、鸟嘌呤(简称 G)、胞嘧啶(简称 C)和胸腺嘧啶(简称 T)。

为什么生物在遗传上有特异性和多样性,这和碱基的组成有密切的关系,碱基核苷酸喜欢三个凑在一起,表示一个氨基酸分子,所以,三个碱基核苷酸合在一起,好像一个氨基酸

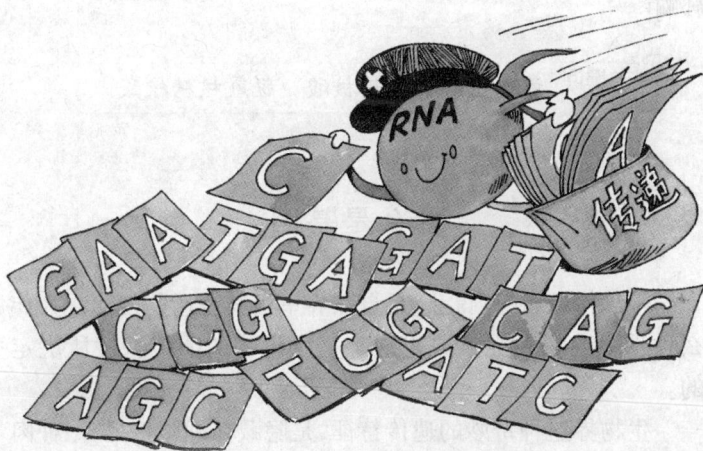

"模型"一样。因为,四种碱基核苷酸每次取三个,可排成 $4^3 =$ 64 种"模型",就可代表所有 20 多种氨基酸了。细胞里几万至几十万种蛋白质都是由 20 多种氨基酸按不同次序排列成的,也就是碱基核苷酸各个"模型"的组合。加上 RNA 的来回传递,就可产生任何一种特定的蛋白质,从而达到遗传目的。打个譬方,我们如把四种碱基核苷酸比作某种"密码"的字母,氨基酸比作三个字母组成的密码,蛋白质就像由许多密码组成的电报,RNA 好像传送电报的邮递员。

更有趣的是遗传密码不但有"字",而且还有像标点符号那样的起读号和终止号。这就是说,遗传密码还会叫生物体什么时候开始制造某种蛋白质,什么时候停止制造。

我们还可以这样认为:一颗植物种子里,早就贮存有父体、母体给它的许多用遗传密码写成的信息。当种子进入土壤后,在不同的时间和条件下,它会发出各种密码信息,指示植物发芽、生根、生长、开花、结果……你看,植物的生长多么奥妙啊!

👉 关键词:遗传密码　核糖核酸　脱氧核糖核酸

什么是基因

种瓜得瓜,种豆得豆,是自然界里极其普通的规律。为什么种瓜不会得豆呢? 原来这都是由生物的遗传特性所决定的。

生物界这种奇妙的遗传特征,是隐藏在细胞核里,一种肉眼看不见、手摸不着的东西——基因所决定的。因此,先从基因这个名词说起。

基因是英文 Gene 的音译,它是丹麦科学家约翰逊取名的,是指生物细胞内有遗传能力的物质,中文的意思是遗传的基本因素,是贮存特定遗传信息的功能单位。生物就靠基因这个"法宝",代代相传,生生不息。

基因包含在细胞核的染色体里。染色体只有在细胞分裂时,用显微镜才能看得见。细胞分裂时,首先是染色体的分裂,再导致细胞核和细胞的分裂。

染色体是由脱氧核糖核酸和蛋白质这两样东西组成的。蛋白质在里面,脱氧核糖核酸包在外面,好像一团棉球,被很长很长的绳子环绕起来一样。

脱氧核糖核酸是由碳、氢、氧、氮等元素组成的,有很长很长的分子链,形状像我们常吃的脆麻花或油条。它像孙悟空那样有分身术,能一变二,二变四,四变八……从而导致细胞按原样复制出各式各样的器官,所以,染色体的分裂,实质上就是脱氧核糖核酸的分裂。

所谓基因,就是脱氧核糖核酸分子长链上具有遗传能力的片段,它藏有遗传信息。正是它,向细胞发出各种"命令",指挥生物按一定方式发育、繁殖、衰老,直至死亡。例如,一个植物开什么花,结什么果,什么时候开花,什么时候结果,也都由基因决定。

虽然基因有点"顽固",但它还是可以改变的,一旦生物受到环境剧烈的或长期的影响,就会引起脱氧核糖核酸分子的某种变化,导致基因的突变,从而使生物体发生变化,这就是生物的变异,也就是生物进化的一种过程。由单细胞到人类,就是经历数十亿年,经过无数次遗传变异的结果。

在不同生物细胞中,基因的含量也不同,低等生物基因就少,高等动植物基因就多。一般来说,细菌只有几百个基因;高等动植物就有成千上万个基因;人类最多,有 5 万多个基因。

对一切生物来说,基因可分两大类:一类叫结构基因,它是表达生物特性的;另一类叫控制基因,它是控制基因的基因。例如,植物开什么颜色、什么样子的花是由结构基因决定的,至于什么时候开花,则由控制基因决定了。

电子显微镜的发展,使人们眼界大开,进一步认清了基因的真面目。电子显微镜能把各种基因拍成照片,供人们研究。人们不仅已经知道基因的分子长度、大小、排列次序、空间构型等,并且已成功地用一种特殊的手术刀——内切割酶,对基因进行剪裁和移植,从而改变生物的遗传性,让生物能更好地为人类服务。

> 关键词:基因　结构基因　控制基因

关键词汉语拼音索引

数字及外文字母

图书在版编目(C I P)数据

植物乐园/黄建南主编.—上海：少年儿童出版社，
2011.10
(十万个为什么)
ISBN 978-7-5324-8911-4

Ⅰ.①植... Ⅱ.①黄... Ⅲ.①植物—儿童读物
Ⅳ.①Q94-49
中国版本图书馆CIP数据核字 (2011) 第217190号

十万个为什么
植物乐园

黄建南 主编

总策划 李名慈　总监制 周舜培
陆 及 费 嘉装帧 伍仲文 图

责任编辑 韩关治　美术编辑 赵 奋
责任校对 黄 岚　技术编辑 陆 赟

出版 上海世纪出版股份有限公司少年儿童出版社
地址 200052 上海延安西路 1538 号
发行 上海世纪出版股份有限公司发行中心
地址 200001 上海福建中路 193 号
易文网 www.ewen.cc　少儿网 www.jcph.com
电子邮件 postmaster @ jcph.com

印刷 山东新华印务有限责任公司
开本 787×1092　1/32　印张 11.75　字数 254 千字
2014 年 8 月第 1 版第 4 次印刷
ISBN 978-7-5324-8911-4/N·942
定价 20.00 元